U0183829

中国大锅菜

老年营养餐卷（家常菜）

李建国　主编

中 国 铁 道 出 版 社 有 限 公 司

2022 年 • 北　京

图书在版编目（CIP）数据

中国大锅菜 . 老年营养餐卷 . 家常菜 / 李建国主编 . — 北京 : 中国铁道出版社有限公司，2022.3

ISBN 978-7-113-28318-6

I. ①中… Ⅱ . ①李… Ⅲ . ①老年人 - 食谱 - 中国 Ⅳ . ① TS972.182

中国版本图书馆 CIP 数据核字 (2021) 第 172641 号

书　　名：中国大锅菜・老年营养餐卷（家常菜）
ZHONGGUO DAGUOCAI LAONIAN YINGYANGCAN JUAN（JIACHANG CAI）

作　　者：李建国

责任编辑：王淑艳　王明柱　　**编辑部电话：**（010）51873022　　**电子邮箱：**wangsy20008@126.com

封面题字：王文桥

封面设计：崔丽芳

版式设计：崔丽芳　刘　莎　宿　萌

责任校对：安海燕

责任印制：赵星辰

出版发行：中国铁道出版社有限公司（100054，北京市西城区右安门西街 8 号）

网　　址：http://www.tdpress.com

印　　刷：北京盛通印刷股份有限公司

版　　次：2022 年 3 月第 1 版　2022 年 3 月第 1 次印刷

开　　本：889 mm×1 194 mm 1/16　印张：20.5　字数：547 千

书　　号：ISBN 978-7-113-28318-6

定　　价：198.00 元

中国大锅菜·老年营养餐卷

编委会

孙本元　丁增勇　阎致强　梁彦丰　周　会　贾晓亮　张晓东　冯文志
刘露铭　王志晨　李建安　李　颖　李　孟　邢　丹　徐伟伟　杜威威
孟令栢　祁小明　汪晓妍　王国栋　解立成　李　欣　常　涌　刘建其
张绍军　郑文益　孙浩秋　胡雪妍　袁海龙　李耀奎　齐志辉　杨利刚
刘　忠　孟志俊　杨　文　华美根　杜道聚　田　龙　许延安　刘智龙
郝剑辉　解　彬　张振军　师海刚　陈　强　祖　利　周　雪　李　岩
李　宸　朱德才　谭红炼　杨明霞　曹福兴　王　灿　牟　凯　周悦讯
李志秀　张　国　代海芝　王永东　胡欣杨　罗石磊　王冬梅　姚庆兰
张思行　张培培　张　涛　冯泽鹏　王恩静　任　文　张宝田　尹丽洋

营养师

侯玉瑞　杨　磊　刘　妍

视频指导

王永东　胡欣杨

视频录制

张　国　牟　凯　周悦讯

摄影师

王明柱　李志秀　张　国

顾问（中国烹饪大师）

杜广贝　王志强　王春耕　李　刚　郝保力　孙立新
王造柱　屈　浩　孙忠亭　王海东

让健康快乐相伴夕阳

——写在《中国大锅菜·老年营养餐卷（家常菜）》出版发行之际

人口老龄化是全世界呈不可逆趋势的养老难题，而中国是世界上唯一老年人口过亿的国家。根据第七次人口普查数据，60岁及以上的老年人口已突破2.64亿。很多家庭结构都是“422”模式（4个老人，一对夫妻，两个孩子），以家庭为单位的养老模式维持不下去了。

李建国先生早在十几年前，就已经意识到这个问题，养老机构势必会取代家庭，我们看到各地的社区工作者先从创办爱心食堂入手。一些养老机构对老年人的吸引力，也首先表现在饭菜的质量与品种上。李建国先生作为中国大锅菜烹饪专业技术委员会理事长，认为自己应当制定中国老年营养餐行业标准，研制并创新菜谱，为老年人出一份力。正因这样的目标，他决定编写一套老年营养餐的图书。

菜谱图书的编写与其他图书大不相同，其他图书几乎在电脑上就可以完成。但菜谱图书难度之大，令人咋舌，尤其是大锅菜。首先是食材，一道菜，需要至少5公斤以上的主料，辅料还不算，一本书至少要有150道菜，但实际上要做180道以上才能满足出书的需要；其次，需要录像与拍照，费用也非常可观；最后，还要支付采购、洗菜、切配、厨师助手等后勤人员的工资。一本书算下来，没有几十万元甚至上百万元是玩不转的。

这是非常现实的问题，凭借一己之力不可能完成，所以李建国先生积极与相关企事业单位洽谈。有些单位因成本高而却步；有些单位因没有拍摄场地，没有录制设备，没有拍照器材而放弃；有些单位很热心，但付诸行动时，却没了下文。但是他一直没有放弃，直至2020年，仙豪六位仙食品科技（北京）有限公司对老年营养餐表现了极大的兴趣，董事长张彦先生决定与他共同合作这个项目。

制作与拍摄场地选在北京市房山区长阳镇。在正式开拍前，李建国先生和张彦董事长在2020年至2021年组织了三次研讨会，先后邀请中国老年学和老年医学会营养食品分会主任委员付萍、秘书长王晓芳，中国烹饪协会关心下一代营养膳食指导委员会副主席段凯云，国家职业技能鉴定专家委员会中式烹调专业委员会副主任侯玉瑞，萃华楼原行政总厨刘建民，全国烹饪大赛国家级评委夏连悦，北京英特莱恩管理顾问中心胡苑园，北京市房山区长阳镇副镇长罗贵东等。大家各抒己见，提出诸多宝贵的建议。

李建国先生已经69周岁了，他每天拎着沉重的铁锅炒菜，意外导致手上的神经损坏，整条胳膊动不了，疼痛难忍，晚上无法入睡。但他仍坚持指导厨师做菜，快收工时才去医院。他以强大的意志完成家常菜与精品菜的制作与拍摄。

由于每天拍摄与录制的工作量非常大，六味仙团队积极配合。他们现场记录，形成拍摄日志，及时整理保存图片和视频，确保数据完整、安全。另外，北京鸿运楼餐饮管理有限公司、北京市商业学校国际酒店培训部、北京市工贸技师学院服务管理分院都给予极大的支持。

《中国大锅菜·老年营养餐卷》从2021年2月20日开始正式制作、录制、拍摄，到4月26日全部完成。总共做了350道菜。因版面所限，根据内容分为上下册，上册为家常菜，下册为精品菜。在此期间，政府也出台《中华人民共和国国民经济和社会发展第十四个五年规划和2035年远景目标纲要》，未来五年，中国将在500个区县建设连锁和标准化的养老服务网络。这给了我们极大的信心和力量。

《中国大锅菜·老年营养餐卷（家常菜）》承载了太多的期盼和托付。我们相信，它会是中国老年营养餐标准教科书，养老机构的指导书，美食爱好者的打卡书。

我们也期待这本孕育十多年的图书出版，它饱含一位德高望众的烹饪大师最深沉的情感，也有诸多为此书默默奉献的中国烹饪大师，如郑绍武、郑秀生、顾九如、刘建民、孟宪斌、马志和、孙家涛、李智东、林进、王素明、赵春源、张伟利、田胜、王万友、吴波、于晓波、于长海、赵宝忠、刘广东、董桐生、侯德成。因拍摄地在大兴区长阳镇郊外，他们自己或驾车，或坐公交车，为老年营养餐贡献一份力量。这些可爱的中国烹饪大师们将是下册（精品菜）的主角。

假若条件允许，李建国先生还打算完成《中国大锅菜·学生营养餐卷》的出版。同时我们也希望有更多关爱老年人和学生群体的单位或有识之士加入，共同为他们服务。

铁道影视音像中心编导、作家　　宋国兴

目录

海鲜篇

素菜篇

猪肉篇

牛羊肉篇

鸡鸭肉篇

豆制品篇

海鲜篇

扫一扫，看视频

菜品名称

菠萝咕咾虾

营养师点评

菠萝咕咾虾是由广东咕咾肉演变而来的一道家常菜，色泽金黄、裹汁均匀、外焦里嫩、酸甜可口、果香味浓。此菜高蛋白、低脂肪，菜肴质地熟烂，易于咀嚼，有利于消化吸收，适合老人食用。选用此菜要增加一些蔬菜类菜肴，以补充维生素和膳食纤维。

营养成分

（每100克营养素参考值）

能量：183.8卡

蛋白质：25.5克

脂肪：3.2克

碳水化合物：13.2克

维生素A：13.1微克

维生素C：4.1毫克

钙：318.4毫克

钾：367.1毫克

钠：2899.3毫克

铁：6.6毫克

原料组成

主料

大虾仁3500克

辅料

黄瓜500克

菠萝1000克

调料

葱油300毫升、番茄酱130克、白醋70毫升、玉米淀粉300克、面粉300克、生粉300克、盐30克、白糖160克、白胡椒5克、水淀粉130克（生粉65克+水65毫升）、新榨橙汁100毫升、水1800毫升、植物油300毫升

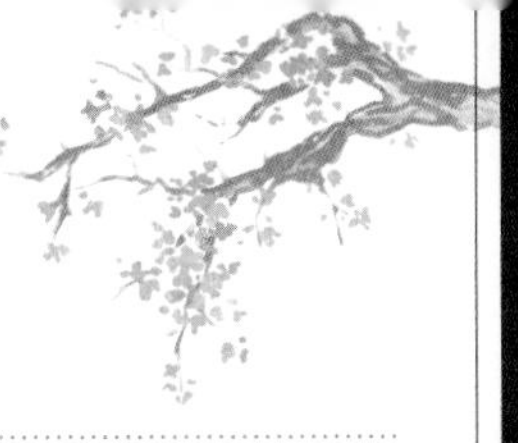

加工制作流程

1 初加工： 虾仁洗净，黄瓜去蒂、洗净，菠萝去皮、洗净。

2 原料成形： 将黄瓜切成 3 厘米长、1 厘米宽、1 厘米厚的菱形块，菠萝切成 3 厘米长、1 厘米宽、1 厘米厚的菱形块，放入盐水浸泡。

3 腌制流程： 这道菜需要挂糊。将面粉 300 克、玉米淀粉 300 克、生粉 300 克按照 1 ∶ 1 ∶ 1 的比例放入盆中，加入盐 10 克、胡椒粉 5 克、水 300 毫升搅拌均匀，再放入植物油 100 毫升封油。

4 配菜要求： 将虾仁、黄瓜、菠萝，以及调料分别摆放在器皿中备用。

5 投料顺序： 蒸菠萝→炸虾仁→烹制食材→煸炒黄瓜→出锅装盘。

6 烹调成品菜： ① 将浸泡的菠萝倒在生食盒中，放入蒸烤箱中，蒸烤模式为温度 100℃，湿度 100%。蒸制 2 分钟，取出。② 锅上火烧热，放入植物油，油温四成热时，把挤干水分的虾仁挂糊，放入锅中，炸成浅黄色，捞出，控油。待油温升到五六成热时，复炸一遍。炸成金黄色捞出，控油，备用。③ 锅上火烧热，放入葱油 200 毫升，下入番茄酱 130 克，用小火煸炒出红油，加入橙汁 100 毫升、水 1500 毫升、白糖 160 克、白醋 70 毫升、盐 15 克大火烧开，水淀粉 130 克勾芡，加入菠萝、虾仁翻炒均匀，淋入明油 200 毫升，倒入蒸盘中。④ 锅上火烧热，放入葱油 100 毫升，放入黄瓜煸炒出水分，出锅倒在虾仁上即可。

7 成品菜装盘（盒）： 菜品采用“盛入法”装入盒中，自然堆落状。成品重量：4500 克。

| 要领提示 | 虾仁去虾线，挤干水分。制糊时，面粉、玉米淀粉、生粉的比例是 1 ∶ 1 ∶ 1。

| 操作重点 | 虾仁挂糊时，裹汁要均匀。虾仁初炸和复炸时的油温及时间要把控好。

| 成菜标准 | ①色泽：黄绿红相间；②芡汁：汁芡饱满；③味型：酸甜，果香味浓；④质感：外焦里嫩。

| 举一反三 | 可将虾仁换成鸡肉或里脊肉。

菜品名称

葱香鲈鱼片

营养师点评

葱香鲈鱼片是一道美味的家常菜，清淡可口。此道菜肴具有低脂肪、高蛋白质的特点，维生素A和钙的含量比较丰富。鲈鱼质地细腻，口感滑嫩，易于咀嚼，利于消化吸收，适合老人和体质虚弱的人食用。

营养成分

（每100克营养素参考值）

能量：188.8卡

蛋白质：17.2克

脂肪：4.5克

碳水化合物：2.3克

维生素A: 36.5微克

维生素C：1.5毫克

钙：17.4毫克

钾：29.2毫克

钠：273.4毫克

铁：0.6毫克

原料组成

主料

净鲈鱼5000克

辅料

净鸡蛋1000克

调料

盐35克、胡椒粉10克、植物油20毫升、生粉100克、料酒90毫升、蒸鱼豉油60克、姜20克、白芝麻5克、香葱100克、红椒70克

1 初加工： 鲈鱼清洗干净，香葱去根、洗净，鸡蛋洗净。

2 原料成形： 从鱼尾下刀，顺着鱼椎骨，将鱼肉片割至鱼头处在鱼头腮部斜刀割下鱼片，片出肋骨，切成4厘米宽、0.5厘米厚的鱼片；姜切细丝；香葱切花；红椒切丁；将鸡蛋液加水1000毫升充分打均匀，过滤。

3 腌制流程： 把片好的鱼片用姜片20克、盐15克、胡椒粉5克、料酒90毫升抓拌，直至鱼片有点粘手，再加生粉100克抓匀，鱼肉表面封上一层植物油，用油20毫升，腌制10分钟。

4 配菜要求： 把腌制好的鱼片、鸡蛋液，以及调料分别放在器皿中。

5 投料顺序： 蒸蛋液→氽鱼片→调味→出锅装盘。

01

02

03

04

05

06

07

08

09

10

11

12

13

14

6 烹调成品菜： ①将打好的鸡蛋液装入托盘中，封上保鲜膜，用牙签扎小孔，放入万能蒸烤箱蒸15分钟（温度105℃）后，取出备用；②锅上火烧热，放入90℃温水2000毫升，盐20克，胡椒粉5克，放入腌制好的鱼片，焯水5分钟，捞出、控水，再放在蒸好的鸡蛋羹上，撒入蒸鱼豉油60克，香葱100克，红椒70克，白芝麻5克，即可。

7 成品菜装盘（盒）： 菜品采用“摆入法”装入盒中，码放均匀。成品重量：4900克。

| 要领提示 | 刀工要均匀；鱼片腌制时要将腌料搅拌均匀，腌制10分钟。
| 操作重点 | 鱼片焯水时，水温要控制在90℃，不能过高。
| 成菜标准 | ①色泽：红绿白相间；②芡汁：薄汁立芡；③味型：鲜香，葱香味突出；④质感：滑嫩。
| 举一反三 | 葱香鸡片、葱香鱼片。

扫一扫，看视频

菜品名称

豆豉鲮鱼莜麦菜

营养师点评

这是老少皆宜的一道家常菜，热量较高，蛋白质含量不高，脂肪含量丰富，维生素 A 和钙含量较高。菜肴质地软烂，易于咀嚼，是一道适宜佐食下饭的菜肴，搭配一些精粗搭配的主食，更有利于燃烧脂肪。

营养成分
（每 100 克营养素参考值）

能量：162.0 卡
蛋白质：6.3 克
脂肪：13.5 克
碳水化合物：3.7 克
维生素 A: 38.8 微克
维生素 C：12.5 毫克
钙：143.9 毫克
钾：201.1 毫克
钠：801.6 毫克
铁：1.7 毫克

原料组成

主料
莜麦菜 3500 克

辅料
青椒 250 克
红椒 250 克
鲮鱼罐头 1000 克

调料
植物油 500 毫升，葱 50 克，姜 50 克，蒜 50 克，盐 50 克，糖 10 克，味精 30 克，清水 300 毫升，水淀粉 150 毫升（生粉 50 克 + 水 100 毫升）

加工制作流程

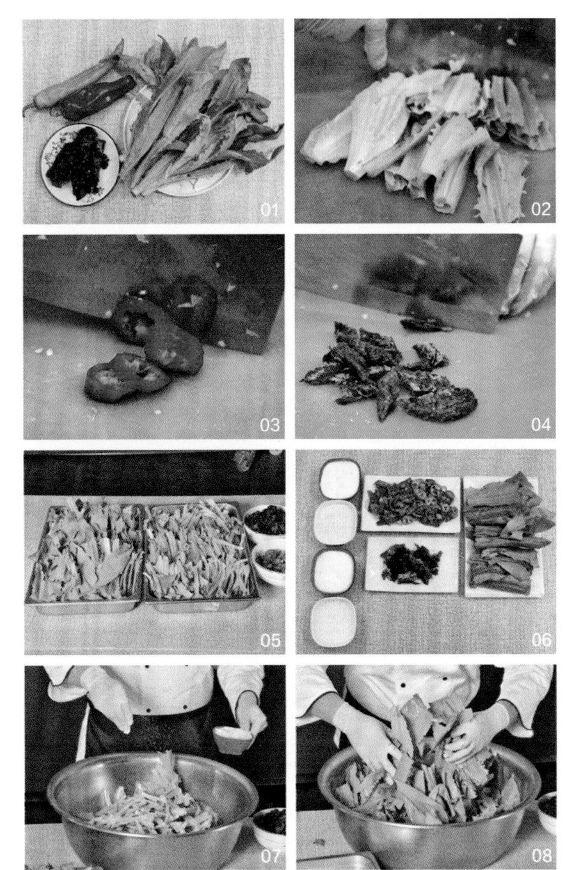

1 **初加工**：莜麦菜洗净，青红椒去籽、去蒂、洗净，葱、姜、蒜去皮、洗净，备用。

2 **原料成形**：莜麦菜切成4厘米长的段，青红椒切0.3厘米宽的圈，鲮鱼切2厘米见方的菱形块，葱、姜、蒜切末。

3 **腌制流程**：莜麦菜中加入盐50克，味精25克，植物油300毫升拌匀。

4 **配菜要求**：将鲮鱼、莜麦菜、青红椒、洋葱及调料分别装在器皿里。

5 **投料顺序**：蒸莜麦菜→炙锅放油→烹饪熟化食材→装盘。

6 **烹调成品菜**：① 将莜麦菜放进万能蒸烤箱，温度为96℃，蒸2分钟。② 锅烧热，倒油200毫升，葱、姜、蒜各50克煸香、豆豉鲮鱼1000克、清水300毫升、味精5克、白糖10克，青红椒圈各150克，加入水淀粉150毫升勾芡，淋明油，浇在莜麦菜上；另外100克青红椒圈滑油煸炒后，撒在莜麦菜上即可。

7 **成品菜装盘（盒）**：菜品采用“盛入法”装入盒中，摆放整齐即可。成品重量：4700克。

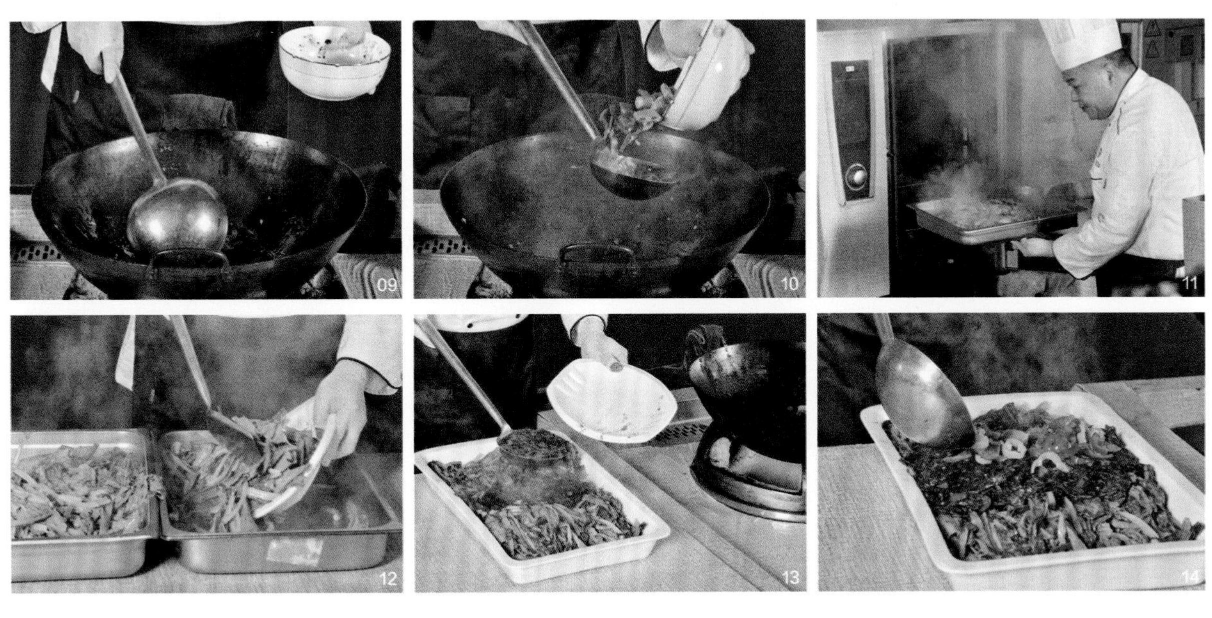

| 要领提示 | 莜麦菜一定要选嫩一点的炒制。

| 操作重点 | 急火快炒，出锅捞出装盘。

| 成菜标准 | ①色泽：黑绿相间；②芡汁：薄芡汁；③味型：咸鲜香；④质感：豆豉鲮鱼味浓郁，莜麦菜鲜嫩爽口。

| 举一反三 | 豆豉鲮鱼娃娃菜。

菜品名称

风味小炒

营养师点评

风味小炒是以虾仁为主料，配以白果、山药等辅料制作的一道家常菜。虾仁和配菜搭配协调、美观，此道菜肴具有美容养颜、补气血的功效。高蛋白、低脂肪、维生素 A 和钾含量较高。食材质地熟烂，易于咀嚼，有利于消化吸收，是一道适合老人食用的菜肴。选用此菜要配一些蔬菜类菜肴以补充维生素和膳食纤维。

营养成分

（每 100 克营养素参考值）

能量：150.8 卡

蛋白质：28.9 克

脂肪：1.7 克

碳水化合物：4.8 克

维生素 A：45.4 微克

维生素 C：2.1 毫克

钙：362.7 毫克

钾：421.3 毫克

钠：3566.4 毫克

铁：7.5 毫克

原料组成

主料

虾仁 3.5 千克

辅料

糖蒸白果 50 克

青笋 500 克

胡萝卜 500 克

山药 500 克

鸡蛋 60 克（蛋清）

调料

胡椒粉 2 克、盐 50 克、鸡粉 15 克、料酒 40 毫升、蛋清 60 克、玉米淀粉 50 克、水淀粉 120 毫升（生粉 70 克 + 水 50 毫升）、葱姜水 200 毫升

加工制作流程

1 初加工：把青笋、胡萝卜、山药去皮，清洗干净。

2 原料成形：将青笋、胡萝卜、山药切成 3 厘米长、1.5 厘米宽的菱形块。

3 腌制流程：白果加点白糖或冰糖、水蒸 10 分钟，备用；葱姜榨汁备用；虾仁中放入鸡粉、盐、胡椒粉，抓匀，分两次倒入葱姜水，抓匀，再加入蛋清 60 克继续抓匀，最后放入玉米淀粉 50 克抓匀，腌制 2 分钟。

4 配菜要求：把主料、辅料和调料分别装在器皿中备用。

5 投料顺序：焯食材→焯虾仁→烹制食材→调味→出锅装盘。

6 烹调成品菜：① 锅中加水烧开，放入盐，倒入白果，焯水、捞出，再依次放入胡萝卜、青笋、山药焯水，焯熟、捞出。② 锅中再次加水烧开，放入料酒 40 毫升，水开后放入虾仁焯水，变色后捞出控水备用。③ 锅上火烧热，放入植物油，放入虾仁煸炒均匀，放入料酒 100 毫升，倒入辅料，大火爆炒，放入盐 50 克、鸡粉 15 克、胡椒粉 2 克、用高汤翻炒均匀，再放入水淀粉 120 毫升勾芡，并翻炒均匀，淋入明油，即可出锅。

7 成品菜装盘（盒）：菜品采用“盛入法”装入盒中，呈自然堆落状。成品重量：3500 克。

| 要领提示 | 虾仁要去虾线，避免影响口感。
| 操作重点 | 青笋、山药、白果要焯熟，这样可以节约烹制时间。
| 成菜标准 | ①色泽：红白绿相间；②芡汁：薄芡；③味型：咸鲜；④质感：香嫩可口。
| 举一反三 | 可以把主料换成鸡肉。

菜品名称

火爆鱿鱼卷

营养师点评

火爆鱿鱼卷是一道家常菜，鲜香可口。此道菜肴荤素搭配合理，蛋白质含量丰富，脂肪不超标准，钙和维生素 A 丰富。菜肴质地软烂，鲜嫩易于咀嚼，也易于消化吸收。但是由于胆固醇和嘌呤偏高，吃的次数不要过多，一周最多吃一次。

营养成分

（每 100 克营养素参考值）

能量：141.1 卡

蛋白质：12.7 克

脂肪：9.2 克

碳水化合物：2.0 克

维生素 A: 35.2 微克

维生素 C：12.6 毫克

钙：36.5 毫克

钾：219.8 毫克

钠：387.3 毫克

铁：0.9 毫克

原料组成

主料

净鱿鱼卷 4000 克

辅料

青尖椒 500 克

红尖椒 500 克

调料

盐 40 克、胡椒粉 5 克，味精 20 克、料酒 140 毫升、葱油 150 毫升、葱 20 克 、姜 20 克、蒜 20 克、水淀粉 50 毫升（生粉 25 克 + 水 25 毫升）、植物油 310 毫升、高汤 500 毫升

加工制作流程

1 初加工： 鱿鱼卷用清水洗净；青、红尖椒去蒂、去籽，洗净。

2 原料成形： 青、红尖椒切成菱形片，葱、姜、蒜切末。

3 腌制流程： 无

4 配菜要求： 将鱿鱼卷，青、红尖椒及调料分别放入器皿中。

5 投料顺序： 烫鱿鱼卷→炒制青红尖椒→烹制食材→出锅装盘。

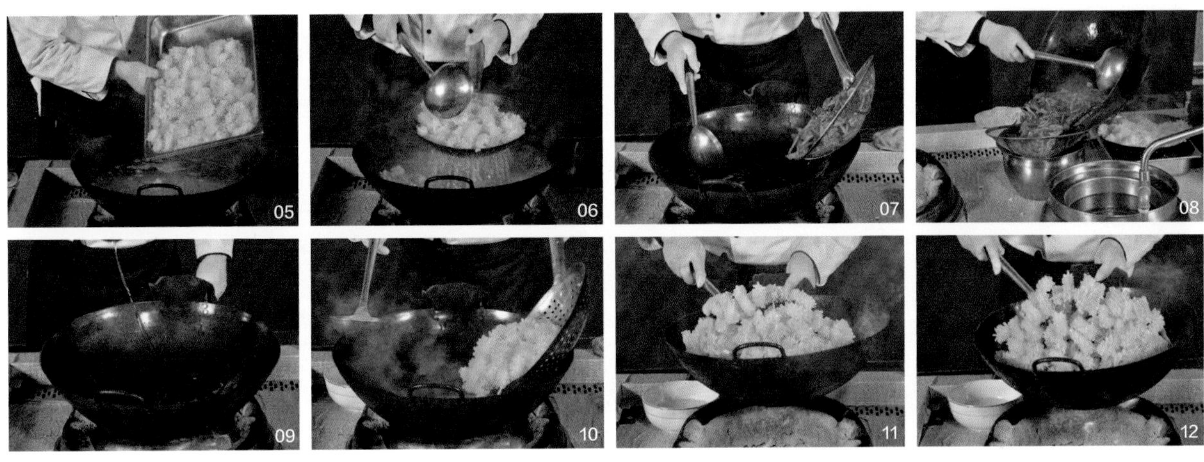

6 烹调成品菜： ① 锅中倒入清水，大火煮开，加入盐10克、胡椒粉2克、油10毫升、料酒20毫升，将鱿鱼卷放入开水中烫至卷曲，即可捞出。② 锅上火烧热，热锅凉油200毫升，下入青、红椒翻炒至断生盛出，备用。③ 锅中倒入150毫升葱油，热锅凉油，放入葱、姜、蒜末各20克煸出香味，加入高汤500毫升，放入盐30克、胡椒粉3克、味精20克搅拌均匀，倒入鱿鱼卷，放入120毫升料酒，翻炒均匀。再淋入水淀粉50毫升勾薄芡，放入青、红椒翻炒均匀，最后淋入明油100毫升搅拌均匀，出品即可。

7 成品菜装盘（盒）： 菜品采用“盛入法”装入盒中，自然堆落状。成品重量：2950克。

| 要领提示 | 鱿鱼炒制时间不宜过长，炒老了口感不好。

| 操作重点 | 鱿鱼无须加入过多调料，尽量保留鱿鱼原有的鲜美。

| 成菜标准 | ①色泽：红白绿相间；②芡汁：薄芡；③味型：咸鲜；④质感：鲜嫩可口。

| 举一反三 | 火爆腰花，火爆肥肠。

菜品名称

红烧鳕鱼

营养师点评

红烧鳕鱼是一道家常菜，香嫩爽口，肉味甘美，老少皆宜。此菜总热量不高，但具有高蛋白、低脂肪、高钙的优点。菜肴质地熟烂，易于咀嚼，也易于消化吸收，是一款适合老人食用的菜肴。进餐中要增加一些蔬菜，满足维生素和膳食纤维的摄入量。

营养成分

（每100克营养素参考值）

能量：105.6卡

蛋白质：17.1克

脂肪：0.4克

碳水化合物：8.2克

维生素A: 11.8微克

维生素C：4.3毫克

钙：38.1毫克

钾：282.7毫克

钠：475.7毫克

铁：0.8毫克

原料组成

主料

鳕鱼5000克

辅料

净青椒、红椒各100克

调料

盐35克、胡椒粉5克、料酒80毫升、生抽50毫升、老抽29毫升、葱片35克、姜片50克、蒜片30克、味精10克、白糖60克、玉米淀粉400克、水淀粉100毫升（生粉50克+水50毫升）、大料4克、蚝油60克

加工制作流程

1 初加工： 鳕鱼洗净，青红椒洗净、去籽。

2 原料成形： 鳕鱼一劈两半，青红椒切小菱形片。

3 腌制流程： 鳕鱼放入生食盒中，加入料酒40毫升、盐10克、胡椒粉5克、葱片10克、姜片20克、玉米淀粉400克抓匀，腌制10分钟。

4 配菜要求： 将鳕鱼、青红尖椒以及调料分别装在器皿中备用。

5 投料顺序： 炙锅→炸制鳕鱼片→调汁→浇汁→蒸制鳕鱼→后调汁→出锅装盘。

01

02

03

04

05

06

07

08

09

10

11

12

6 烹调成品菜： ① 锅上火烧热，放入植物油，油温五成热时，下入鳕鱼片，炸制金黄，捞出，控油，然后摆入蒸盘中，备用。② 锅上火烧热，放入植物油，放入大料4克、葱片25克、姜片30克、蒜片30克小火煸香，加入老抽25毫升、蚝油40克、加水800毫升，用大火烧开，再加入白糖60克、生抽50毫升、料酒40毫升，捞去葱、姜、蒜末，加入盐25克、味精10克。开锅后，浇在炸好鳕鱼块上，放入万能蒸烤箱，蒸制模式：温度100℃，湿度100%，蒸10分钟即可，取出。③ 蒸好鳕鱼的汤汁倒入锅中，加入老抽4毫升、蚝油20克，大火烧开，水淀粉100毫升勾芡，淋入明油，浇在鳕鱼上。④ 锅上火烧热，放入植物油，最后放入青红椒煸炒一下，撒在鳕鱼上即可。

7 成品菜装盘（盒）： 菜品采用“盛入法”装入盒中，自然堆落状。成品重量：3170克。

13

14

15

| 要领提示 | 鳕鱼要腌制去腥。
| 操作重点 | 炸鱼时油温要六成热，不能过高或过低。
| 成菜标准 | ①色泽：棕红；②芡汁：薄芡；③味型：咸鲜；④质感：香嫩爽口。
| 举一反三 | 红烧肉、红烧排骨。

菜品名称

茴香金瓜鱼条

营养师点评

茴香金瓜鱼条是用鱼片为主料做成的一道家常菜，外酥里嫩。鱼肉和金瓜中具有丰富的蛋白质以及维生素。此菜总热量较高，蛋白质比较丰富，但脂肪含量低，钙、钾含量较高。菜肴质地软烂，易于咀嚼，有利于消化吸收。选用此菜要搭配一些蔬菜类菜肴，以补充维生素和膳食纤维。

营养成分

（每100克营养素参考值）

能量：159.8卡

蛋白质：9.8克

脂肪：3.2克

碳水化合物：22.9克

维生素A: 43.3微克

维生素C：4.7毫克

钙：47.1毫克

钾：200.8毫克

钠：225.4毫克

铁：1.2毫克

原料组成

主料

净鱼片3000克

辅料

青茴香1000克

净南瓜1000克

调料

盐30克 、白胡椒粉5克、面粉1000克、玉米淀粉1000克、味精10克、料酒30毫升、泡打粉3克、料油40毫升、茴香汁700毫升

加工制作流程

1 初加工：茴香洗净；鱼片洗净，挤干水分；金瓜去皮、去籽。

2 原料成形：茴香一半切碎，打成茴香汁，留一半切段；金瓜切成排骨块；鱼片切成长 5 厘米、宽 1 厘米条。

3 腌制流程：金瓜洗净，盐 10 克、味精 2 克、料油 40 毫升拌匀；将鱼挤干水分，加盐 20 克、白胡椒粉 5 克、料酒 30 毫升、味精 8 克腌制 10 分钟；调糊：用淀粉 1000 克与面粉 1000 克（1：1）、茴香汁 700 毫升、泡打粉 3 克，调成糊，加植物油搅拌均匀。

4 配菜要求：将鱼条、金瓜及调料分别摆放在器皿中。

5 投料顺序：蒸金瓜→炸金瓜→鱼条→出锅装盘。

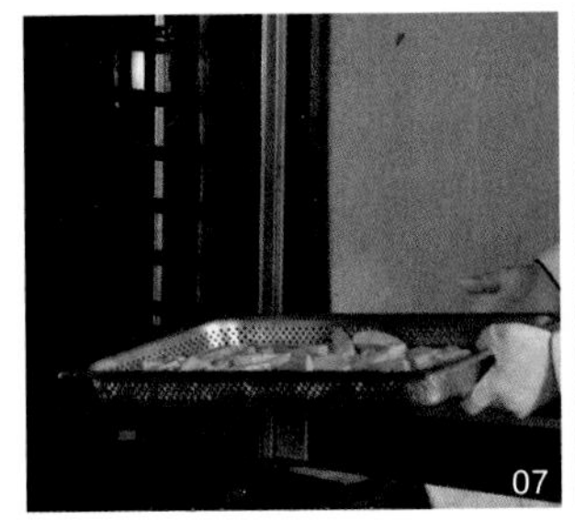

6 烹调成品菜：① 将拌好的金瓜放入蒸烤箱中，蒸两分钟。② 将蒸好的金瓜挂糊，放入油锅中，油温四成热时，炸至金黄色，自然浮起捞出控油，复炸一遍即可。③ 锅上火烧热，放入植物油，油温五成热时，用鱼条挂面糊，下入油锅炸熟、捞出；再复炸一遍，炸成浅黄色即可。

7 成品菜装盘（盒）：菜品采用“盛入法”装入盒中，摆放整齐即可。成品重量：5500 克。

| 要领提示 | 腌制南瓜要先用葱油拌后，放入盐，以免水分过多流失。
| 操作重点 | 鱼条腌制时，不能超过 10 分钟，以免鱼条中的水分过多流失，鱼肉的口感不嫩。
| 成菜标准 | ①色泽：黄绿相间；②芡汁：无；③味型：咸鲜，也可调辣味食用；④质感：鱼条外酥里嫩，金瓜甜香。
| 举一反三 | 茴香金瓜鸡条、茴香金瓜肉条。

菜品名称

金瓜鱼圆

营养师点评

金瓜鱼圆总热量不高，蛋白质不超标，脂肪含量不高，维生素A和钙比较丰富，钠的含量偏高。菜肴质地熟烂，有汤有菜，易于咀嚼。

营养成分

（每100克营养素参考值）

能量：73.2卡

蛋白质：10.8克

脂肪：2.6克

碳水化合物：1.5克

维生素A: 22.6微克

维生素C：4.4毫克

钙：51.2毫克

钾：216.2毫克

钠：678.1毫克

铁：1.2毫克

原料组成

主料

白鲢鱼2500克

辅料

金瓜1000克

油菜500克

鸡蛋清260克

调料

葱姜水400毫升（葱、姜各50克、水400毫升）、盐70克、料酒90毫升、白胡椒粉15克、鸡蛋清260克、猪油20克、汤1000毫升、味精20克、植物油700毫升、水淀粉150毫升（生粉50克＋水100毫升）

加工制作流程

1 初加工：白鲢鱼去鳞、去内脏、去骨，用葱姜水泡出血水；金瓜去籽、洗净。

2 原料成形：将去骨的鱼片用刀刮成鱼泥后，再用破壁机加葱姜水200毫升，蛋清打成鱼蓉后过箩，备用。

3 腌制流程：金瓜中加入盐10克、味精5克、植物油100毫升拌匀备用；将过箩的鱼蓉加入葱姜水200毫升、料酒60毫升、白胡椒粉15克、蛋清260克、肉馅朝一个方向打匀，再次加入葱姜水拌匀，加入蛋清，继续放入葱姜水，朝一个方向打匀，加入盐30克、猪油20克，继续朝一个方向打上劲。

4 配菜要求：将金瓜切成滚刀块，洗净、备用。

5 投料顺序：金瓜、鱼蓉腌制→蒸金瓜→汆鱼丸→烹制熟化食材→出锅装盘。

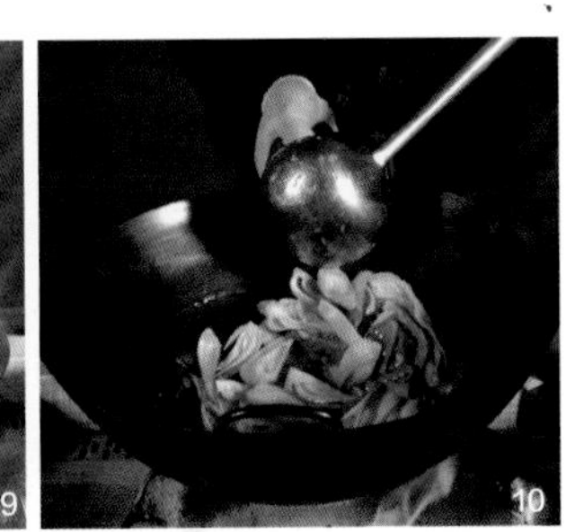

6 烹调成品菜：① 将金瓜放入蒸盘，然后放入万能蒸烤箱中。蒸的模式：温度100℃，湿度100%，蒸20分钟；锅中加入凉水，将鱼丸都挤入锅中，待丸子挤完后开火，烧制九成熟时，转小火，将鱼丸煨熟、捞出。② 将金瓜取出码在盘底，将鱼丸倒在金瓜上，用煮鱼丸的汤汁烫一下油菜，捞出过凉。锅中放油，放入油菜，盐10克，味精5克翻炒均匀，后勾芡，淋入明油盛出围边。③ 锅中放入植物油、葱姜水200毫升、汤1000毫升、放入盐20克、味精10克、料酒30毫升。大火烧开后，水淀粉勾芡淋入明油，将汤汁淋在鱼丸上即可。

7 成品菜装盘（盒）：先将金瓜出锅装入盒子里垫底，然后再将鱼丸出锅，放在金瓜上，即可。成品重量：5300克。

| 要领提示 | 鱼肉制蓉前一定要把血泡净；鱼蓉过箩要细；金瓜不能炖得过火。

| 操作重点 | 鱼丸一定要凉水下锅；挤出的鱼丸大小均匀；鱼丸汤要薄芡。

| 成菜标准 | ①色泽：鱼丸洁白，金瓜金黄；②芡汁：薄欠，芡汁明亮；③味型：咸鲜软糯；④质感：软嫩滑口、金瓜香甜。

| 举一反三 | 用青鱼、草鱼、龙利鱼都可以做鱼丸。

菜品名称

金丝虾球

营养师点评

金丝虾球是一道特色菜，外酥里嫩。此菜总热量不高，蛋白质充足，脂肪含量不高，膳食纤维和钙含量比较丰富，钠的含量偏高。菜肴质地熟烂，易于咀嚼。

营养成分

（每100克营养素参考值）

能量：135.7卡

蛋白质：12.7克

脂肪：3.2克

碳水化合物：14.0克

维生素A: 46.9微克

维生素C：2.2毫克

钙：119.1毫克

钾：210.5毫克

钠：1037.9毫克

铁：2.5毫克

原料组成

主料

虾仁1000克

鸡胸900克

肥膘100克

辅料

红薯2000克

紫薯1000克

调料

蜂蜜70克、炼乳200克、盐20克、糖5克、味精1克、胡椒粉2克、鸡汁30克、玉米淀粉200克、料酒15毫升、鸡蛋液200克、生粉40克、芝麻20克、葱姜水30毫升

加工制作流程

1 初加工：鸡胸肉去筋膜，清洗干净，虾仁清洗干净，红薯、紫薯去皮，清洗干净。

2 原料成形：红薯、紫薯切细丝，炸制；虾仁、鸡胸、肥膘剁碎制成蓉。

3 腌制流程：肉蓉里面放入料酒 15 毫升、葱姜水 30 毫升、盐 20 克、味精 1 克、鸡汁 30 克、胡椒粉 2 克，按照一个方向搅拌上劲，放入蛋液 200 克继续搅拌，放入玉米淀粉 200 克搅拌，摔打上劲，最后放入生粉 40 克搅拌均匀，备用。

4 配菜要求：将虾仁、鸡胸、肥膘、红薯、紫薯、调料分别放在器皿中。

5 投料顺序：蒸丸子→炸红薯丝、紫薯丝→调汁→裹汁→出锅装盘。

6 烹调成品菜：① 在蒸盘中刷一层油，将肉蓉用手挤成丸子（20 克左右），均匀摆在蒸盘中，盖上保鲜膜，在保鲜膜上扎几个洞。蒸盘放入万能蒸烤箱，选择蒸模式，温度 110℃，湿度 100%，蒸制 5 分钟，取出装在食盘中；② 锅上火烧热，倒入植物油，油温五成热，放入红薯丝，迅速打散，炸制金黄后捞出，控油备用；油温再次升高至五成热，放入紫薯丝，迅速打散，定型后捞出控油、备用；③ 碗中放入炼乳 200 克、蜂蜜 70 克、糖 5 克搅拌均匀，制成料汁，将丸子均匀地裹上一层料汁，再沾上一层红薯丝或紫薯丝，交替摆在盘中，最后撒入芝麻 20 克即可。

7 成品菜装盘（盒）：菜品采用“摆入法”装入盒中，整齐美观。成品重量：5100 克。

| 要领提示 | 红薯和紫薯要切细，切均匀。

| 操作重点 | 炸制时油温要掌握好，丸子蒸制时间不宜过长。

| 成菜标准 | ①色泽：黄色、紫色相间；②芡汁：无；③味型：咸甜；④质感：外酥里嫩，肉馅软糯。

| 举一反三 | 可以换成土豆丝。

菜品名称

熘鱼脯

营养师点评

熘鱼脯是一道味香色全的家常菜，是在熘鸡脯的启发下的改良版；以鱼肉为食材，入口滚热烫嘴，松软细嫩，味道鲜美，特点是高蛋白、低脂肪，鱼肉韧带组织少且肌肉纤维细小，菜肴的质地细腻滑润，易于咀嚼。

营养成分

（每100克营养素参考值）

能量：144.1卡

蛋白质：13.8克

脂肪：6.7克

碳水化合物：7.1克

维生素A: 54.5微克

维生素C：4.8毫克

钙：55.4毫克

钾：238.3毫克

钠：545.4毫克

铁：1.6毫克

原料组成

主料

净大白鲢鱼3000克

辅料

净油菜350克

净红枸杞150克

调料

料酒50毫升、白胡椒粉12克、盐50克、味精5克、玉米淀粉110克、鸡蛋清100克，葱姜水600毫升（葱、姜各50克＋清水600毫升）、猪油150克、水淀粉200毫升（生粉100克＋水100毫升）、植物油35毫升

加工制作流程

1 初加工：将鱼去鳞、去内脏，洗净；油菜去根，去老叶、洗净。枸杞洗净，葱、姜去根、去皮，洗净、备用。

2 原料成形：将鱼去头、去大骨、去胸刺，用刀刮下鱼肉；将油菜切成 0.8 厘米小丁。

3 腌制流程：用破壁机将鱼肉打成细蓉，过滤鱼的鱼刺，再加入白胡椒粉 2 克、料酒 25 毫升、蛋清 100 克拌匀，放入玉米淀粉 110 克继续搅拌。加盐 20 克、葱姜水 100 毫升、猪油 50 克，搅拌均匀备用。

4 配菜要求：葱拍松，姜切片，各准备 50 克，加清水 600 毫升制成葱姜水，备用。

5 投料顺序：蒸制食材→低温烹调→烹制食材→调味→出锅装盘。

6 烹调成品菜：① 锅内放入水，在 90℃左右时，将鱼蓉用漏勺往下漏到锅里，锅里的水要用手勺推动转起来。② 将鱼蓉漏成小颗粒，白鱼脯成型后捞出，用凉水泡上；③ 锅内放水，水开后油菜放入锅中焯水、捞出，控干、备用。④ 锅上火烧热，放入猪油 100 克，放入葱姜水 500 毫升大火烧开，烹入料酒 25 毫升、白胡椒粉 5 克、盐 30 克、味精 5 克开锅后，捞出葱、姜，放入油菜、枸杞，水淀粉 200 毫升勾芡，下入成型的鱼脯，即可出锅。

7 成品菜装盘（盒）：菜品采用“盛入法”装入盆中，自然堆落状。成品重量：4720 克。

要领提示	①漏勺不能离锅里的水太高，锅里水要转起来；②一定是漏勺，在漏鱼蓉时可移动的漏勺。
操作重点	鱼蓉要细，葱姜水不能过多，以免鱼蓉过稀，在漏的过程中不成型；芡汁要适宜，不宜太稀。
成菜标准	①色泽：红白绿相间；②芡汁：薄芡；③味型：鲜咸；④质感：软、滑、糯。
举一反三	可做熘鸡脯、猪里脊；汤汁上也可以有变化，这道菜是仿膳的一道老菜。

菜品名称

芦笋炒虾仁

营养师点评

芦笋炒虾仁是一道家常菜，咸鲜适中，虾仁滑嫩，芦笋脆爽。此菜总热量不高，高蛋白、低脂肪，钙和维生素 A 含量较高，菜肴质地熟烂，易于咀嚼，易于消化吸收。

营养成分

（每 100 克营养素参考值）

能量：133.6 卡

蛋白质：20.9 克

脂肪：3.6 克

碳水化合物：4.3 克

维生素 A: 40.9 微克

维生素 C：3.6 毫克

钙：256.4 毫克

钾：375.6 毫克

钠：2436.8 毫克

铁：5.6 毫克

原料组成

主料

净虾仁 2500 克

辅料

净芦笋 2000 克

净胡萝卜 500 克

调料

盐 33 克、糖 5 克、味精 10 克、水淀粉 200 毫升（生粉 100 克 + 水 100 毫升）、蛋清 100 克、葱油 100 毫升、料酒 120 毫升、香油 15 毫升、玉米淀粉 80 克、高汤 300 毫升、植物油 325 毫升

加工制作流程

1 初加工：虾仁放盐10克、料酒20毫升、蛋清100克抓匀，加入玉米淀粉80克，继续搅拌均匀后封油200毫升，腌制10分钟。

2 配菜要求：把虾仁、芦笋、胡萝卜以及调料分别装在器皿中备用。

3 投料顺序：蒸制食材→滑虾仁→调味→出锅装盘。

4 烹调成品菜：① 芦笋、胡萝卜放入蒸盘中，加入植物油125毫升、盐13克拌匀，放入万能蒸烤箱中，蒸的模式为温度100℃，湿度100%，蒸3分钟，取出备用。② 锅上火烧热，放入底油，油温四成热时，下入虾仁滑熟、捞出，控油备用。③ 锅上火烧热，放入葱油100毫升，放入虾仁、胡萝卜、芦笋翻炒均匀，加入盐20克、味精10克、糖5克，烹入料酒100毫升，加高汤300毫升，用水淀粉200毫升勾芡；淋入香油15毫升出锅即可。

5 成品菜装盘（盒）：菜品采用“盛入法”装入盒中，自然堆落状。成品重量：4000克。

| 要领提示 | 虾仁要去虾线，挤干水分，腌制去腥。
| 操作重点 | 芦笋要去白筋，薄厚要均匀。
| 成菜标准 | ①色泽：白绿红相间；②芡汁：薄芡；③味型：咸鲜；④质感：清爽可口，虾仁软糯。
| 举一反三 | 腰果虾仁、冬瓜虾仁。

菜品名称

南瓜虾仁鸡蛋

营养师点评

南瓜虾仁炒鸡蛋是一道家常菜，软烂可口。此菜蛋白质、脂肪含量不高，总热量不高，膳食纤维和钙比较丰富，钠的含量偏高，菜肴质地熟烂，易于咀嚼。

营养成分

（每100克营养素参考值）

能量：98.2卡

蛋白质：8.3克

脂肪：5.3克

碳水化合物：4.6克

维生素A：86.6微克

维生素C：7.2毫克

钙：88.7毫克

钾：188.6毫克

钠：828.3毫克

铁：2.1毫克

原料组成

主料

净虾仁800克

鸡蛋1000克

辅料

净南瓜4200克

净青红尖椒100克

调料

盐30克、味精20克、白胡椒粉8克、料酒20毫升、葱米20克、姜米20克、水淀粉50克（生粉25克+水25毫升）、鸡蛋液10克、玉米淀粉20克、葱油210毫升、高汤500毫升、明油20毫升

加工制作流程

1 初加工：南瓜去皮、去籽，洗净；青红尖椒去籽、洗净；虾仁清洗干净；葱、姜、蒜切米，备用。

2 原料成形：南瓜切成长 6 厘米、宽 1 厘米条，青红尖椒切菱形片；虾仁挤干水分；鸡蛋打散。

3 腌制流程：将南瓜条放入生食盒中，加入料酒 20 毫升、盐 15 克、味精 9 克、白胡椒 4 克拌匀；虾仁用盐 3 克、味精 1 克、白胡椒粉 2 克、葱油 10 克、蛋液 10 克、玉米淀粉 20 克，腌制 5~10 分钟。

4 配菜要求：将腌好的南瓜条、虾仁、青红尖椒、调料分别摆放在器皿中。

5 投料顺序：蒸南瓜条→滑虾仁→滑鸡蛋→烹制食材→调汁→出锅装盘。

6 烹调成品菜：① 将南瓜条放入蒸箱中，蒸的模式为温度 100℃，湿度 100%，上汽后蒸 8 分钟；取出放入熟食盒中。② 锅上火烧热，放入植物油，油温四成热时，放入虾仁滑熟。③ 锅上火烧热，放入葱油 100 毫升，倒入鸡蛋，炒制蓬松状，取出备用。④ 锅上火烧热，锅中放入葱油 100 毫升，放入葱、姜米各 20 克煸香，放入高汤 500 毫升，捞出葱、姜，放入盐 12 克、味精 10 克、胡椒粉 2 克、水淀粉 50 毫升勾芡，放入虾仁、鸡蛋翻炒，最后放入明油 20 毫升，倒在南瓜上即可。

7 成品菜装盘（盒）：菜品采用“盛入法”装入盒中，自然堆落状。成品重量：5670 克。

11

12

13

14

| 要领提示 | 南瓜蒸制时间不宜过长，8 分钟即可；虾仁要上浆饱满。
| 操作重点 | 虾仁和鸡蛋炒制时汤汁不宜过多。
| 成菜标准 | ①色泽：红黄绿相间；②芡汁：薄芡；③味型：咸鲜；④质感：南瓜清香，鸡蛋软糯，虾仁鲜嫩。
| 举一反三 | 可以做黄瓜炒鸡蛋、西葫芦炒鸡蛋。

菜品名称

泡椒墨鱼仔

营养师点评

这是一道传统的川菜，口味鲜美，蛋白质高，脂肪含量却很低，是易胖体质人士的最佳选择。此菜总热量不高，蛋白质不足，脂肪含量不高，菜肴质地熟烂，易于咀嚼。墨鱼仔含较高的嘌呤，不适宜老年人经常食用，建议每周最多食用一次。

营养成分

（每100克营养素参考值）

能量：111.7卡

蛋白质：9.4克

脂肪：5.5克

碳水化合物：5.9克

维生素A: 10.1微克

维生素C：10.9毫克

钙：18.0毫克

钾：284.3毫克

钠：441.0毫克

铁：1.6毫克

原料组成

主料

墨鱼仔3500克

辅料

泡椒500克

木耳500克

青椒500克

调料

植物油300毫升，葱20克，姜20克，蒜100克，料酒200毫升，剁椒酱70克，阿香婆香辣酱35克，海鲜酱90克，李锦记蒜蓉辣酱60克，蚝油75克，糖30克，白醋25毫升，味精5克，水淀粉300毫升（生粉100克+水200毫升）

加工制作流程

1 初加工：墨鱼仔洗净，青椒去蒂、去籽、洗净，葱、姜去皮，大蒜去皮，泡椒去蒂、去籽，木耳泡发备用。

2 原料成形：墨鱼仔大一点的一破两半即可，木耳撕成 3 厘米见方的片，青椒切 3 厘米见方的菱形片，葱、姜切末，大蒜切去头尾。

3 腌制流程：无。

4 配菜要求：墨鱼仔、泡椒、木耳、青椒，以及调料分别装入器皿中。

5 投料顺序：炙锅→放油→滑墨鱼仔→烹制熟化食材→出锅装盘。

6 烹调成品菜：① 锅上火烧热，锅中倒入清水烧开后，倒入墨鱼仔，氽烫后控水、备用。锅上火烧热，锅中加入植物油，油温七成热时，倒入墨鱼仔、木耳、青椒，炸 30 秒捞出，控油，备用；泡椒焯水、洗净。② 将剁椒酱 70 克、阿香婆香辣酱 35 克、海鲜酱 90 克、李锦记蒜蓉辣酱 60 克倒在容器中搅匀备用。③ 锅上火烧热，放入植物油 300 毫升，先放入大蒜炸制金黄色，再放入葱、姜各 20 克煸香，墨鱼仔，泡椒，木耳，青椒，料酒 200 毫升，蚝油 75 克，糖 30 克，白醋 25 毫升，味精 5 克，大火翻炒均匀后勾芡，淋明油 200 毫升、出锅装盘。

7 成品菜装盘（盒）：菜品采用“盛入法”装入盒中，整齐摆放。成品重量：3500 克。

01

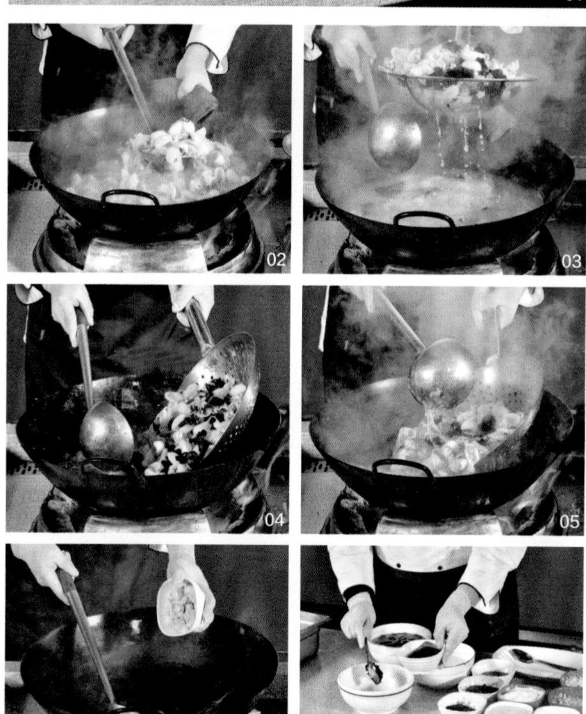

02 03 04 05 06 07

08

09

10

11

| 要领提示 | 泡椒不要提前冲洗，焯一下水即可，否则没有泡椒味了。

| 操作重点 | 豆菜品入锅后，一定要大火翻炒，快速勾芡，出勺，保证墨鱼仔的香脆。

| 成菜标准 | ①色泽：色泽红亮；②芡汁：中芡；③味型：咸鲜酸辣微甜；④质感：口感细腻爽滑，脆甜多汁。

| 举一反三 | 泡椒牛蛙、泡椒鱼片、泡椒鳝段。

菜品名称

炝炒墨鱼片

营养师点评

炝炒墨鱼片，这是北方沿海的一道家常菜。总热量不高，蛋白质含量不足，脂肪含量不高，但膳食纤维和钙比较丰富，钠的含量偏高。菜肴质地熟烂脆爽，需要细嚼慢咽。嘌呤偏高，不要经常食用。

营养成分

（每100克营养素参考值）

能量：117.3卡

蛋白质：8.1克

脂肪：5.4克

碳水化合物：8.9克

膳食纤维：2.1克

维生素A：1.1微克

维生素C：11.5毫克

钙：20.5毫克

钾：232.9毫克

钠：440.6毫克

铁：1.2毫克

原料组成

主料

墨鱼3000克

辅料

木耳500克

红椒500克

西芹1000克

调料

植物油300毫升、葱50克、姜50克、蒜50克、盐25克、糖25克、味精15克、蚝油105克、生抽50毫升、水淀粉300毫升（生粉100克+水200毫升）、葱油40毫升、白酒300毫升

加工制作流程

1 初加工：西芹摘叶、洗净，红尖椒、木耳泡发后洗净，葱、姜、蒜去皮、洗净、备用。

2 原料成形：西芹切成 1 厘米粗、3 厘米长的抹刀片，红椒切 2 厘米见方的菱形片，墨鱼切 3 厘米见方的抹刀片。葱、姜、蒜切末。

3 腌制流程：无。

4 配菜要求：西芹、墨鱼、红椒、木耳，以及调料分别摆放在器皿里。

5 投料顺序：炙锅烧水→食材焯水→烹饪熟化食材→装盘。

6 烹调成品菜：① 锅上火烧热，加水 4500 毫升，再放入盐 5 克、味精 5 克、植物油 100 毫升，放入西芹、木耳，水开后捞出，过凉，控水，备用。锅上火烧热，加入白酒 300 毫升，放入墨鱼片，汆烫后，捞出，控水，备用。② 锅上火烧热，放入植物油，油温四成热时，放入西芹、木耳、红椒汆油，捞出，控油，备用。油温五成热时，放入墨鱼片，汆油捞出，控油，备用。③ 锅上火烧热，锅中放入植物油 200 毫升，放入葱、姜、蒜煸香，加入蚝油 105 克、生抽 50 毫升，倒入墨鱼片翻炒均匀，加入木耳、胡萝卜、西芹继续翻炒均匀，放入盐 20 克、糖 25 克、味精 10 克，翻炒均匀，水淀粉勾芡，淋入葱油 40 毫升，出锅即可。

7 成品菜装盘（盒）：菜品采用“盛入法”装入盒中，摆放整齐即可。成品重量：4600 克。

| 要领提示 | 西芹切配时有老的地方一定要把筋削去，否则影响口感。

| 操作重点 | 水开后即可捞出墨鱼片，否则影响口感。

| 成菜标准 | ①色泽：红白黑绿相间；②芡汁：薄芡汁；③味型：咸鲜香；④质感：墨鱼滑嫩，西芹脆爽。

| 举一反三 | 炝炒螺片。

扫一扫，看视频

菜品名称

三色鱼米

营养师点评

三色鱼米来自淮扬菜的名菜松仁鱼米，制作简单，色泽漂亮，老少皆宜。三色鱼米这道菜蛋白质含量高，脂肪低，质地熟烂，细腻滑嫩，易于消化吸收，非常适宜体质虚弱及患有高脂血症的老年人食用。

营养成分

（每100克营养素参考值）

能量：132.6卡

蛋白质：12.3克

脂肪：7.0克

碳水化合物：5.1克

维生素A：26.3微克

维生素C：1.0毫克

钙：46.8毫克

钾：269.1毫克

钠：304.9毫克

铁：1.6毫克

原料组成

主料

净鱼肉3200克

辅料

净莴笋450克

净胡萝卜200克

调料

鸡蛋清125克（5个）、葱油120毫升、猪油100克、料酒130毫升、味精10克、盐25克、白胡椒粉10克、葱姜水500毫升、水淀粉120毫升（水80毫升+生粉40克）、玉米淀粉115克、清汤1000毫升

加工制作流程

1 初加工：将鱼去皮，用清水漂洗，也可用龙利鱼；莴笋洗净，去皮、去根，胡萝卜去皮、洗净、去根。

2 原料成形：将鱼肉切成1厘米宽、1厘米长的丁；胡萝卜切成长1厘米、宽1厘米的丁，莴笋切长1厘米、宽1厘米的丁，分别放置；将葱、姜切成米状。

3 腌制流程：鱼米放在生食盒中，放入蛋清5个、白胡椒粉5克、料酒80毫升、玉米淀粉115克拌匀，放入盐10克，封油。

4 配菜要求：将浆好的鱼米、黄瓜丁、胡萝卜丁和调料分别摆放在器皿中。

5 投料顺序：炙锅→烧油→滑制食材→烹制食材→出锅装盘。

6 烹调成品菜：① 锅上火烧热，热锅凉油，油温三成热时，下入鱼米打散，轻轻推动，滑熟捞出，油温四成热时下入胡萝卜丁打散，再下入笋丁，马上捞出沥干油。② 锅内放入猪油100克、葱姜水500毫升、料酒50毫升、清汤1000毫升、盐15克、味精10克、白胡椒粉5克、水淀粉120毫升（水80毫升＋生粉40克）勾芡，放入葱油120毫升。③ 放入鱼米、胡萝卜丁、莴笋丁翻炒均匀，出锅装熟食餐盒中（或盘中）即可。

7 成品菜装盘（盒）：菜品采用“盛入法”装入盒中，自然堆落状。成品重量：5000克。

要领提示	鱼米、胡萝卜丁、莴笋丁要求刀工均匀；鱼米略长于莴笋丁、胡萝卜丁。鱼米上浆，要上劲，均匀饱满。滑鱼米时，油温不能太低。如油温低了，鱼米下锅后不要先搅动，油温也不能超五成热，否则鱼米就不白，易上色。油锅保持在油温不超五成热时放胡萝卜。
操作重点	切配食材时大小要均匀。
成菜标准	①色泽：红白绿相间；②芡汁：薄芡；③味型：咸鲜适中；④质感：鱼米软嫩、胡萝卜丁软烂、笋丁清脆，老少适宜。
举一反三	三色鱼米是在淮扬菜松仁玉米基础上改良的，也可做松仁鸡米、三色鸡米、鸡鱼双米。

菜品名称

三鲜蒸水蛋

营养师点评

三鲜蒸水蛋是一道常见的家常菜，口感鲜嫩，鲜香可口。这道菜蛋白质、脂肪含量丰富，维生素A和钙的含量比较高，且质地爽滑、细嫩多汁，易于咀嚼和消化吸收，适宜搭配一些蔬菜食用，补充膳食纤维。

营养成分

（每100克营养素参考值）

能量：171.6卡

蛋白质：13.3克

脂肪：11.3克

碳水化合物：4.0克

维生素A：140.0微克

维生素C：3.8毫克

钙：104.7毫克

钾：169.3毫克

钠：1082.9毫克

铁：2.7毫克

原料组成

主料

净重鸡蛋2500克

辅料

净虾仁500克

净海鲜菇500克

净蟹棒500克

净红椒100克

净香葱300克

调料

香油50毫升、植物油200毫升、盐45克、味精10克、水淀粉150毫升（生粉75克＋毫升75克）、温水2500毫升

加工制作流程

1 初加工：海鲜菇去根、洗净，虾仁洗净，去掉虾线。

2 原料成形：虾仁切 0.5 厘米见方的粒，海鲜菇切 0.5 厘米见方的粒、蟹棒切 0.5 厘米见方的粒，香葱切末。

3 腌制流程：无。

4 配菜要求：将鸡蛋 2500 克放盐 30 克和温水 500 毫升充分打散，海鲜菇粒、蟹棒粒、虾仁粒以及调料分别放入器皿中。

5 投料顺序：蒸蛋液→焯食材→烹食材→调味→装盘出锅。

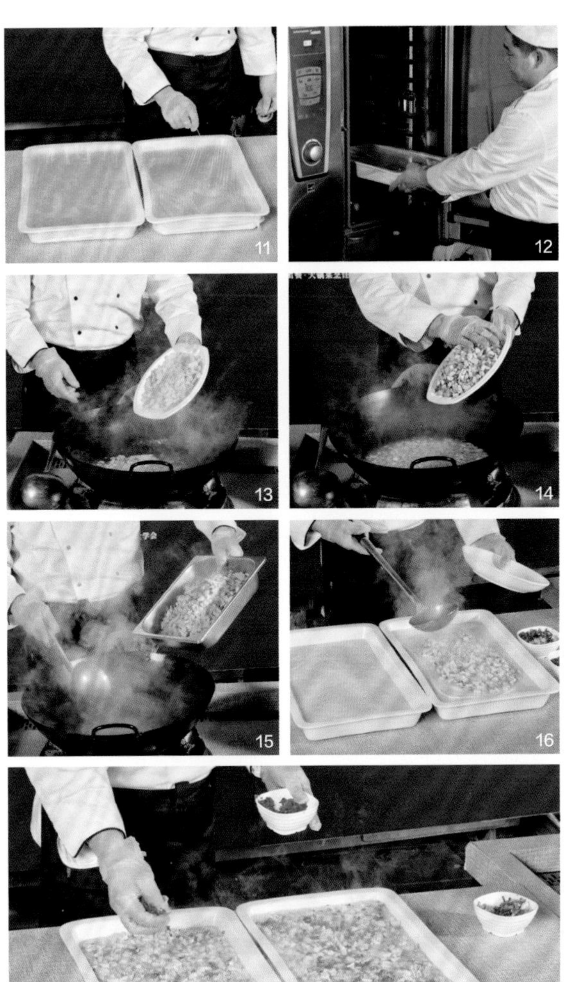

6 烹调成品菜：① 将打好的鸡蛋液装入托盘中，封上保鲜膜，用牙签扎小孔，上蒸箱蒸 15 分钟。② 锅上火，倒入水 2000 毫升，烧开，分别倒入切好的虾仁、海鲜菇、蟹棒焯水，过凉备用。③ 锅上火，倒入植物油 200 毫升，倒入焯水的虾仁、海鲜菇、蟹棒，依次加入盐 15 克、味精 10 克、水淀粉 150 毫升，淋入香油 50 毫升，出锅倒入蒸好的鸡蛋上，再撒上红椒碎、香葱即可。

7 成品菜装盘（盒）：成品重量：7326 克。

| 要领提示 | 鸡蛋加水比例 1 : 1.4，这样可以让鸡蛋更滑嫩。

| 操作重点 | 鸡蛋一定要打散、打匀，用漏勺过滤一遍，加水一定要用温水。

| 成菜标准 | ①色泽：红绿白相间；②芡汁：薄芡；③味型：鲜咸；④质感：滑嫩。

| 举一反三 | 可以把辅料改为胡萝卜和马蹄等，也可将水换成牛奶。

菜品名称

松塔鱼

营养师点评

松塔鱼属于苏菜系，酸甜适中，营养丰富。蛋白质和碳水化合物丰富，脂肪含量偏低，草鱼质地软烂易于咀嚼和消化吸收。进餐中适当搭配一些蔬菜，弥补膳食纤维的不足。

营养成分

（每100克营养素参考值）

能量：168.5卡

蛋白质：9.5克

脂肪：6.4克

碳水化合物：18.3克

膳食纤维：2.2克

维生素A: 10.3微克

维生素C：2.8毫克

钙：31.1毫克

钾：220.5毫克

钠：220.5毫克

铁：1.4毫克

原料组成

主料

草鱼片4000克

辅料

松仁160克

菠萝670克

黄桃1000克、青豆200克

朱古力50克

调料

盐60克、味精10克、白糖360克、料酒150毫升、白醋100毫升、水淀粉560毫升（生粉280克+水280毫升）、玉米淀粉1000克、浓缩橙汁60毫升、番茄沙司200克、番茄酱200克、葱段50克、姜片50克、香菜10克、料油20毫升

加工制作流程

1 初加工：草鱼清洗干净。

2 原料成形：用刀从鱼尾下刀，顺着鱼椎骨，将鱼肉片割至鱼头处，在鱼头腮部斜刀割下鱼片，片出肋骨，改花刀；姜切片；葱切段。

3 腌制流程：切好的鱼放入盆中，放入葱段 50 克、姜片 50 克、料酒 150 毫升、盐 10 克、味精 5 克，腌制 10 分钟。

4 配菜要求：把准备好的草鱼片、调料分别放在器皿中。

5 投料顺序：蒸制食材→炸鱼→调汁→烹制食材→出锅装盘。

6 烹调成品菜：① 黄桃中放入 10 毫升料油，再搅拌，放入蒸烤箱中，蒸的模式为温度 100℃，湿度 100%，蒸制 2 分钟。菠萝、青豆内放 10 毫升料油搅拌，放入蒸烤箱中，蒸的模式为温度 100℃，湿度 100%，蒸制 2 分钟，取出，控干水分，备用。② 鱼用玉米淀粉 1000 克拍粉，油温六成热时放入鱼炸制定型，摆盘；③ 调汁：锅中放入 1500 毫升水，放入番茄酱 200 克、番茄沙司 200 克、浓缩橙汁 60 毫升、糖 360 克、盐 50 克、味精 5 克、白醋 100 毫升、水淀粉 560 毫升（生粉 280 克 + 水 280 毫升）勾芡，倒入菠萝、青豆翻炒后，再倒入明油，放入摆好的鱼盘里，撒上松仁、朱古力；④ 黄桃摆在盘子周围装饰，撒上香菜即可。

7 成品菜装盘（盒）：菜品采用“盛入法”装入盒中，自然堆落状。成品重量：5000 克。

| 要领提示 | 刀工均匀，粉拍均匀，炸鱼时要掌握好火候。

| 操作重点 | 番茄酱、糖、白醋的比例要掌握好。

| 成菜标准 | ①色泽：红黄绿相间；②芡汁：薄汁薄芡；③味型：酸甜；④质感：外焦里嫩。

| 举一反三 | 糖醋鱼柳、糖醋虾仁。

扫一扫，看视频

菜品名称

蒜香鱼柳

营养师点评

蒜香鱼柳是百姓餐桌上非常喜欢的一道炸品菜，外酥里嫩，营养非常丰富。此道菜荤素搭配合理，蛋白质丰富，脂肪不超标，碳水化合物丰富且质地软烂，易于咀嚼和消化吸收。

营养成分

（每 100 克营养素参考值）

能量：179.5 卡

蛋白质：8.5 克

脂肪：7.4 克

碳水化合物：19.8 克

维生素 A：37.2 微克

维生素 C：10.3 毫克

钙：23.0 毫克

钾：177.3 毫克

钠：232.1 毫克

铁：1.5 毫克

原料组成

主料

龙利鱼 3000 克

辅料

青椒 250 克

红椒 250 克

红薯 1000 克

胡萝卜 500 克

调料

植物油 500 毫升、蒜末 500 克、盐 25 克、味精 20 克、料酒 35 毫升、孜然粉 30 克、蚝油 100 克、糖 20 克、生粉 270 克、玉米淀粉 1000 克、鸡蛋 200 克、泡打粉 2 克、水 200 毫升

加工制作流程

1 初加工：青椒与红椒去籽、去蒂，红薯、胡萝卜去皮、洗净、备用。

2 原料成形：龙利鱼切宽1厘米、长3厘米的条；青椒与红椒切0.2厘米见方的丁；蒜切末。红薯切1厘米宽、3厘米长的条，胡萝卜切0.5厘米宽、2厘米长的条。

3 腌制流程：① 龙利鱼攥干水分，将鱼柳放在容器中，加入盐20克、蒜末500克、味精15克、料酒35毫升、孜然粉30克、蚝油100克、白糖20克拌匀，腌制30分钟。② 挂糊：容器中放入生粉270克、玉米淀粉800克、泡打粉2克、鸡蛋200克、水200毫升、植物油500克搅拌均匀成糊，把腌好的鱼挂糊，备用。

4 配菜要求：龙利鱼以及调料分别摆放器皿中。

5 投料顺序：腌制食材→炙锅烧油→炸制食材→装盘。

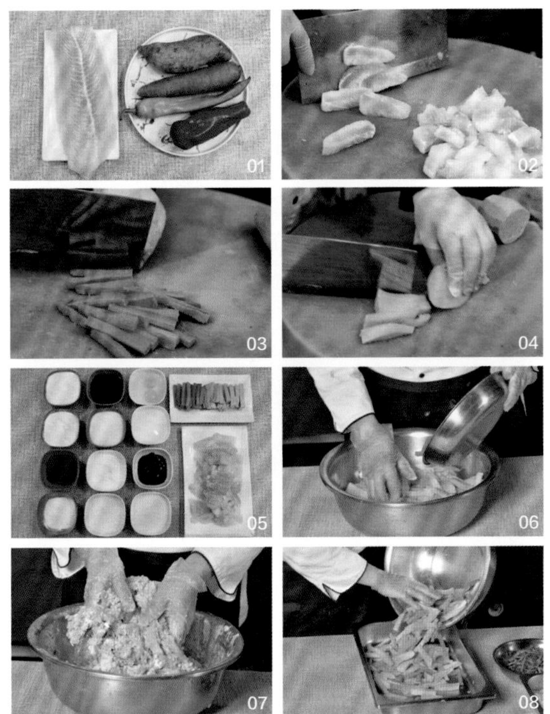

6 烹调成品菜：① 红薯、胡萝卜中放盐5克，味精5克，放入万能蒸烤箱中。蒸的模式为温度100℃，湿度100%，蒸3分钟取出。加入玉米淀粉200克，拌匀。② 锅烧热放油，油温五成热时，下入拍粉的胡萝卜，炸制香脆时捞出，铺在盘底。油温六成热时，下入红薯条，炸制金黄色捞出，铺在盘底；油温六成热时，下入挂好糊的鱼柳，炸至金黄色，出锅装盘。青椒、红椒米滑油，撒在鱼柳上面即可。

7 成品菜装盘（盒）：菜品采用“盛入法”装入盒中，摆放整齐即可。成品重量：4500克。

| 要领提示 | 鱼柳切配时大小一定要均匀，否则影响炸制颜色与口感。
| 操作重点 | 一定要进行二次炸制，口感更酥脆。
| 成菜标准 | ①色泽：金黄；②芡汁：无；③味型：咸鲜香，蒜香味浓；④质感：外酥里嫩。
| 举一反三 | 蒜香牛肉、蒜香鸡。

菜品名称

虾仁冬瓜

营养师点评

虾仁冬瓜是由原来的“清炒虾仁”中配料黄瓜改为冬瓜，冬瓜有消肿、利尿作用。虾仁冬瓜具有高蛋白，低脂肪，总热量不高的特点，比较容易咀嚼和吸收，适合患有高脂血症、高胆固醇症的老人食用。

营养成分

（每100克营养素参考值）

能量：76.6卡

蛋白质：7.6克

脂肪：3.8克

碳水化合物：3.0克

维生素A:7.3微克

维生素C：14.6毫克

钙：101.8毫克

钾：134.5毫克

钠：1070.8毫克

铁：2.0毫克

原料组成

主料

净冬瓜4500克

辅料

净虾仁1000克

红尖椒200克

调料

盐40克、料酒30毫升、白糖5克、葱50克、姜20克，水淀粉100毫升（生粉50克+水50毫升）、胡椒粉5克、味精10克、玉米淀粉30克、植物油1320毫升、水2300毫升

加工制作流程

1 初加工：冬瓜洗净、去瓤、去皮；虾仁洗净，去掉虾线，挤干水分；红椒洗净、去蒂。

2 原料成形：冬瓜切 5 厘米长、1 厘米宽、1 厘米厚的条；红椒切 5 厘米长、1 厘米宽的条。

3 腌制流程：虾仁放入生食盒中，加入盐 10 克、胡椒粉 2 克、料酒 30 毫升抓拌均匀，然后放入玉米淀粉 30 克继续抓拌均匀，倒入植物油 100 毫升锁住水分，抓匀腌制 10 分钟。

4 配菜要求：将腌制好的虾仁、冬瓜、红椒、葱、姜，以及调料分别摆放器皿中。

5 投料顺序：炙锅→滑虾仁→滑冬瓜条→烹制熟化食材→出锅装盘。

6 烹调成品菜：① 滑油：锅上火烧热，放入植物油 1000 毫升，油温五成热，下入虾仁，滑散、滑熟后捞出，控油备用；② 焯水：锅中加入水 2000 毫升，加盐 5 克，加植物油 20 毫升，下入冬瓜条焯水，水开捞出，控水备用。③ 锅上火，热锅凉油，加入植物油 100 毫升，用姜 20 克、葱 50 克爆香，下入冬瓜、虾仁、水 300 毫升翻炒均匀，再加盐 20 克、胡椒粉 3 克、味精 8 克、白糖 5 克，翻炒均匀，倒入水淀粉 100 毫升（淀粉 50 克 + 水 50 毫升），淋入明油 100 毫升，出锅即可。④ 锅上火烧热，留底油，放入红椒、盐 5 克、味精 2 克，出锅，撒在冬瓜上，即可。

7 成品菜装盘（盒）：菜品采用“盛入法”装入盒中，呈自然堆落状。成品重量：4420 克。

| 要领提示 | 虾仁一定要上浆；冬瓜飞水的时候要煮熟、煮透。

| 操作重点 | 虾仁要提前腌制、去腥。

| 成菜标准 | ①色泽：红白相间；②芡汁：薄汁溜芡；③味型：咸鲜味美；④质感：汁浓味鲜，瓜嫩爽滑，虾仁可口。

| 举一反三 | 虾仁鸡蛋、虾仁油菜等。

扫一扫，看视频

菜品名称

虾仁滑蛋

营养师点评

虾仁滑蛋是由鲁菜“滑炒虾仁”演变而来的菜品。虾仁脆嫩，鸡蛋鲜香，含有丰富的蛋白质、氨基酸等营养成分。虾仁滑蛋蛋白质丰富，富含维生素A和钙等微量营养素，菜品质地软烂，易于咀嚼，非常适合体质虚弱、营养不良的老年人食用。

营养成分

（每100克营养素参考值）

能量：250.9卡

蛋白质：19.1克

脂肪：18.0克

碳水化合物：3.3克

维生素A:115.3微克

维生素C：6.5毫克

钙：193.0毫克

钾：242.7毫克

钠：1676.9毫克

铁：4.5毫克

原料组成

主料

净虾仁2000克

辅料

净鸡蛋3000克

净青尖椒300克

净红尖椒300克

调料

精盐30克、白胡椒粉3克、葱、姜末各50克、蛋清60克、玉米淀粉90克、植物油1000毫升

加工制作流程

1 初加工：虾仁清洗干净，挤干水分；青、红尖椒去蒂、去籽，清洗干净。

2 原料成形：青红尖椒切成 0.1 厘米见方的丁，备用。

3 腌制流程：把虾仁放入容器中，加入盐 5 克、蛋清 60 克、白胡椒粉 1 克、玉米淀粉 90 克抓匀，放入植物油 100 毫升，封油，腌制 10 分钟，备用；把鸡蛋打入容器中，加入盐 25 克、白胡椒粉 2 克、搅拌均匀，备用。

4 配菜要求：把虾仁、打好的蛋液、青椒、红椒、植物油分别放入器皿中，备用。

5 投料顺序：炙锅→滑虾仁→虾仁放入蛋液中→滑蛋液→出锅。

6 烹调成品菜：① 锅上火烧热，热锅凉油，放入植物油 400 毫升，油温五成热时，倒入一半蛋液，一半滑好的虾仁，一半青、红椒，轻轻推动蛋液滑熟，为了防止粘锅，滑炒的过程中沿锅边分两次淋入明油 50 毫升，翻炒，出锅。② 还是用原锅，热锅凉油，放入植物油 400 毫升，依次加入姜末、葱末爆香，倒入余下的另一半蛋液、虾仁、青椒、红椒，轻轻推动蛋液滑熟，为了防止粘锅，滑的过程中沿锅边分两次淋入明油 50 毫升，翻炒，出锅。

7 成品菜装盘（盒）：菜品采用“盛入法”装入盒中，自然堆落状。成品重量：4960 克。

| 要领提示 | 虾仁上浆前，用干布把水分吸净；虾仁上浆饱满，要滑熟；油温五成热，滑虾仁刚下锅的时候，不要翻动。

| 操作重点 | 滑蛋时，要热锅凉油，为了避免粘锅，中间要淋入明油，轻轻推动。

| 成菜标准 | ①色泽：红黄绿相间；②芡汁：无；③味型：咸鲜适中；④质感：虾仁脆嫩，鸡蛋滑嫩。

| 举一反三 | 滑蛋鲜贝、滑蛋鸡片。

扫一扫，看视频

菜品名称

鲜贝三丁

营养师点评

鲜贝三丁是沿海地区的一道简单的家常菜，色泽鲜艳，口味清淡。此菜热量低，含有多种维生素和矿物质。质地细腻软烂，易于咀嚼和消化吸收，是一道适宜老人佐食的菜肴，更适合体重偏胖的老人。

营养成分

（每 100 克营养素参考值）

能量：99.8 卡

蛋白质：7.6 克

脂肪：5.8 克

碳水化合物：4.3 克

维生素 A：37.5 微克

维生素 C：1.8 毫克

钙：98.4 毫克

钾：126.2 毫克

钠：451.7 毫克

铁：4.9 毫克

原料组成

主料

净鲜贝 5000 克

辅料

净胡萝卜 800 克

净莴笋 800 克

净香菇 500 克

调料

盐 40 克、味精 15 克、胡椒粉 2 克、水淀粉 70 毫升（生粉 35 克 + 水 35 毫升）、玉米淀粉 150 克、糖 40 克、料酒 20 毫升、葱花 40 克、姜片 40 克、干辣椒 20 克、泡椒 20 克、鸡蛋清 3 个、葱油 200 毫升、植物油 220 毫升、高汤 400 毫升

加工制作流程

1 初加工：鲜贝洗净，胡萝卜去皮、洗净；莴笋去皮、洗净；香菇去蒂、洗净。

2 原料成形：胡萝卜切丁，莴笋切丁，香菇切丁。

3 腌制流程：将香菇、胡萝卜、莴笋放入盐 5 克、味精 5 克、葱油 20 毫升搅拌均匀，倒入蒸盘备用；将鲜贝中放入料酒 20 毫升、胡椒粉 1 克、糖 10 克、鸡蛋清 3 个抓匀，放入玉米淀粉 150 克抓匀，封油（200 毫升植物油）备用。

4 配菜要求：将胡萝卜丁、莴笋丁、香菇丁、鲜贝丁，以及调料分别摆放在器皿中。

5 投料顺序：蒸制食材→鲜贝滑油→调味→出锅装盘。

6 烹调成品菜：① 将腌制好的香菇丁、胡萝卜丁、莴笋丁放入万能蒸烤箱蒸制 8 分钟（温度 105℃）取出备用。② 锅上火烧热，放入植物油 200 毫升，油温五成热时，放入鲜贝滑熟，捞出，控油备用。③ 锅上火烧热，放入葱油 180 毫升，下入葱花 40 克、姜片 40 克、泡椒段 20 克、干辣椒段 20 克炒香，下入三丁翻炒均匀，加入高汤 400 毫升、胡椒粉 1 克、盐 35 克、味精 10 克、糖 30 克、水淀粉 70 毫升（生粉 35 克加水 35 毫升）勾芡，烧开后放入鲜贝，翻炒均匀，最后淋入明油 20 毫升，出锅即可。

7 成品菜装盘（盒）：菜品采用“盛入法”装入盒中，自然堆落状。成品重量：5200 克。

| 要领提示 | 鲜贝要挤干水分，上好浆；胡萝卜、莴笋、香菇丁要切大小均匀。
| 操作重点 | 鲜贝滑油时油温要达到五成热，防止脱浆，汁芡要抱紧。
| 成菜标准 | ①色泽：红白绿褐色相间；②芡汁：利汁薄芡；③味型：咸鲜，微辣；④质感：滑嫩。
| 举一反三 | 三丁的原料可以换成冬菇、冬笋、火腿等。

菜品名称

虾皮小白菜

营养师点评

虾皮小白菜是一道常见的家常菜，清香爽口且膳食纤维丰富，总热量比较低，维生素、钙和膳食纤维比较丰富。因蛋白质含量低，要再选择一些含优质蛋白质的菜肴搭配食用。

营养成分

（每 100 克营养素参考值）

能量：41.0 卡

蛋白质：2.7 克

脂肪：2.6 克

碳水化合物：1.7 克

维生素 A:140.1 微克

维生素 C：60.8 毫克

钙：147.1 毫克

钾：133.3 毫克

钠：575.2 毫克

铁：1.5 毫克

原料组成

主料

净小白菜 4000 克

辅料

净虾皮 180 克

净红椒丁 100 克

调料

盐 25 克、味精 15 克、白糖 5 克、葱油 100 毫升

加工制作流程

1 初加工：小白菜去根、洗净，沥干水分，红椒去蒂、去籽，洗净。

2 原料成形：将小白菜切成 4 厘米长段；红椒切丁。

3 腌制流程：无。

4 配菜要求：把准备好的小白菜、虾皮、红椒丁，以及调料分别放在器皿中。

5 投料顺序：蒸制食材→烹制食材→调汁→出锅装盘。

6 烹调成品菜：① 小白菜倒入生食盆中，放入葱油 20 毫升搅拌均匀，再加盐 5 克、糖 2 克、味精 5 克，搅拌均匀后放入蒸盘中，放入万能蒸烤箱。蒸的模式为温度 100℃，湿度 100%，蒸制 4 分钟。② 锅上火烧热，倒入葱油 80 毫升，放入虾皮，炒出香味，放入红椒碎 100 克，翻炒均匀，盛出部分虾皮和红椒碎，倒入小白菜，再放入盐 20 克、糖 3 克、味精 10 克翻炒均匀，即可出锅。③ 出锅后，撒入虾皮和红椒碎点缀即可。

7 成品菜装盘（盒）：菜品采用“盛入法”装入盒中，呈自然堆落状。成品重量：4100 克。

| 要领提示 | 小白菜要切配均匀，以免熟化程度不一样。
| 操作重点 | 虾皮要提前用小火煸出香味。
| 成菜标准 | ①色泽：红黄绿相间；②芡汁：无芡汁；③味型：咸鲜；④质感：爽滑。
| 举一反三 | 虾皮油菜、虾皮韭菜、虾皮菠菜。

菜品名称

虾仁炒青瓜

营养师点评

虾仁炒青瓜是一道家常菜，清淡可口，营养十分丰富。这道菜总热量不高，维生素 A 和钙的含量较高，且质地熟烂，易于咀嚼和消化吸收。

营养成分

（每 100 克营养素参考值）

能量：104.6 卡

蛋白质：12.3 克

脂肪：4.3 克

碳水化合物：4.1 克

维生素 A: 22.4 微克

维生素 C：5.8 毫克

钙：164.1 毫克

钾：224.0 毫克

钠：1545.8 毫克

铁：3.4 毫克

原料组成

主料

净青瓜 3300 克

辅料

净虾仁 1500 克

净胡萝卜 200 克

调料

植物油 400 毫升、姜末 20 克、葱末 30 克、蒜末 150 克、盐 30 克、白糖 5 克、味精 5 克、蚝油 40 克、玉米淀粉 30 克、浓缩鸡汁 35 克、胡椒粉 10 克、料酒 90 毫升、水淀粉 150 毫升（生粉 50 克 + 水 100 毫升）

加工制作流程

1 初加工：虾仁洗净、备用，青瓜去皮、去籽，洗净备用，胡萝卜削皮、洗净备用。

2 原料成形：青瓜、胡萝卜去心，斜刀切成 0.5 厘米的条。

3 腌制流程：虾仁洗净，攥干水分，放入料酒 40 毫升，胡椒粉 10 克，打入少许葱姜水，放入玉米淀粉 30 克，封油备用，腌制 10 分钟。

4 配菜要求：将虾仁、青瓜、胡萝卜，以及调料分别装在器皿中备用。

5 投料顺序：烧水→青瓜焯水→炙锅→烧油→滑虾仁、青瓜→烹制熟化菜品→出锅装盘。

6 烹调成品菜：① 锅上火烧热，锅中烧水，水开后下入青瓜和胡萝卜，10 秒钟倒出控水，备用。② 锅上火烧热，锅中倒入植物油，油温五成热时，下入虾仁滑油 30 秒，捞出备用；待油温六成热时，下入青瓜和胡萝卜，然后马上捞出，控油，备用。③ 锅上火烧热，放入植物油，先放入姜、葱、蒜末煸香，加入蚝油 40 克、鸡汁 35 克、料酒 50 毫升，然后把虾仁、青瓜、胡萝卜放入锅煸炒，加入盐 30 克，味精 5 克，白糖 5 克翻炒均匀，水淀粉勾芡，淋明油出锅即可。

7 成品菜装盘（盒）：菜品采用“盛入法”装入盒中，呈自然堆落。成品重量：4100 克。

| 要领提示 | 虾仁上浆时不要上太多的粉浆，适量就好，多了影响口感。
| 操作重点 | 这道菜炒制时速度一定要快，否则青瓜过火会失去脆爽口感。
| 成菜标准 | ①色泽：黄绿相间；②芡汁：薄芡；③味型：咸鲜；④质感：Q 弹滑嫩，青瓜脆爽。
| 举一反三 | 荷塘小炒、腊味荷兰豆、清炒苦瓜。

菜品名称

绣球虾丸

营养师点评

绣球虾丸是一道美味的家常菜，软嫩鲜香。此菜总热量较高，高蛋白，高脂肪。质地熟烂易于咀嚼和消化吸收。选用此菜要配一些蔬菜类菜肴，以补充维生素和膳食纤维，要选粗细搭配的主食，促进脂肪燃烧。

营养成分

（每100克营养素参考值）

能量：270.6卡

蛋白质：17.2克

脂肪：19.4克

碳水化合物：6.9克

维生素A：37.5微克

维生素C：0.6毫克

钙：123.0毫克

钾：249.9毫克

钠：1224.8毫克

铁：3.3毫克

原料组成

主料

净虾仁1100克

净鲜鸡胸肉1500克

净肥膘1000克

辅料

净红薯360克

净香菇280克、净青豆240克、净胡萝卜120克、净蛋皮200克、香菜叶10克、油菜心500克

调料

盐40克、糖7克、味精22克、胡椒粉10克、玉米淀粉210克、鸡汁63克、葱油150毫升、葱姜水100毫升、鸡蛋200克、水淀粉150毫升（生粉50克加水100毫升）、料酒168毫升

加工制作流程

1 初加工：鸡胸肉浸泡，洗净血水；红薯去皮、洗净；香菇去蒂、洗净；胡萝卜去皮、去根。

2 原料成形：虾仁剁碎成虾蓉，备用；鸡胸肉、肥膘肉剁碎成蓉，备用；红薯、香菇、胡萝卜切成细丝；蛋皮切丝。

3 腌制流程：无

4 配菜要求：把准备好的虾仁、鸡胸肉、肥膘肉及辅料和调料分别放在器皿中。

5 投料顺序：蒸制辅料→拌馅料→搓丸子→煮丸子→调汁→浇汁→出锅装盘。

6 烹调成品菜：① 将胡萝卜丝、香菇丝、红薯丝放入油 20 毫升、盐 5 克，放入万能蒸烤箱，温度 100℃，湿度 100%，蒸制 2 分钟，取出过凉，备用。② 将馅料搅拌均匀，放入盐 20 克、味精 12 克、胡椒粉 10 克、料酒 100 毫升、鸡汁 50 克、葱油 100 毫升、鸡蛋 200 克顺时针搅拌均匀至黏稠上劲，放入葱姜水 100 毫升，放入青豆、玉米淀粉 210 克继续搅拌，把蒸好的蛋皮丝放入一半，均匀地搓成圆形丸子（30 克左右）。③ 锅中放入水 2000 毫升，水开后把揉好的丸子放入锅中，煮熟取出，放入熟食盘，用香菇丝、胡萝卜丝、蛋皮丝点缀。④ 锅放水 1000 毫升、葱油 50 毫升、放入盐 12 克、味精 10 克、糖 7 克、鸡汁 13 克、料酒 68 毫升大火烧开转小火，放入水淀粉 150 毫升勾芡，浇在丸子上即可。

7 成品菜装盘（盒）：菜品采用“盛入法”装入盒中，自然堆落状。成品重量：4000 克。

| 要领提示 | 制作虾丸时要按一个方向搅拌上劲。

| 操作重点 | 丸子大小要均匀，丸子汆水时水温控制在 90℃左右。

| 成菜标准 | ①色泽：红黄白相间；②芡汁：薄汁薄芡；③味型：咸鲜；④质感：软嫩可口。

| 举一反三 | 鸡肉丸子、糯米丸子、三鲜丸子。

菜品名称

鲜贝烧茄子

营养师点评

鲜贝烧茄子是老少皆宜的一道家常菜，软糯可口。脂肪含量不高，膳食纤维和钙比较丰富。菜肴质地熟烂，易于咀嚼，餐中适当增加一些含有优质蛋白质的食物。

营养成分

（每100克营养素参考值）

能量：83.5卡

蛋白质：3.7克

脂肪：5.5克

碳水化合物：4.6克

维生素A：19.7微克

维生素C：10.4毫克

钙：35.8毫克

钾：157.0毫克

钠：129.6毫克

铁：0.6毫克

原料组成

主料

净鲜贝1000克

辅料

净茄子3000克

净西红柿500克

净青尖椒500克

调料

盐10克、葱50克、姜50克、蒜50克、植物油400毫升、黄酱15克、料酒20毫升、水淀粉300毫升（生粉100克+水200毫升）、味精15克、清水1000毫升

加工制作流程

1 初加工：鲜贝洗净，沥干水分；茄子洗净，沥干水分；青尖椒去蒂、去籽，清洗干净；西红柿洗净。

2 原料成形：茄子改刀，切成 1.5 厘米小段；姜切片；蒜切米、葱切末；青尖椒切菱形片；西红柿切滚刀块。

3 腌制流程：无

4 配菜要求：鲜贝、西红柿块、茄子、青尖椒，以及调料分别摆放在器皿中。

5 投料顺序：炙锅放油→食材滑油→烹饪熟化食材→装盘。

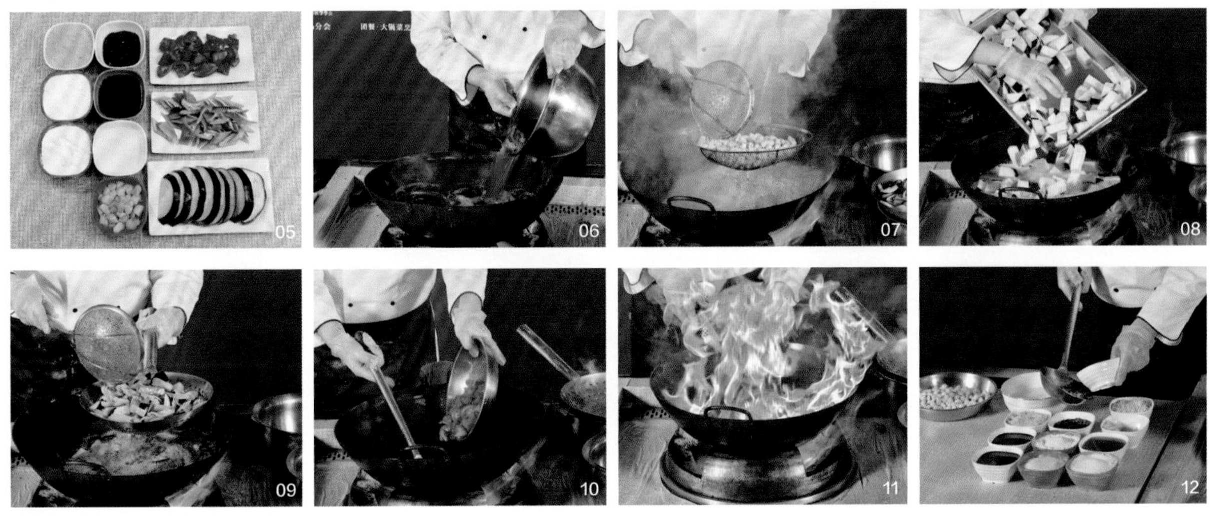

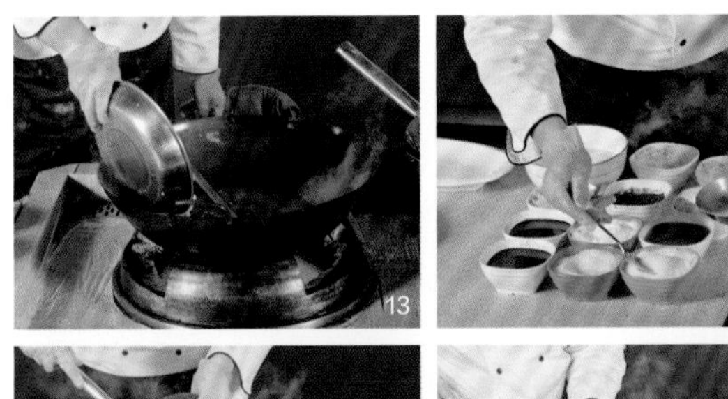

6 烹调成品菜：① 锅上火烧热，放入植物油，油温四成热时，下入鲜贝滑熟，捞出；待油温六成热时，放入茄子炸熟，下入青椒滑油，捞出。② 锅上火烧热，放入植物油 300 毫升，加入西红柿煸炒，加入葱末、姜片各 50 克炒香，再下入干黄酱 15 克炒香，下入料酒 20 毫升、清水 1000 毫升、盐 10 克、味精 15 克，大火烧开后，水淀粉 300 毫升（生粉 100 克 + 水 200 毫升）勾芡，放入鲜贝、茄子、青尖椒翻炒均匀，淋上明油 100 毫升即可。

7 成品菜装盘（盒）：菜品采用“盛入法”装入盒中，自然堆落状。成品重量：5000 克。

| 要领提示 | 鲜贝要挤干水分再滑油，茄子切配要均匀。
| 操作重点 | 茄子炸制时油温要六成热以上。
| 成菜标准 | ①色泽：红绿褐色相间；②芡汁：薄芡；③味型：咸鲜；④质感：茄子软嫩，鲜贝鲜香。
| 举一反三 | 虾仁烧茄子、鱼块烧茄子。

菜品名称

虾仁蚕豆炒鸡蛋

营养师点评

虾仁蚕豆炒鸡蛋是一道家常菜，鲜嫩清香。此菜总热量偏高，高蛋白、高碳水化合物、低脂肪。质地熟烂，易于咀嚼和消化吸收。但蔬菜量不足，进餐时需要增加一些蔬菜的摄入。

营养成分

（每 100 克营养素参考值）

能量：208.5 卡

蛋白质：21.5 克

脂肪：7.1 克

碳水化合物：14.5 克

维生素 A: 68.9 微克

维生素 C：9.3 毫克

钙：178.7 毫克

钾：414.3 毫克

钠：1762.3 毫克

铁：6.0 毫克

原料组成

主料

鲜蚕豆 530 克

蛋清 740 克

蛋黄 410 克

辅料

虾仁 800 克

红椒 200 克

调料

葱油 60 毫升、盐 26 克、味精 8 克、糖 20 克、胡椒粉 5 克、鸡汁 50 克、生粉 10 克、水淀粉 60 毫升（生粉 20 克 + 水 40 毫升）、葱片 18 克、蒜片 20 克

加工制作流程

1 初加工：蚕豆洗净，红椒去蒂、洗净，鸡蛋分离蛋清和蛋黄。

2 原料成形：蛋黄搅拌均匀，红椒切 3 厘米菱形片。

3 腌制流程：虾仁攥干水分，放入盐 3 克、胡椒粉 1 克、白糖 5 克搅拌至黏稠，放入蛋清 50 克继续搅拌。放入生粉 10 克，搅拌均匀后封油，腌制 10 分钟。蛋清中放入盐 3 克、水淀粉 20 毫升搅拌均匀。

4 配菜要求：虾仁、嫩蚕豆、鸡蛋、红椒，以及调料分别放在器皿中。

5 投料顺序：蒸制蚕豆→滑虾仁→滑鸡蛋→烹制食材→调味→出锅装盘。

6 烹调成品菜：① 将蚕豆放在带眼蒸盘中，放入盐 5 克、胡椒粉 2 克、白糖 5 克、味精 4 克，搅拌均匀后，放入万能蒸烤箱，选择蒸的模式，温度 120℃，湿度 100%，蒸 8 分钟后取出。② 锅上火烧热，倒入植物油，油温五成热，倒入虾仁滑油，滑熟后捞出，控油，备用。③ 锅上火烧热，倒入植物油后，再倒入蛋清，轻轻推动至成熟，捞出备用。锅中重新倒油 500 毫升，加入蛋黄，炒制成熟捞出。④ 锅上火烧热，倒入色拉油 300 毫升，撒上葱片 18 克、蒜片 20 克，煸炒出香味后，放入蚕豆翻炒均匀，再放红椒继续翻炒。加盐 15 克、糖 10 克、味精 4 克、胡椒粉 2 克、鸡汁 50 克、葱油 50 毫升，翻炒均匀后，放入虾仁再翻炒。⑤ 顺锅边淋入水淀粉 40 毫升，翻炒均匀后放入鸡蛋，淋入葱油 10 毫升即可。

7 成品菜装盘（盒）：菜品采用“盛入法”装入盒中，自然堆落状。成品重量：4560 克。

| 要领提示 | 蚕豆要提前蒸熟。

| 操作重点 | 虾仁滑油时间不宜过长。

| 成菜标准 | ①色泽：红黄绿相间；②芡汁：薄汁薄芡；③味型：咸鲜；④质感：清爽脆嫩。

| 举一反三 | 清炒蚕豆、蚕豆炒蛋。

菜品名称

腰果虾仁

营养师点评

腰果虾仁是一道粤菜，鲜香爽滑。这道菜蛋白质含量丰富，脂肪含量不高且质地软烂，易于咀嚼和消化吸收。

营养成分

（每 100 克营养素参考值）

能量：232.9 卡

蛋白质：21.0 克

脂肪：12.7 克

碳水化合物：8.5 克

维生素 A: 11.8 微克

维生素 C：5.7 毫克

钙：243.4 毫克

钾：335.7 毫克

钠：2215.2 毫克

铁：5.6 毫克

原料组成

主料

净虾仁 1800 克

辅料

净腰果 600 克

净黄瓜 1300 克

净红椒 100 克

调料

植物油 2250 毫升、葱末 20 克、姜末 15 克、盐 15 克、味精 5 克、白糖 5 克、料酒 40 毫升、玉米淀粉 30 克、水淀粉 120 毫升（生粉 60 克 + 水 60 毫升）、葱油 60 毫升、蛋清 60 克、胡椒粉 5 克、高汤 500 毫升

加工制作流程

1 初加工：腰果洗净；黄瓜洗净、去蒂、去皮；冷冻虾仁泡水，自然解冻；红椒洗净、去蒂。

2 原料成形：黄瓜切长1厘米、宽1厘米的方丁，虾仁去虾线、洗净，红椒切成0.5厘米长、0.2厘米宽的小菱形片。

3 腌制流程：将黄瓜丁放入生食盒中，加入葱油10毫升、盐2克搅拌均匀。将洗净的虾仁放入盆中，倒入蛋清60克、盐5克、胡椒粉3克、料酒20毫升抓匀，加入玉米淀粉30克，继续抓匀。最后倒入植物油50毫升，腌制10分钟。

4 配菜要求：将腌制好的虾仁、黄瓜丁、腰果以及调料分别摆放器皿中。

5 投料顺序：蒸食材→炸制食材→烹制食材→调味→再次调味→出锅装盘。

6 烹调成品菜：① 将拌好的黄瓜，摆在蒸盘上，放入万能蒸烤箱，选择蒸的模式：100℃，湿度100%，蒸1分钟。② 锅上火烧热，热锅凉油，倒入植物油2000毫升；油温二成热时，倒入腰果，小火炒至颜色变深，把腰果捞出、备用；待油温升至四成热时，倒入腌制好的虾仁滑熟，捞出备用。③ 锅中倒入植物油（热锅凉油），倒入葱油50毫升，下入姜末15克、葱末20克煸香，下入虾仁，依次倒入高汤500毫升、料酒20毫升、盐7克、味精3克、白糖5克、胡椒粉2克、黄瓜翻炒均匀，加入水淀粉120毫升勾芡，倒入明油100毫升，出锅装盘。④ 另起锅，还是热锅凉油，倒入植物油100毫升，加入红椒、盐1克、味精2克快速翻炒，炒熟撒在炒好的黄瓜虾仁上，炸好的腰果撒在虾仁上，即可出品。

7 成品菜装盘（盒）：菜品采用“盛入法”装入盒中，自然堆落状。成品重量：3400克。

| 要领提示 | 虾仁在炒之前一定要挑去虾线，这样可以去掉腥味。

| 操作重点 | 虾仁炒制时间不宜过长，黄瓜出锅时再放可保持更脆更绿。

| 成菜标准 | ①色泽：红白绿相间；②芡汁：薄芡；③味型：咸鲜；④质感：虾仁滑嫩，腰果酥脆，黄瓜清香。

| 举一反三 | 西芹百合虾仁、芙蓉虾仁。

菜品名称

豆腐鲜蒸海鱼

营养师点评

豆腐鲜蒸海鱼是一道家常菜，咸鲜可口。此菜蛋白质、脂肪含量丰富，并且含有多种维生素和矿物质。钠钾平衡，钙、铁元素含量比较高，豆腐和海鱼质地细嫩且易于咀嚼，比较适合老年人食用。

营养成分

（每100克营养素参考值）

能量：200.4卡

蛋白质：10.1克

脂肪：11.8克

碳水化合物：13.4克

维生素A：5.1微克

维生素C：2.1毫克

钙：54.1毫克

钾：196.0毫克

钠：156.8毫克

铁：1.7毫克

原料组成

主料

净龙利鱼3000克

辅料

净豆腐2000克

净香葱100克

净红椒100

调料

植物油600毫升，盐20克、味精8克、水淀粉150毫升、面粉360克、干玉米淀粉500克、胡椒粉7克、葱花10克、姜米10克、蒜米50克、葱姜水800毫升、水1000毫升

菜品名称·豆腐鲜蒸海鱼

加工制作流程

1 初加工：龙利鱼洗净，豆腐用清水冲洗，香葱去根、洗净，红椒去蒂、洗净。

2 原料成形：将龙利鱼切成长宽各 5 厘米、厚 3 厘米的片；豆腐切成长宽 5 厘米、厚 2 厘米的块；小葱切末；红椒切丝。

3 腌制流程：鱼片中加入面粉 360 克、干玉米淀粉 500 克、味精 4 克、胡椒粉 5 克、盐 13 克抓匀，倒入葱姜水 800 毫升（分 2~3 次加入），封油 100 毫升，抓匀、腌制 10 分钟。

4 配菜要求：将鱼片、豆腐片、香葱末、红椒丝、调料分别摆放在器皿中。

5 投料顺序：炸豆腐→滑鱼片→调汁→蒸制食材→浇油→装盘出锅。

6 烹调成品菜：① 锅上火，热锅凉油，倒入植物油，油温六成热时，将切好的豆腐下入锅中（不可推动，定型后慢慢搅动）。炸制浅黄色时捞出，控油，码放在蒸盘中备用；油温升至四五成热时，将鱼片一片一片下入锅内，炸制定型，捞出控油，码放在蒸盘中备用。② 制汁儿：热锅，凉油 200 毫升，放入姜米 10 克、蒜米 10 克、葱花 10 克爆香，倒水 1000 毫升，捞出葱、姜、蒜后，放入盐 7 克、味精 4 克、胡椒粉 2 克煮开，再放入水淀粉 150 毫升勾薄芡，制成咸鲜汁，备用。③ 将蒸好的豆腐片码放在盆中；鱼片摆放在豆腐上。④ 将制好的咸鲜汁，倒入摆放好的鱼肉片盆内，没过豆腐，送入万能蒸烤箱，蒸 15 分钟。从万能蒸烤箱取出豆腐鲜鱼后，撒上蒜米 40 克、香葱、红椒少许；浇上热油 300 毫升，即可。

7 成品菜装盘（盒）：菜品采用“盛入法”装入盒中。成品重量：8980 克。

| 要领提示 | 龙利鱼不能蒸时间太长。

| 操作重点 | 龙利鱼和豆腐要码放整齐，刀工要均匀，看起来更美观。

| 成菜标准 | ①色泽：白红绿相间；②芡汁：小薄芡；③味型：咸鲜；④质感：肉嫩爽滑。

| 举一反三 | 清蒸龙利鱼、豉香烤鱼。

素菜篇

菜品名称

爆炒豆芽

营养师点评

爆炒豆芽是一道美味的家常菜，烹饪简单、清脆爽口。菜肴膳食纤维比较丰富，对促进肠道蠕动、防止便秘有很大帮助，适于习惯性便秘的老年人食用。

营养成分

（每100克营养素参考值）

能量：45.3卡

蛋白质：1.6克

脂肪：3.0克

碳水化合物：3.0克

维生素A：34.3微克

维生素C：16.5毫克

钙：16.3毫克

钾：63.2毫克

钠：341.6毫克

铁：0.5毫克

原料组成

主料

净绿豆芽4000克

辅料

青椒丝500克、胡萝卜丝500克

调料

葱油140毫升、盐40克、味精10克、醋60毫升、辣椒段10克、胡椒粉4克、蒜末30克、香油10毫升

加工制作流程

1 初加工：绿豆芽洗净备用，胡萝卜洗净、去皮，青椒洗净，去蒂、去籽。

2 原料成形：胡萝卜切宽 0.3 厘米见方、长 4 厘米的丝，青椒切宽 0.3 厘米见方、长 3 厘米的丝备用。

3 腌制流程：无

4 配菜要求：将绿豆芽、胡萝卜丝、青椒丝、调料分别放入器皿中备用。

5 工艺流程：蒸豆芽→烹制食材→调味→出锅装盘。

6 烹调成品菜：① 将绿豆芽放入盆中，倒入葱油 90 毫升，放盐 25 克、味精 5 克搅拌均匀后放入万能蒸烤箱内，选择蒸的模式，温度 100℃，湿度 100%，蒸 1 分钟，取出。② 胡萝卜丝倒入蒸盘中，放入万能蒸烤箱内，选择蒸的模式，温度 100℃，湿度 100%，蒸 2 分钟取出。③ 锅上火烧热，倒入葱油 50 毫升（热锅凉油），放入辣椒段 10 克、蒜末 30 克爆香，再放入蒸好的绿豆芽、胡萝卜和青椒丝炒匀，依次放入盐 15 克、味精 5 克、胡椒粉 4 克、醋 60 毫升翻炒均匀，最后淋入香油 10 毫升即可。

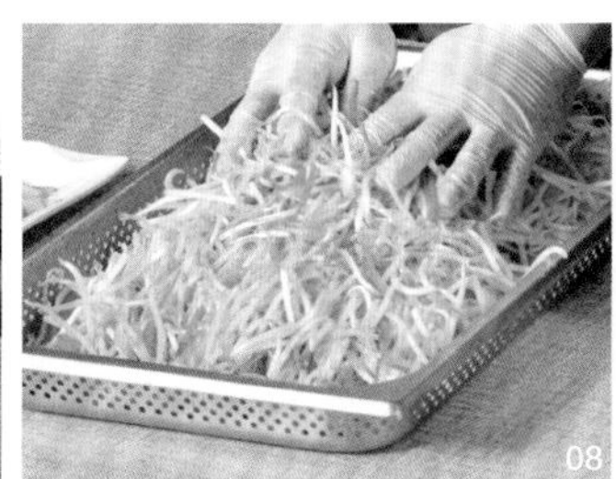

7 成品菜装盘（盒）：菜品采用“盛入法”装入盒中，呈自然堆落状。成品重量：3740 克。

| 操作重点 | 绿豆芽在煸炒前，一定要调好碗汁，以缩短烹调时间。
| 要领提示 | 绿豆芽焯水时间不宜过长。
| 成菜标准 | ①色泽：红白绿相间；②芡汁：无；③味型：咸鲜；④质感：香脆滑嫩。
| 举一反三 | 爆炒土豆丝、爆炒藕丝。

菜品名称

白菜木耳炒豆皮

营养师点评

白菜木耳炒豆皮是一道可口的北方家常菜，清香多汁，营养非常丰富。此菜膳食纤维丰富，总热量比较低，维生素、钙含量比较丰富，但蛋白质含量低，选择此菜时可搭配一些含优质蛋白质的菜肴。

营养成分

（每100克营养素参考值）

能量：118.4卡

蛋白质：2.0克

脂肪：9.1克

碳水化合物：7.0克

维生素A：26.6微克

维生素C：22.7毫克

钙：43.4毫克

钾：118.2毫克

钠：455.2毫克

铁：1.7毫克

原料组成

主料

白菜3500克

辅料

木耳800克、豆皮400克、胡萝卜300克

调料

植物油500毫升、葱50克、姜50克、蒜50克、盐35克、白糖5克、味精10克、蚝油210克、老抽10毫升、水淀粉200毫升（生粉100克+水100毫升）

加工制作流程

1 初加工：白菜、胡萝卜去皮，洗净备用；木耳泡发；葱、姜、蒜去皮，洗净。

2 原料成形：白菜切成 3 厘米见方的抹刀片；豆皮、胡萝卜切成 3 厘米见方的菱形片；葱、姜、蒜切末。

3 腌制流程：无

4 配菜要求：白菜、豆皮、木耳、胡萝卜、调料分别装在器皿里备用。

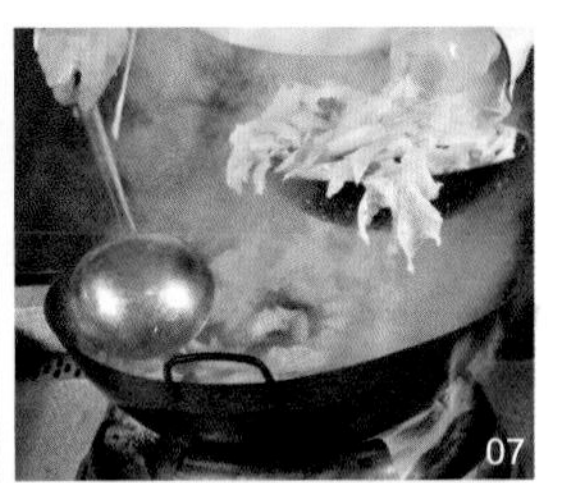

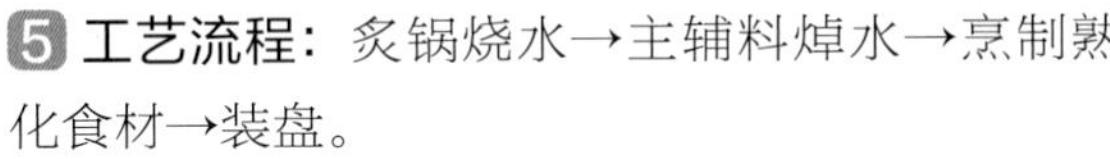

5 工艺流程：炙锅烧水→主辅料焯水→烹制熟化食材→装盘。

6 烹调成品菜：① 热锅烧水，把豆皮、白菜倒入锅中，水开后放入木耳、胡萝卜烫一下捞出。② 锅上火烧热，倒入植物油 500 毫升，葱、姜、蒜各 50 克煸香，再加蚝油 210 克、盐 35 克、白糖 5 克、味精 10 克、老抽 10 毫升翻炒均匀，最后倒入水淀粉 200 毫升勾芡，出锅装盘。

7 成品菜装盘（盒）：菜品采用“盛入法”装入盒中，呈自然堆落状。成品重量：5200 克。

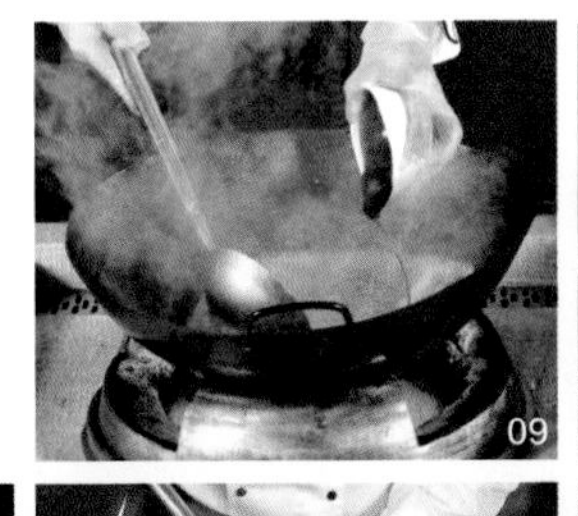

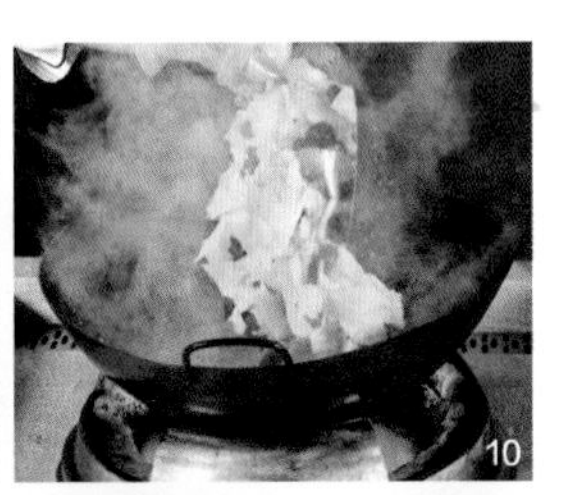

| 操作重点 | 勾芡时芡汁一定要适中，均匀包裹住食材。

| 要领提示 | 木耳提前 5 个小时温水泡发，这样泡发的木耳肉质饱满脆滑。

| 成菜标准 | ①色泽：色泽呈白、黄、黑；②芡汁：芡汁适中；③味型：咸鲜香；④质感：豆皮软糯、白菜清香、木耳香脆爽滑。

| 举一反三 | 香葱烧木耳。

菜品名称

板栗娃娃菜

营养师点评

板栗娃娃菜是一道家常菜，香甜软糯，此菜蛋白质及脂肪含量低，总热量较低；维生素、钙、钾和膳食纤维比较丰富。选择此菜肴要再做一些含优质蛋白质的菜肴搭配食用。

营养成分

（每100克营养素参考值）

能量：58.7卡

蛋白质：2.7克

脂肪：0.3克

碳水化合物：12.2克

维生素A：5.6微克

维生素C：16.7毫克

钙：58.4毫克

钾：302.6毫克

钠：754.0毫克

铁：0.8毫克

原料组成

主料

娃娃菜3800克

辅料

板栗1000克、青椒200克、红椒200克

调料

盐52克、味精5克、胡椒粉2克、白糖40克、水淀粉300克（生粉150克+水150毫升）、生抽100毫升、蚝油190克、葱油200毫升、水2000毫升

加工制作流程

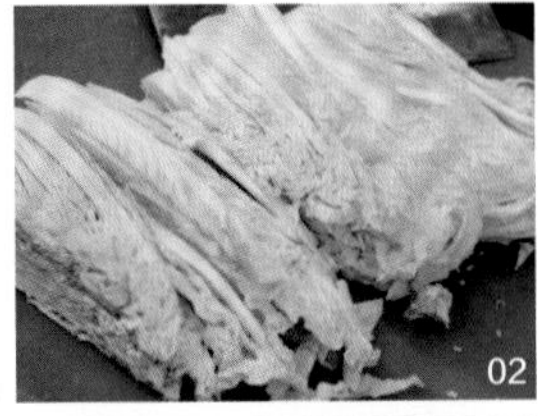

1 初加工：将娃娃菜的根切除，扒去外面一层的菜叶，洗净；青椒、红椒去蒂、去籽，洗净。

2 原料成形：将娃娃菜一刀切四瓣，青椒、红椒各切 0.5 厘米的丁。

3 腌制流程：娃娃菜放葱油 50 毫升、盐 10 克、白糖 5 克腌制；板栗放葱油 10 毫升、盐 5 克、白糖 5 克搅拌均匀。

4 配菜要求：将切好的娃娃菜、板栗、青红椒、调料分别摆放在器皿里备用。

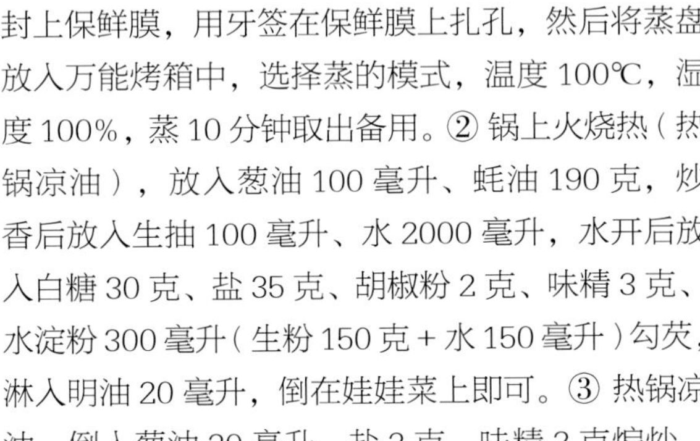

5 工艺流程：蒸制食材→调汁→浇汁→出锅装盘。

6 烹调成品菜：① 娃娃菜、板栗分别放在蒸盘上，封上保鲜膜，用牙签在保鲜膜上扎孔，然后将蒸盘放入万能烤箱中，选择蒸的模式，温度 100℃，湿度 100%，蒸 10 分钟取出备用。② 锅上火烧热（热锅凉油），放入葱油 100 毫升、蚝油 190 克，炒香后放入生抽 100 毫升、水 2000 毫升，水开后放入白糖 30 克、盐 35 克、胡椒粉 2 克、味精 3 克、水淀粉 300 毫升（生粉 150 克 + 水 150 毫升）勾芡，淋入明油 20 毫升，倒在娃娃菜上即可。③ 热锅凉油，倒入葱油 20 毫升、盐 2 克、味精 2 克煸炒，青椒、红椒撒在娃娃菜表面即可。

7 成品菜装盘（盒）：菜品采用“盛入法”装入盒中，呈自然堆落状。成品重量：7140 克。

| 操作重点 | 娃娃菜蒸制时间不宜过长。

| 要领提示 | 娃娃菜要切得大小均匀。

| 成菜标准 | ①色泽：红黄绿相间；②芡汁：薄汁薄芡；③味型：咸鲜；④质感：板栗软糯，娃娃菜鲜嫩。

| 举一反三 | 豉油娃娃菜、娃娃菜炖豆腐。

菜品名称

草堂八素

营养师点评

草堂八素是佛门斋菜，主要由八种素原料烹制而成。这道菜色泽美观，清淡可口，食材多样，富含人体所需的维生素、膳食纤维等营养成分。

营养成分

（每100克营养素参考值）

能量：147.4卡

蛋白质：7.9克

脂肪：9.6克

碳水化合物：7.5克

维生素A：7.3微克

维生素C：24.1毫克

钙：41.5毫克

钾：488.5毫克

钠：270.4毫克

铁：4.0毫克

原料组成

主料

泡发木耳680克、滑子菇260克、玉米笋390克、核桃仁490克、荷兰豆530克、口蘑510克

辅料

红椒300克、黄椒300克

调料

盐20克、白糖5克、味精10克、胡椒粉2克、鸡汁10毫升、蚝油20克、葱油200毫升、水淀粉60毫升（生粉20克+水40毫升）、姜片30克、植物油200毫升

加工制作流程

1 初加工：食材去蒂、洗净。

2 原料成形：玉米笋切 3 厘米的菱形片，口蘑切 3 厘米的菱形片，滑子菇切 3 厘米的菱形片，红椒切 3 厘米的菱形片，黄椒切 3 厘米的菱形片。

3 腌制流程：无

4 配菜要求：食材、调料分别放在器皿中备用。

5 工艺流程：焯食材→炸核桃仁→烹制食材→调味→出锅装盘。

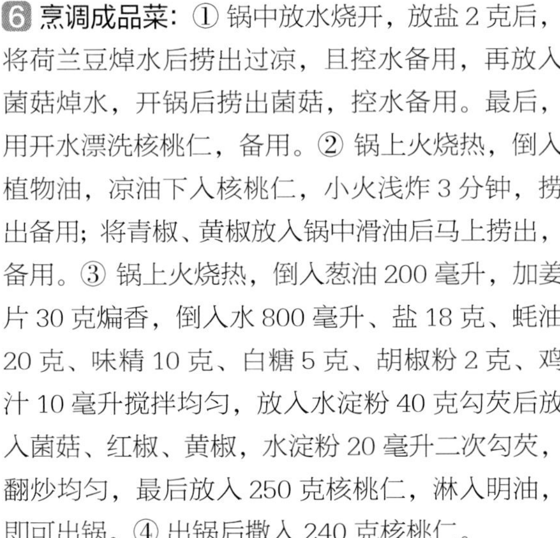
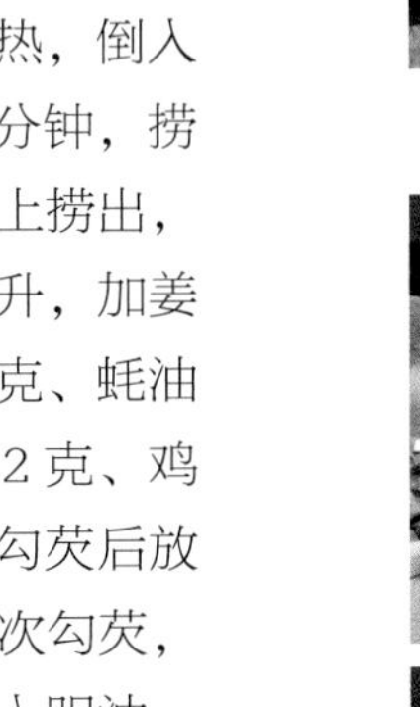

6 烹调成品菜：① 锅中放水烧开，放盐 2 克后，将荷兰豆焯水后捞出过凉，且控水备用，再放入菌菇焯水，开锅后捞出菌菇，控水备用。最后，用开水漂洗核桃仁，备用。② 锅上火烧热，倒入植物油，凉油下入核桃仁，小火浅炸 3 分钟，捞出备用；将青椒、黄椒放入锅中滑油后马上捞出，备用。③ 锅上火烧热，倒入葱油 200 毫升，加姜片 30 克煸香，倒入水 800 毫升、盐 18 克、蚝油 20 克、味精 10 克、白糖 5 克、胡椒粉 2 克、鸡汁 10 毫升搅拌均匀，放入水淀粉 40 克勾芡后放入菌菇、红椒、黄椒，水淀粉 20 毫升二次勾芡，翻炒均匀，最后放入 250 克核桃仁，淋入明油，即可出锅。④ 出锅后撒入 240 克核桃仁。

7 成品菜装盘（盒）：菜品采用"盛入法"装入盒中，呈自然堆落状。成品重量：3560 克。

| 操作重点 | 焯水时要控制好火候。

| 要领提示 | 食材要切配均匀。

| 成菜标准 | ①色泽：色彩分明；②芡汁：薄汁薄芡；③味型：咸中带鲜；④质感：清嫩适口。

| 举一反三 | 菌菇香烩、素炒八珍。

菜品名称

大妈蒸全茄

营养师点评

大妈蒸全茄是由北方“酱焖茄子”演变而来的菜品。茄子绵软入味，肉馅香而不腻，芡汁红亮，蒜香扑鼻。此菜含有丰富的蛋白质、维生素等营养成分。大妈蒸全茄属于低温烹调，热量不高，熟烂且易于咀嚼，好消化，茄子中的维生素P可软化血管，提高血管弹性。

营养成分

（每100克营养素参考值）

能量：134.6卡

蛋白质：3.8克

脂肪：9.2克

碳水化合物：9.1克

维生素A：26微克

维生素C：5.2毫克

钙：39.6毫克

钠：742.3毫克

钾：175.1毫克

铁：1.2毫克

原料组成

主料

长茄子3000克

辅料

肉馅750克

调料

植物油3200毫升、葱50克、姜50克、蒜200克、盐30克、味精15克、白糖70克、蚝油215克、生抽75毫升、老抽175毫升、蛋液100克、生粉100克、水淀粉300毫升（生粉100克＋水200毫升）、清水1400毫升、葱花100克、香菜末100克

加工制作流程

1 初加工：茄子洗净，备用。

2 原料成形：茄子四面各划一刀；葱、姜切成细末；蒜剁成蒜末。

3 腌制流程：肉馅中放入葱末 25 克、姜末 25 克、蚝油 75 克、生抽 15 克、老抽 120 毫升、盐 20 克、白糖 15 克、味精 10 克、蛋液 100 克搅拌均匀，顺时针搅动肉馅，使肉馅上劲，放入生粉 100 克搅拌均匀，将肉馅夹在茄子划好的刀缝中。

4 配菜要求：茄子、调料分别装在器皿里备用。

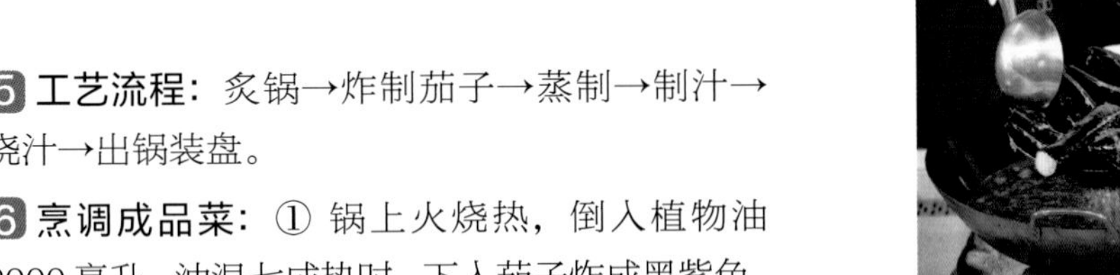

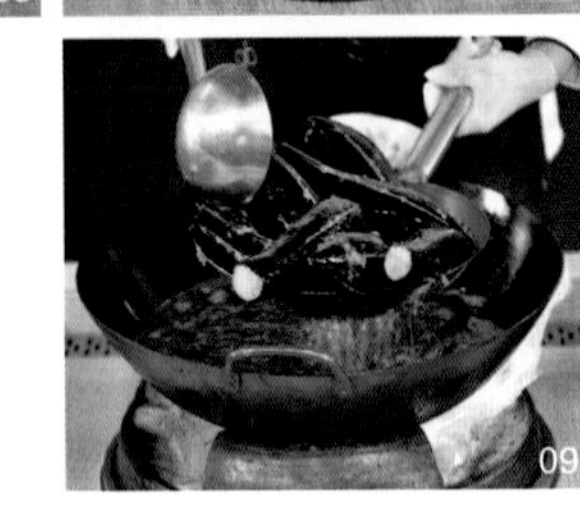

5 工艺流程：炙锅→炸制茄子→蒸制→制汁→浇汁→出锅装盘。

6 烹调成品菜：① 锅上火烧热，倒入植物油 3000 毫升，油温七成热时，下入茄子炸成黑紫色，表皮微微硬（一分钟）捞出，把每个茄子平均切成三段，整齐地摆放在餐盘中，使用万能蒸烤箱，选择蒸的模式，温度 100℃，湿度 100%，蒸 15 分钟后端出备用。② 锅上火烧热，倒入植物油 100 毫升，葱、姜末各 25 克，蒜末 200 克煸香，放入蚝油 140 克、清水 1400 毫升、老抽 55 毫升、生抽 60 毫升、白糖 55 克、盐 10 克、味精 5 克，用开大火迅速烧开，再放入水淀粉 300 毫升勾芡，淋明油 100 毫升，最后将汤汁均匀浇在茄子上，撒葱花 100 克、香菜末 100 克即可。

7 成品菜装盘（盒）：菜品采用“盛入法”装入盒中，整齐摆放。成品重量：4304 克。

操作重点	油温七成热时下茄子炸制定型，时间不宜过长，茄子表皮呈紫黑亮色即可。
要领提示	茄子划刀要掌握尺寸，过深茄子就被划破了，过浅又夹不住肉馅。
成菜标准	①色泽：红亮；②芡汁：厚芡汁；③味型：咸香；④质感：茄子绵软入味，肉馅香而不腻，芡汁红亮，蒜香扑鼻。
举一反三	酿豆腐、酿藕夹、酿青椒。

菜品名称

蛋黄焗白玉菇

营养师点评

蛋黄焗白玉菇是一道家常菜，色泽金黄，咸鲜香甜，外酥里嫩，蛋黄香气十足。此菜膳食纤维含量比较丰富，微量元素含量较高，钠钾平衡，且含丰富的菌类多糖，有提高人体免疫力的作用。

营养成分

（每100克营养素参考值）

能量：128.1卡
蛋白质：2.9克
脂肪：8.8克
碳水化合物：9.2克
维生素A：23.5微克
维生素C：5.3毫克
钙：13.1毫克
钾：243.1毫克
钠：200.1毫克
铁：1.7毫克

原料组成

主料

白玉菇4000克

辅料

青椒200克、红椒100克

调料

植物油400毫升、咸蛋黄250克、白糖5克、盐25克、味精5克、玉米淀粉400克

菜品名称·蛋黄焗白玉菇

加工制作流程

1 初加工：白玉菇洗净；青椒、红椒去蒂、去籽，洗净备用。

2 原料成形：把白玉菇根部切掉，青红椒切 0.5 厘米见方的小丁。

3 腌制流程：无

4 配菜要求：将白玉菇、青红椒、调料分别摆放在器皿中备用。

5 工艺流程：白玉菇拍粉→炙锅→烧油→炸白玉菇→烹制熟化食材→出锅装盘。

01

02

03

04

05

06

07

08

09

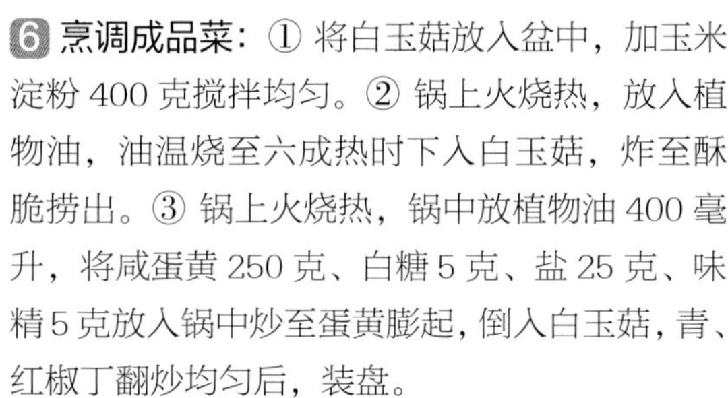

6 烹调成品菜：① 将白玉菇放入盆中，加玉米淀粉 400 克搅拌均匀。② 锅上火烧热，放入植物油，油温烧至六成热时下入白玉菇，炸至酥脆捞出。③ 锅上火烧热，锅中放植物油 400 毫升，将咸蛋黄 250 克、白糖 5 克、盐 25 克、味精 5 克放入锅中炒至蛋黄膨起，倒入白玉菇，青、红椒丁翻炒均匀后，装盘。

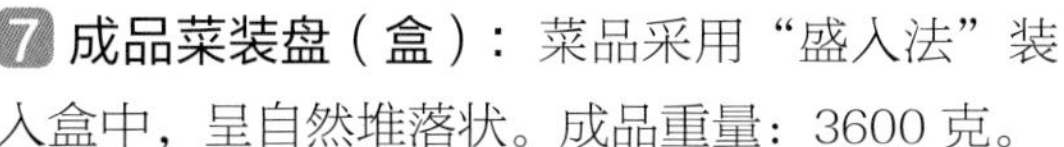

7 成品菜装盘（盒）：菜品采用“盛入法”装入盒中，呈自然堆落状。成品重量：3600 克。

10

11

13

14

15

| 操作重点 | 炒蛋黄时火不宜太大，容易糊锅边，颜色口感都不好。

| 要领提示 | 白玉菇拍粉前一定要放一点清水拌匀，这样不易脱粉。

| 成菜标准 | ①色泽：色泽金黄；②芡汁：无；③味型：鲜咸香甜；④质感：外酥里嫩。

| 举一反三 | 蛋黄焗南瓜、蛋黄焗鸡翅、蛋黄焗豆腐。

菜品名称

地三鲜

营养师点评

地三鲜是一道传统的东北名菜，软糯可口，营养非常丰富。此菜肴膳食纤维含量丰富，总热量比较低，维生素、钙含量也很丰富，但蛋白质含量低，要再搭配一些含优质蛋白质的菜肴。

营养成分

（每 100 克营养素参考值）

能量：59.9 卡

蛋白质：1.7 克

脂肪：0.1 克

碳水化合物：12.9 克

维生素 A：16.7 微克

维生素 C：22.5 毫克

钙：29.0 毫克

钾：197.0 毫克

钠：360.0 毫克

铁：0.8 毫克

原料组成

主料

茄子 1500 克

辅料

土豆 800 克、青椒 400 克、番茄 300 克

调料

姜末 30 克、葱末 30 克、蒜末 100 克、盐 20 克、白糖 20 克、味精 5 克、蚝油 50 克、水淀粉 300 毫升（生粉 100 克 + 水 200 毫升）、老抽 30 毫升、玉米淀粉 120 克、水 1000 毫升

1 初加工： 土豆去皮、洗净；茄子去皮、洗净；青椒去蒂，洗净备用。

2 原料成形： 土豆切成长 3 厘米、宽 4 厘米的滚刀块；茄子切成长 3 厘米、宽 3 厘米的滚刀块；青椒切成长 3 厘米、宽 3 厘米的菱形片；番茄切成长 3 厘米、宽 3 厘米的滚刀块。

3 腌制流程： 无

4 配菜要求： 把土豆块、茄子块、青椒片、番茄块、调料分别放在器皿中备用。

5 工艺流程： 炙锅→烧油→炸食材→烹制熟化食材→出锅装盘。

6 烹调成品菜： ① 锅上火烧热，倒入植物油，油温五成热时，下入土豆块，炸制金黄色，捞出备用；把茄子表面薄薄地拍上一层玉米淀粉，

油温升到五成热时倒入锅中，炸制外焦里嫩；青椒片过油即可。② 锅上火烧热，首先倒入植物油，放入番茄炒出红油，放入姜末 30 克、葱末 30 克、蒜末 50 克爆香，加入蚝油 50 克、清水 1000 毫升、老抽 30 毫升、盐 20 克、味精 5 克、白糖 20 克搅拌均匀，大火烧开后放入土豆块小火煨 2 分钟；其次倒入水淀粉 300 毫升勾芡；最后倒入茄子块、青椒、蒜末 50 克翻炒均匀，淋入明油出锅即可。

7 成品菜装盘（盒）： 菜品采用“盛入法”装入盒中，呈自然堆落状。成品重量：4300 克。

| 操作重点 | 土豆要提前放入汤汁里煨两分钟，方便入味，倒入茄子后要快速勾芡出锅。

| 要领提示 | 炸茄子时油温要高，不能低于六成热。

| 成菜标准 | ①色泽：色泽微红；②芡汁：薄汁亮芡；③味型：咸鲜微甜；④质感：土豆香糯可口，茄子多汁香滑，青椒脆嫩可口。

| 举一反三 | 肉段烧茄子、北烧丸子、焦熘鸡腿肉。

菜品名称

冬瓜酿火腿

营养师点评

冬瓜酿火腿是一道家常菜，冬瓜软烂，肉质滑嫩，汤汁鲜美，老少皆宜。此菜总热量不高，蛋白质和脂肪含量也不高，膳食纤维和钙含量比较丰富，钠的含量偏高，菜肴质地熟烂，易于咀嚼，是适宜老年人的菜肴。

营养成分

（每100克营养素参考值）

能量：115.6 卡

蛋白质：8.7 克

脂肪：6.4 克

碳水化合物：5.6 克

维生素 A：2.3 微克

维生素 C：11.3 毫克

钙：62.5 毫克

钾：133.5 毫克

钠：747.3 毫克

铁：1.5 毫克

原料组成

主料

冬瓜 3500 克

辅料

虾仁 500 克、鸡胸肉 500 克、腊肠 500 克、青尖椒 100 克

调料

葱油 80 毫升、盐 20 克、胡椒 5 克、料酒 30 毫升、姜末 10 克、葱末 10 克、味精 10 克、白糖 10 克、水淀粉 80 毫升（淀粉 40 克 + 水 40 毫升）、糯米粉 100 克、水 700 毫升

加工制作流程

1 初加工：冬瓜去皮、去籽，虾仁、鸡胸洗净，青尖椒去蒂、清洗干净。

2 原料成形：冬瓜切 8 厘米长、3 厘米宽、2 厘米厚的片；虾仁和鸡胸肉放葱末 10 克、姜末 10 克，用破壁机打成蓉；腊肠切成黄豆大小的丁；青尖椒切成黄豆大小的丁。

3 腌制流程：冬瓜用盐 10 克杀出水分。鸡蓉放入生食盒中加入盐 5 克、味精 5 克、胡椒粉 5 克、料酒 30 毫升搅拌均匀，再加入糯米粉 100 克搅拌均匀，备用。

01

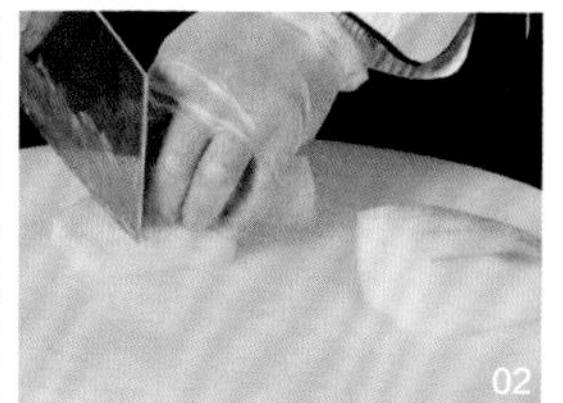
02

03

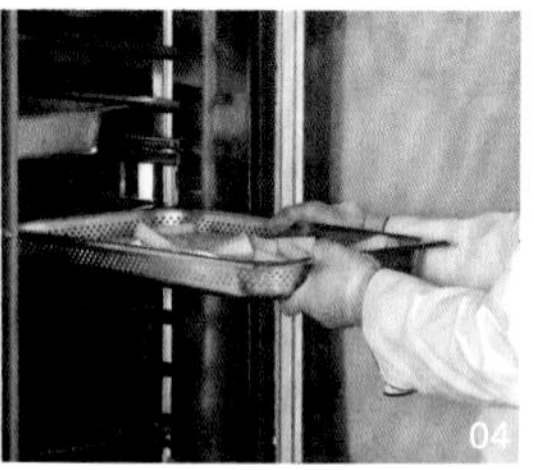
04

05

06

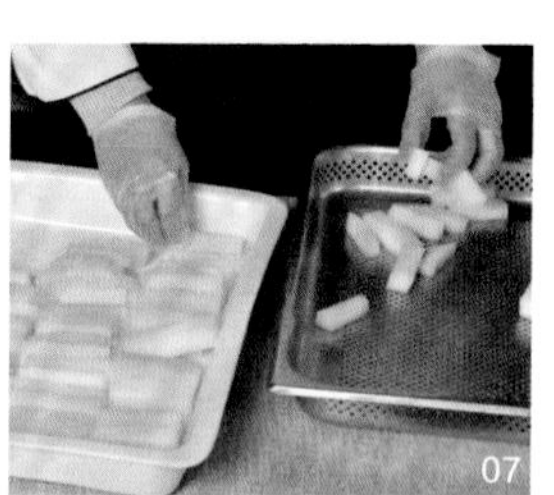
07

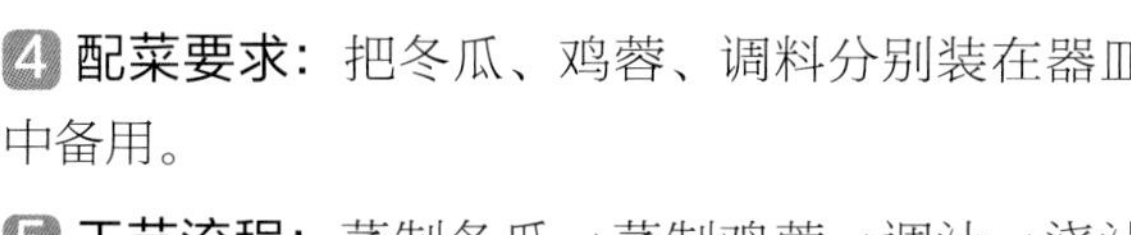

4 配菜要求：把冬瓜、鸡蓉、调料分别装在器皿中备用。

5 工艺流程：蒸制冬瓜→蒸制鸡蓉→调汁→浇汁→出锅装盘。

6 烹调成品菜：① 将冬瓜放入蒸盘中，送入万能蒸烤箱，选择蒸的模式，温度 100℃，湿度 100%，蒸制 3 分钟取出。② 把调好的鸡蓉均匀铺在蒸好的冬瓜上，封上保鲜膜（扎眼），放入万能蒸烤箱中，选择蒸的模式，温度 100℃，湿度 100%，蒸制 10 分钟取出。③ 锅上火烧热，放入葱油 80 毫升，倒入水 700 毫升、白糖 10 克、盐 5 克、味精 5 克搅拌均匀，水开后加入水淀粉 80 毫升勾芡，加入腊肠丁，大火烧开，淋入明油，放入青尖椒丁拌匀，浇在蒸好的鸡蓉上面，即可出锅。

7 成品菜装盘（盒）：菜品采用“盛入法”装入盒中，呈自然堆落状。成品重量：4950 克。

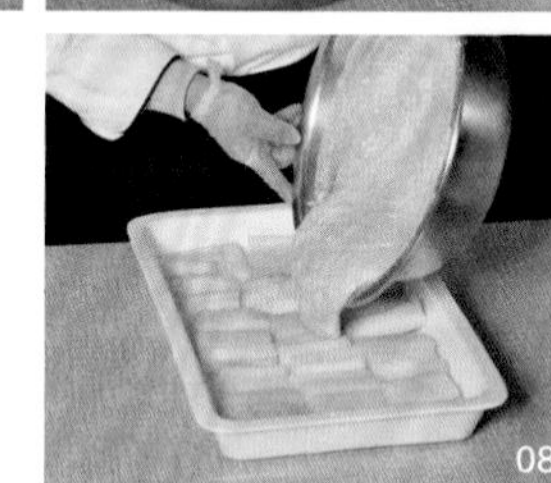
08

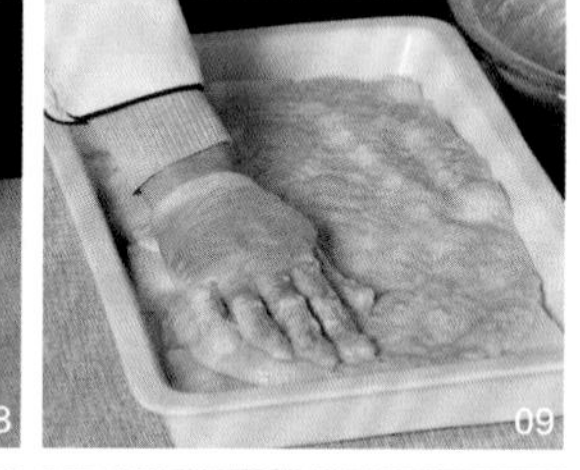
09

10

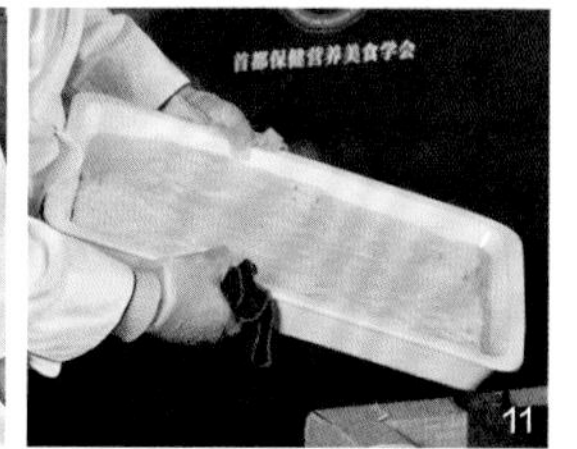
11

12

13

| 操作重点 | 打鸡蓉时要放葱、姜去腥。

| 要领提示 | 冬瓜要去除多余水分。

| 成菜标准 | ①色泽：红绿白相间；②芡汁：薄芡；③味型：咸鲜；④质感：冬瓜软烂，肉质滑嫩。

| 举一反三 | 可将鸡肉换成猪肉。

菜品名称

番茄菜花

营养师点评

番茄菜花是一道家常菜，番茄味浓郁。此菜含比较丰富的番茄红素，膳食纤维含量也比较丰富，可防止视觉疲劳，促进肠道蠕动，促进排毒，适合习惯性便秘的老人食用。

营养成分

（每100克营养素参考值）

能量：88.3 卡

蛋白质：1.7 克

脂肪：7.2 克

碳水化合物：4.2 克

维生素 A：5.1 微克

维生素 C：24.4 毫克

钙：26.2 毫克

钾：228.0 毫克

钠：385.0 毫克

铁：0.5 毫克

原料组成

主料

菜花 2500 克

辅料

西红柿 500 克

调料

葱油 250 毫升、盐 30 克、味精 10 克、番茄酱 200 克、葱花 30 克、蒜末 20 克、水淀粉 60 毫升（生粉 30 克 + 水 30 毫升）

加工制作流程

1 初加工：菜花去除根部，用清水冲洗干净；西红柿洗净。

2 原料成形：西红柿切成 3.5 厘米的滚刀块，菜花切成小朵。

3 腌制流程：无

4 配菜要求：将切好的菜花用盐水浸泡，西红柿、调料分别摆放器皿中备用。

5 工艺流程：炙锅→烧油→蒸制食材→烹制熟化食材→出锅装盘。

6 烹调成品菜：① 菜花放入盆中，倒入葱油 100 毫升、盐 10 克、味精 5 克抓匀装蒸盘，放入万能蒸烤箱飞水，蒸 4~5 分钟取出。② 锅上火烧热，热锅凉油，加入葱油 100 毫升，放入葱花 30 克、蒜末 20 克煸香，再放入番茄酱 200 克煸炒出红油，最后倒入西红柿继续煸炒，下菜花翻炒均匀，放盐 20 克、味精 5 克翻炒均匀，水淀粉 60 克勾薄芡，淋入明油 50 毫升，出锅即可。

7 成品菜装盘（盒）：菜品采用“盛入法”装入盒中，呈自然堆落状。成品重量：5200 克。

| 操作重点 | 西红柿要炒熟炒透，番茄酱要炒出红油。

| 要领提示 | 菜花要用盐水浸泡。

| 成菜标准 | ①色泽：浅红；②芡汁：薄芡；③味型：咸鲜；④质感：软烂。

| 举一反三 | 干锅菜花、肉炒菜花。

扫一扫，看视频

菜品名称

佛手白菜

营养师点评

佛手白菜是一道色香味俱全的民间菜，肉馅软糯，白菜清香爽口。此菜总热量不高，脂肪含量也不高，膳食纤维和钙含量比较丰富，钠的含量偏高。白菜质地熟烂，易于咀嚼。

营养成分

（每100克营养素参考值）

能量：93.7 卡

蛋白质：7.2 克

脂肪：5.4 克

碳水化合物：4.1 克

维生素 A：10.9 微克

维生素 C：27.8 毫克

钙：88.2 毫克

钾：183.3 毫克

钠：809.3 毫克

铁：1.8 毫克

原料组成

主料

虾仁 500 克、鸡胸肉 500 克、白菜帮 4000 克

辅料

马蹄 200 克、西兰花 300 克

调料

盐 50 克、味精 20 克、玉米淀粉 40 克、水淀粉 100 毫升（生粉 50 克 + 水 50 毫升）、葱油 50 毫升、葱姜水 100 毫升（葱段 10 克 + 姜片 10 克 + 水 100 毫升）、金瓜汁 450 毫升、红枸杞 10 克、鸡蛋 1 个、料酒 30 毫升、葱花 10 克、胡椒粉 5 克、姜末 5 克、植物油 200 毫升、水 3000 毫升

加工制作流程

1 初加工： 虾仁洗净；鸡胸肉洗净；马蹄洗净，西兰花洗净，白菜帮去叶，清洗干净；红枸杞清洗干净。葱段 10 克、姜片 10 克放入水 100 毫升，浸泡 30 分钟，制成葱姜水 100 毫升，备用。

2 原料成形： 虾仁、鸡胸肉剁碎；马蹄拍松剁碎；西兰花去根，切成朵；大白菜帮去叶，修成长方形。

3 腌制流程： 将鸡胸肉、虾仁、马蹄放入生食盆中，加入胡椒粉 5 克、盐 30 克、味精 10 克、料酒 30 毫升，葱姜水 100 毫升搅拌均匀，放入 1 个鸡蛋，加入玉米淀粉 40 克，继续搅拌摔打上劲，制成馅料备用。

4 配菜要求： 把肉馅、西兰花、白菜帮、红枸杞、调料分别装在器皿中备用。

5 工艺流程： 焯白菜→烫枸杞→制佛手白菜→摊蛋皮→蒸制→调汁→浇汁→出锅装盘。

6 烹调成品菜： ① 锅上火烧热，放入清水 2000 毫升，大火烧开后，放入大白菜帮焯水，加入盐 10 克、味精 10 克，将白菜烫软后，捞出过凉。红枸杞 10 克放入锅中烫 10 秒捞出备用。白菜帮去掉根部厚的地方，在白菜中间均匀切开四个刀口；用改刀好的菜帮包上肉馅，插上牙签定型，装蒸盘备用。锅上火烧热，锅中放入清水 1000 毫升，下入西兰花，放入盐 5 克，水开捞出，过凉备用。② 鸡蛋打散后，加入水淀粉 20 克，摊成蛋皮，切成细丝备用。③ 将做好的佛手白菜卷放入万能蒸烤箱蒸盘中，上汽后蒸 10 分钟，取出。④ 锅上火烧热，放入葱油 50 毫升，加入葱花 10 克、姜末 5 克，加入金瓜汁 450 毫升，盐 5 克，大火烧开，倒入水淀粉 80 毫升勾芡，放入植物油 200 毫升备用。⑤ 将佛手白菜卷摆放在盒中，用小勺往每个佛手上浇汁，再将西兰花放在佛手刀花后面，点缀上一个枸杞，将鸡蛋皮丝放在西兰花后面。

7 成品菜装盘（盒）： 菜品采用“摆入法”装入盒中，整齐美观。成品重量：3960 克。

01 02

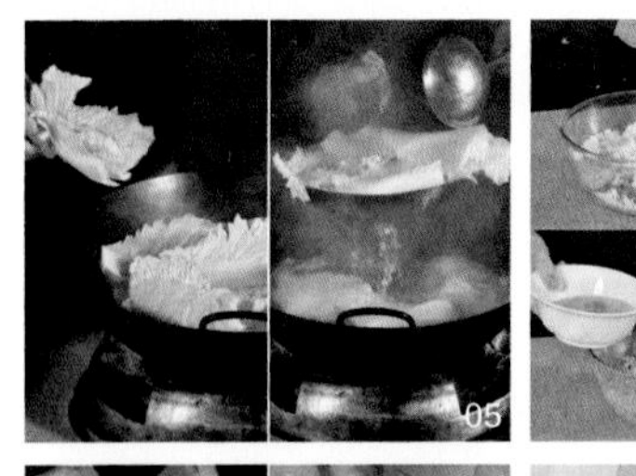

03

04

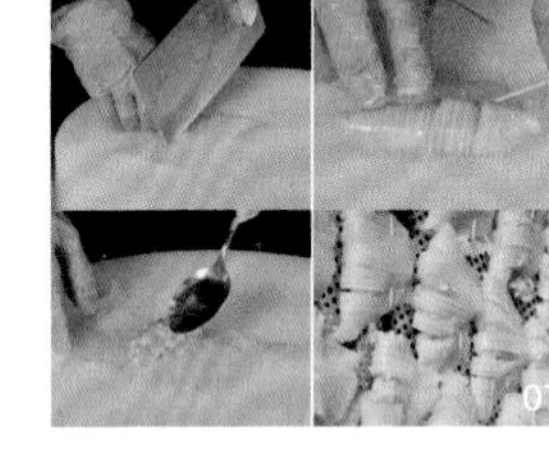

05

06

07

08

09 10

11 12

| 操作重点 | 佛手形状要好看，大小均匀；白菜刀口要切均匀。

| 要领提示 | 要选干净完整的大白菜帮；西兰花焯水后要用油煸一下。

| 成菜标准 | ①色泽：黄绿红相间；②芡汁：薄芡；③味型：咸鲜；④质感：白菜软烂、西蓝花清脆，肉馅软糯。

| 举一反三 | 也可以用猪肉做馅。

菜品名称

芙蓉西兰花

营养师点评

芙蓉西兰花是以鸡肉、西兰花为食材的一道网红菜，造型美观，鲜香可口。西兰花中含有矿物质、维生素等营养成分。菜肴质地熟烂，易于咀嚼，但需要摄取一些含优质蛋白质的食物。

营养成分

（每100克营养素参考值）

能量：74.4 卡

蛋白质：6.2 克

脂肪：4.0 克

碳水化合物：3.2 克

维生素 A：7.1 微克

维生素 C：25.3 毫克

钙：42.1 毫克

钾：129.3 毫克

钠：582.1 毫克

铁：0.9 毫克

原料组成

主料

西兰花 1000 克、鸡胸肉 300 克、虾仁 100 克、肥膘肉 100 克

辅料

红椒 50 克、黄椒 50 克

调料

盐 18 克、味精 2 克、白糖 2 克、胡椒粉 2 克、葱姜水 250 毫升、玉米淀粉 20 克、料酒 20 毫升、鸡汁 210 毫升、水淀粉 100 毫升（生粉 50 克 + 水 50 毫升）、高汤 800 毫升、香油 5 毫升

加工制作流程

1 初加工：西兰花洗净；红、黄椒去蒂，洗净。

2 原料成形：西兰花切3厘米的块；红、黄椒切米；鸡胸肉、虾仁、肥膘肉搅成蓉。

3 腌制流程：把鸡蓉、虾蓉、肥膘放入生食盒中，加盐10克、味精2克，胡椒粉2克、料酒20毫升、葱姜水50毫升、鸡汁10毫升、玉米淀粉20克，顺时针搅拌均匀至黏稠上劲；西兰花中放入盐3克均匀搅拌。

4 配菜要求：食材、调料分别放在器皿中备用。

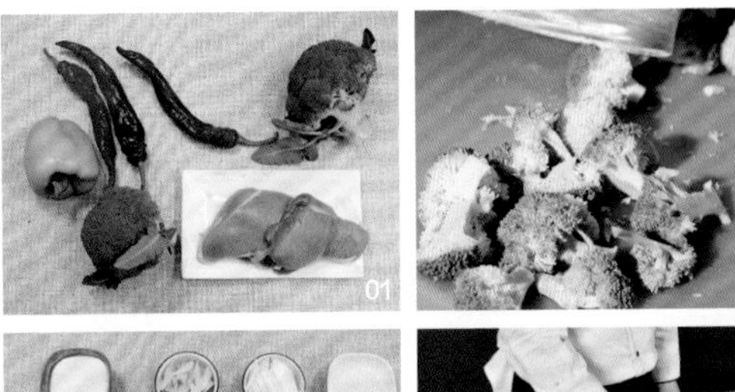

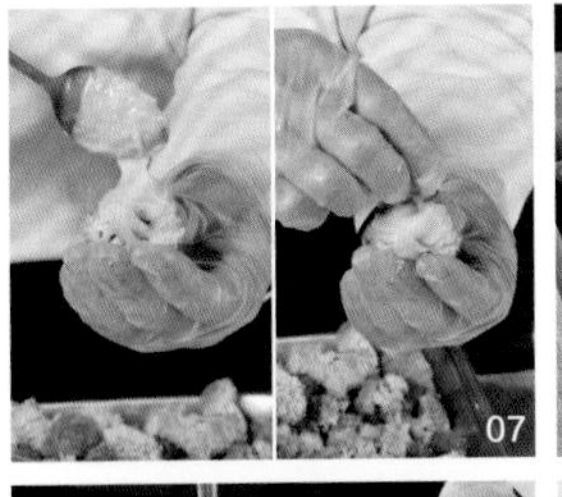

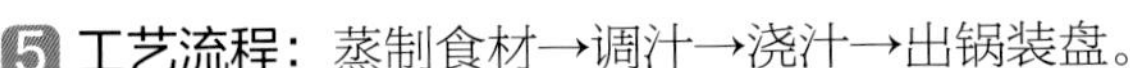

5 工艺流程：蒸制食材→调汁→浇汁→出锅装盘。

6 烹调成品菜：① 把调好的肉馅抹放在西兰花上面，放上青、黄椒米，摆入蒸盘中，封上保鲜膜（扎眼），送入万能蒸烤箱中，选择蒸的模式，温度110℃，湿度100%，蒸制5分钟。② 调汁：锅上火烧热，锅中放高汤800毫升，盐5克、白糖2克、鸡汁200毫升、葱姜水200毫升，水淀粉100毫升（生粉50克＋水50毫升），淋入5毫升香油，用“盛入法”将料汁盛出。③ 西兰花从万能蒸烤箱取出，将料汁淋入食盒，均匀覆盖西兰花即可。

7 成品菜装盘（盒）：菜品采用“码入法”装入盒中，呈自然堆落状。成品重量：1840克。

| 操作重点 | 鸡蓉要打上劲。

| 要领提示 | 西兰花不宜蒸制时间太长。

| 成菜标准 | ①色泽：白红绿相间；②芡汁：薄汁薄芡；③味型：咸鲜；④质感：西蓝花清香软嫩，鸡蓉滑爽。

| 举一反三 | 蒜蓉西兰花、芙蓉西兰花。

菜品名称

火腿冬瓜

营养师点评

火腿冬瓜是一道比较典型的淮扬菜，汤汁鲜美，色泽鲜艳。冬瓜含有多种维生素和人体所需的微量元素。此菜质地软烂，口味清鲜，富含膳食纤维，冬瓜有很好的利尿功效，是一道适合老年人食用的菜肴。

营养成分

（每100克营养素参考值）

能量：117.6卡

蛋白质：3.0克

脂肪：10.1克

碳水化合物：3.6克

维生素A：9.2微克

维生素C：15.5毫克

钙：10.9毫克

钾：76.0毫克

钠：705.4毫克

铁：0.6毫克

原料组成

主料

冬瓜4000克

辅料

火腿1000克、青尖椒200克、红尖椒100克

调料

盐78克、白糖20克、水淀粉150毫升（生粉75克+水75毫升）、胡椒粉5克、味精20克、葱油160毫升、植物油200毫升、高汤500毫升

加工制作流程

1 初加工：冬瓜洗净、去瓤，刮去绿色硬皮；青、红椒洗净，去蒂。

2 原料成形：冬瓜切长5厘米、宽1厘米、厚1厘米的条，青、红尖椒切长5厘米、宽1厘米的条，火腿切长5厘米、宽1厘米、厚1厘米的条。

3 腌制流程：无

4 配菜要求：将火腿、冬瓜、红椒、调料分别摆放器皿中备用。

5 工艺流程：飞水→调汁→烹入辅料→装盘出锅。

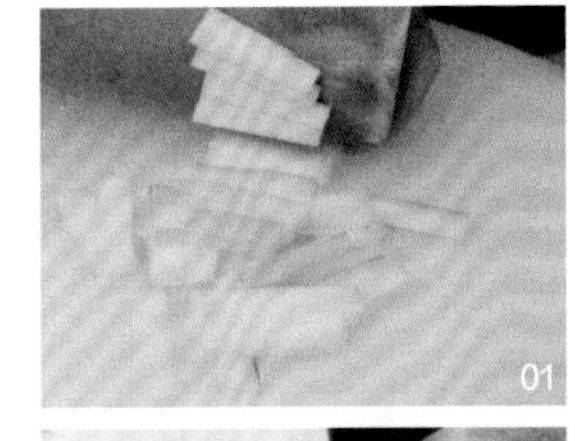
01

02

03

04

05

06

07

08

09

10

11

12

13

14

6 烹调成品菜：① 飞水（万能蒸烤箱有飞水模式）：火腿条和冬瓜条放入大盆中，加入葱油60毫升、盐40克、味精8克抓拌均匀，放入蒸盘中，万能蒸烤箱选择蒸的模式，温度100℃，湿度100%，蒸制5分钟，将蒸好的火腿冬瓜倒入盘中。② 锅上火，加入葱油100毫升、高汤500毫升、盐35克、味精10克、白糖20克、胡椒粉5克搅拌均匀，水开，勾入水淀粉150克，淋入明油100毫升，制成汁，倒入蒸好的火腿冬瓜上。③ 另起锅烧热，热锅凉油100毫升，放入青、红椒条，加盐3克、味精2克煸炒，撒在火腿冬瓜上即可。

7 成品菜装盘（盒）：菜品采用“倒入法”装入盒中，呈自然堆落状。成品重量：5980克。

| 操作重点 | 冬瓜焯水时间不宜过长。

| 要领提示 | 冬瓜要切得均匀，不然熟化程度不一，影响口感。

| 成菜标准 | ①色泽：白亮；②芡汁：薄芡；③味型：咸鲜；④质感：瓜嫩爽滑。

| 举一反三 | 虾仁冬瓜、海米冬瓜。

菜品名称

荷塘小炒

营养师点评

荷塘小炒是一道粤菜，口感清脆。此菜膳食纤维丰富，总热量比较低，维生素和钙含量比较丰富。但蛋白质含量低，要搭配一些含优质蛋白质的菜肴。

营养成分

（每100克营养素参考值）

能量：66.8 卡

蛋白质：1.8 克

脂肪：3.6 克

碳水化合物：6.8 克

维生素 A：15.9 微克

维生素 C：18.6 毫克

钙：31.9 毫克

钾：172.3 毫克

钠：195.1 毫克

铁：1.1 毫克

原料组成

主料

荷兰豆2000克、藕 2000 克、木耳 500 克

辅料

红椒 200 克

调料

葱末 30 克、蒜末 30 克、盐 20 克、味精 10 克、水淀粉 70 毫升（生粉 30 克 + 水 40 毫升）、香油 20 毫升、葱油 150 毫升、高汤 200 毫升

加工制作流程

1 初加工：荷兰豆去筋、洗净，藕去皮、去根，洗净；木耳泡发、去根；红椒去蒂、去籽，洗净。

2 原料成形：藕切片、木耳切块，红椒切菱形片。

3 腌制流程：无

4 配菜要求：切制好的红椒片、荷兰豆、木耳、藕片、调料分别摆放器皿中备用。

5 工艺流程：蒸制食材→调味→出锅装盘。

6 烹调成品菜：① 将荷兰豆、木耳、藕、红椒分别放葱油 70 毫升、盐 5 克、味精 5 克搅拌均匀后，

01

02

03

04

05

06

07

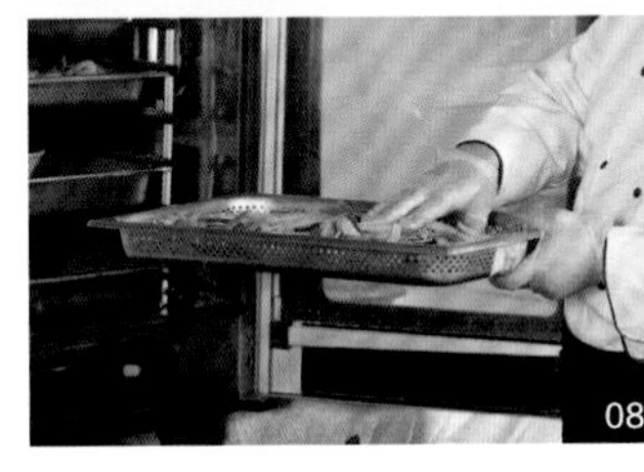
08

09

10

11

放入蒸盘中，用万能蒸烤箱选择蒸的模式，温度 100℃，湿度 100%，荷兰豆蒸 8 分钟，藕和木耳蒸 5 分钟，红椒蒸 1 分钟。② 锅上火烧热，锅中倒入葱油 80 毫升，放入葱、蒜末各 30 克煸香，加入高汤 200 毫升、味精 5 克，盐 15 克翻炒均匀，倒入红椒、藕片、荷兰豆、木耳继续翻炒均匀，撒入水淀粉 70 毫升勾薄芡，淋入香油 20 毫升即可。

7 成品菜装盘（盒）：菜品采用“盛入法”装入盒中，呈自然堆落状。成品重量：4230 克。

12

13

14

15

| 操作重点 | 炒制时间不宜过长，藕片泡的时候要放些白醋，否则藕片容易发黑。

| 要领提示 | 刀工要均匀。

| 成菜标准 | ①色泽：红白绿黑相间；②芡汁：薄芡；③味型：咸鲜；④质感：清脆。

| 举一反三 | 辅料可以加马蹄、胡萝卜等。

菜品名称

回锅土豆片

营养师点评

回锅土豆片是一道四川家常小炒，好吃下饭，营养非常丰富。此菜热量较高，蛋白质含量不足，脂肪略超标，维生素C和钾比较丰富，质地软烂，易于咀嚼，最好与一些粗粮类的主食搭配食用，更有利于脂肪的燃烧。

营养成分

（每100克营养素参考值）

能量：187.2卡

蛋白质：3.7克

脂肪：13.9克

碳水化合物：11.6克

维生素A：2.8微克

维生素C：30.1毫克

钙：9.4毫克

钾：251.4毫克

钠：89.5毫克

铁：0.7毫克

原料组成

主料

土豆3500克

辅料

五花肉500克、青椒1000克

调料

植物油500毫升、葱末50克、姜末50克、蒜末50克、盐10克、白糖15克、回锅肉酱340克

加工制作流程

1 初加工：土豆去皮、洗净；青椒去籽、洗净；葱、姜、蒜去皮，洗净备用。

2 原料成形：五花肉切 0.3 厘米厚的片，土豆、青椒切 3 厘米见方的菱形片，葱、姜、蒜切末。

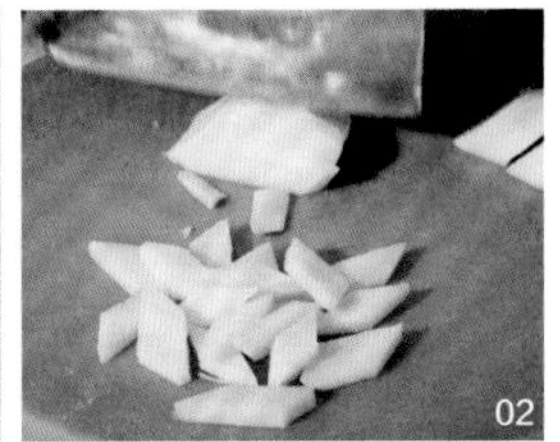

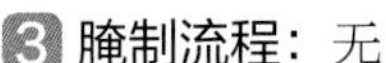

3 腌制流程：无

4 配菜要求：五花肉、土豆、青椒以及调料分别装在器皿里备用。

5 工艺流程：炙锅、烧油→食材炸制→烹饪熟化食材→装盘。

6 烹调成品菜：① 热锅烧油，油温烧至五成热时，将 3500 克土豆倒入锅里炸至金黄色，放入青椒氽油，捞出备用。② 锅烧热，倒植物油 500 毫升，放入 500 克五花肉，小火煸炒，出油，再加入葱、姜、蒜末各 50 克、回锅肉酱 340 克与土豆片翻炒均匀，倒入 1000 克青椒、盐 10 克、白糖 15 克，最后翻炒均匀，出锅装盘。

7 成品菜装盘（盒）：菜品采用“盛入法”装入盒中，摆放整齐即可。成品重量：4000 克。

| 操作重点 | 五花肉片一定要煸炒出油。
| 要领提示 | 土豆片切配时薄厚一定要均匀，否则影响口感。
| 成菜标准 | ①色泽：色泽红亮；②芡汁：薄芡汁；③味型：咸香辣；④质感：土豆香辣可口，香味扑鼻。
| 举一反三 | 回锅藕片。

菜品名称

黑椒汁茄丁

营养师点评

黑椒汁茄丁是一道中西结合的菜式，用中国的食材搭配西方的酱料。椒香十足，含有丰富维生素。此菜总热量不高，蛋白质含量低，脂肪供给量不足，含有使血管软化的维生素P，膳食纤维含量比较丰富，可促进肠道蠕动，防止便秘。选择此菜时可搭配一些富含优质蛋白质的菜肴。

营养成分

（每100克营养素参考值）

能量：120.3卡

蛋白质：1.1克

脂肪：8.1克

碳水化合物：10.7克

维生素A：3.3微克

维生素C：8.1毫克

钙：22.7毫克

钾：127.3毫克

钠：290.9毫克

铁：0.8毫克

原料组成

主料

茄子4800克

辅料

净青、红椒各100克

调料

植物油500毫升、盐65克、老抽5毫升、白糖20克、玉米淀粉250克、生粉240克、生抽90毫升、黑胡椒酱200克、水500毫升、葱花15克、姜片15克、蒜米140克

加工制作流程

1 初加工：茄子去皮、洗净；青椒、红椒去籽、去蒂，洗净。

2 原料成形：茄子切成长、宽均为2厘米的丁，青、红椒切小菱形片。

3 腌制流程：茄子丁放入生食盒中，加盐15克搅拌均匀，撒一些水，把茄子打湿，撒入玉米淀粉250克，让茄子均匀裹上淀粉。

4 配菜要求：主料、辅料、调料分别装在器皿中备用。

5 工艺流程：炸茄丁→煸炒青、红尖椒→烹制食材→调味→出锅装盘。

6 烹调成品菜：① 锅上火烧热，倒入植物油，油温八成热时，倒入茄丁，炸至金黄色捞起，控油，待油温再次升高后，倒入茄丁复炸。② 锅中留底油，放入青、红椒各100克翻炒均匀，放入盐20克继续炒至断生，即可捞出备用。③ 锅烧热，倒入植物油，加入姜片15克、葱花15克炒出香味，再加入黑胡椒酱200克炒香，接下来加入水500毫升、生抽90毫升、盐30克、白糖20克，烧开后加入老抽5毫升调味，放入水淀粉勾芡，然后倒入炸好的茄丁、蒜末翻炒均匀即可出锅，出锅后撒上青、红椒片即可。

7 成品菜装盘（盒）：菜品采用“盛入法”装入盒中，呈自然堆落状。成品重量：4240克。

| 操作重点 | 茄子需要拍粉，拍粉前需要先打湿茄子。

| 要领提示 | 炸制茄子时油温要控制好。

| 成菜标准 | ①色泽：红绿相间；②芡汁：薄芡；③味型：咸鲜；④质感：汁香软糯。

| 举一反三 | 宫保茄丁、酱爆茄丁。

菜品名称

酱烧木耳豆皮

营养师点评

此菜总热量不高，蛋白质和脂肪含量不足，钙和维生素 A 含量较丰富，膳食纤维含量比较丰富，对促进肠道蠕动、防止便秘有很大帮助。选择此菜需要搭配一些富含优质蛋白质的菜肴。

营养成分

（每100克营养素参考值）

能量：135.3 卡

蛋白质：4.2 克

脂肪：4.8 克

碳水化合物：18.5 克

维生素 A：58.7 微克

维生素 C：1.4 毫克

钙：21.3 毫克

钾：94.8 毫克

钠：806.1 毫克

铁：3.5 毫克

原料组成

主料

豆皮 3000 克

辅料

木耳 2500 克、胡萝卜 500 克

调料

葱 50 克、姜 50 克、蒜 50 克、盐 50 克、味精 10 克、老抽 50 毫升、蚝油 150 克、清水 600 毫升、黄豆酱 300 克、水淀粉 300 毫升（生粉 100 克 + 清水 200 毫升）

加工制作流程

1 初加工：胡萝卜洗净；木耳泡发好，洗净；葱、姜、蒜去皮、洗净。

2 原料成形：豆皮切 3 厘米见方的菱形片；胡萝卜去皮，切 3 厘米见方的菱形片；葱、姜、蒜切末。

3 腌制流程：无

4 配菜要求：豆皮、胡萝卜、木耳及配料分别装在器皿里备用。

5 工艺流程：炙锅→烧水→焯豆皮、木耳、胡萝卜→炙锅→烧油→烹制熟化食材→出锅装盘。

6 烹调成品菜：① 锅上火烧水，加入盐 10 克，水开后放入豆皮，水再开后放入木耳，至水开后捞出。② 锅上火烧油，放入葱、姜、蒜末各 50 克，黄豆酱 300 克炒香，加清水 600 毫升，煸香后加入老抽 20 毫升，倒入木耳、豆皮翻炒均匀，再倒入胡萝卜，放盐 40 克、味精 10 克、老抽 30 毫升、蚝油 150 克翻炒均匀，最后倒入水淀粉 300 毫升勾芡，淋明油出锅装盘。

7 成品菜装盘（盒）：菜品采用“盛入法”装入盒中，菜品呈自然堆落。成品重量：4000 克。

| 操作重点 | 黄豆酱一定要小火煸炒出香味后再加清水。

| 要领提示 | 木耳至少提前 5 个小时用温水泡发，这样木耳才会饱满、爽脆。

| 成菜标准 | ①色泽：红亮；②芡汁：厚芡汁；③味型：酱香；④质感：豆皮汤汁饱满，木耳爽滑，酱香味十足。

| 举一反三 | 酱爆草菇小白菜。

菜品名称

家常烧土豆

营养师点评

家常烧土豆是一道北方家常菜，多汁味浓。此菜膳食纤维含量丰富，总热量比较低，维生素、钙、钾的含量也比较丰富，但蛋白质含量较低，要搭配一些含优质蛋白质的菜肴共同食用。

营养成分

（每100克营养素参考值）

能量：76.1卡

蛋白质：2.5克

脂肪：0.2克

碳水化合物：16.1克

维生素A：34.2微克

维生素C：14.5毫克

钙：12.1毫克

钾：309.5毫克

钠：423.5毫克

铁：0.7毫克

原料组成

主料

土豆4000克

辅料

青笋500克、胡萝卜500克、红椒丁100克

调料

盐35克、味精20克、生粉200克、白糖35克、老抽65毫升、蚝油20克、豆瓣酱20克、葱油50毫升、清水1000毫升、葱50克、姜30克、蒜80克、水淀粉150毫升（生粉50克+水100毫升）、植物油190毫升

加工制作流程

1 初加工：土豆、青笋、胡萝卜洗净，备用。

2 原料成形：青笋、胡萝卜、土豆均切 3 厘米见方的块。

3 腌制流程：土豆、胡萝卜中加入葱油 50 毫升、盐 35 克、老抽 35 毫升、味精 15 克、生粉 200 克拌匀码在烤盘中，在上面均匀地刷一层油。

4 配菜要求：土豆、青笋、胡萝卜、调料分别摆放在器皿中备用。

5 工艺流程：烤土豆→制汁→烹制熟化食材→出锅装盘。

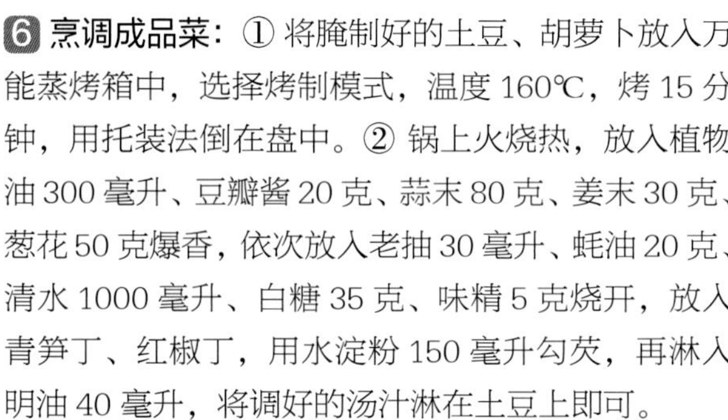

6 烹调成品菜：① 将腌制好的土豆、胡萝卜放入万能蒸烤箱中，选择烤制模式，温度 160℃，烤 15 分钟，用托装法倒在盘中。② 锅上火烧热，放入植物油 300 毫升、豆瓣酱 20 克、蒜末 80 克、姜末 30 克、葱花 50 克爆香，依次放入老抽 30 毫升、蚝油 20 克、清水 1000 毫升、白糖 35 克、味精 5 克烧开，放入青笋丁、红椒丁，用水淀粉 150 毫升勾芡，再淋入明油 40 毫升，将调好的汤汁淋在土豆上即可。

7 成品菜装盘（盒）：菜品采用“盛入法”装入盒中，呈自然堆落状。成品重量：5500 克。

| 操作重点 | 土豆在烤箱中烤熟即可，汁芡要均匀。

| 要领提示 | 土豆要切配均匀，一定要把表面的淀粉洗净再去烤制。

| 成菜标准 | ①色泽：红绿相间；②芡汁：薄芡汁；③味型：咸鲜辣；④质感：软糯可口。

| 举一反三 | 家常烧豆腐。

菜品名称

家常时蔬

营养师点评

家常时蔬是一道大众家常菜，清脆爽口，富含多种维生素。此菜总热量不高，蛋白质、脂肪含量都不高，但膳食纤维和钙含量比较高，钠的含量偏高。菜肴质地熟烂，易于咀嚼，需要搭配一些富含优质蛋白质的菜肴共同食用。

营养成分

（每100克营养素参考值）

能量：84.2卡

蛋白质：1.4克

脂肪：5.5克

碳水化合物：7.3克

维生素A：32.4微克

维生素C：4.5毫克

钙：27.1毫克

钾：114.4毫克

钠：787.2毫克

铁：0.9毫克

原料组成

主料

香芹2000克

辅料

山药2000克、胡萝卜500克、木耳500克

调料

盐80克、味精20克、植物油310毫升、葱50克、姜50克、白糖15克、蚝油100克

加工制作流程

1 初加工：香芹洗净，去叶；胡萝卜去皮，洗净；山药去皮，洗净；水发木耳洗净；葱、姜去皮，洗净。

2 原料成形：香芹切成 3 厘米长的段；胡萝卜、山药切成菱形片；木耳洗净，葱、姜切米。

3 腌制流程：无

4 配菜要求：香芹、胡萝卜、山药、木耳、调料分别摆放在器皿中备用。

5 工艺流程：食材焯水→烹饪熟化食材→出锅装盘。

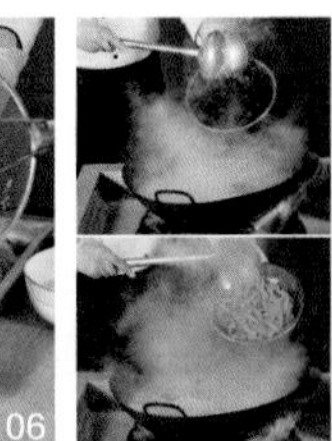

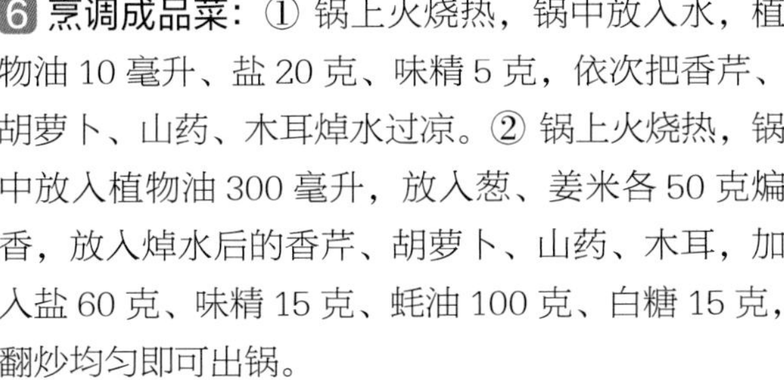

6 烹调成品菜：① 锅上火烧热，锅中放入水，植物油 10 毫升、盐 20 克、味精 5 克，依次把香芹、胡萝卜、山药、木耳焯水过凉。② 锅上火烧热，锅中放入植物油 300 毫升，放入葱、姜米各 50 克煸香，放入焯水后的香芹、胡萝卜、山药、木耳，加入盐 60 克、味精 15 克、蚝油 100 克、白糖 15 克，翻炒均匀即可出锅。

7 成品菜装盘(盒)：菜品采用“盛入法”装入盒中，呈自然堆落状。成品重量：4000 克。

| 操作重点 | 香芹、胡萝卜、山药焯水时间要掌握好。

| 要领提示 | 食材的切配要大小均匀，以免熟化程度不同影响口感。

| 成菜标准 | ①色泽：白绿红相间，色泽分明；②芡汁：薄芡；③味型：咸鲜；④质感：香芹脆爽，山药软糯。

| 举一反三 | 荷塘小炒。

菜品名称

酱烧茄子

营养师点评

酱烧茄子是一道东北菜，酱香味浓，蒜香突出。此菜热量较高，因脂肪含量高，含有多种维生素和矿物质。质地软烂，易于咀嚼，特别是与一些粗粮类的主食搭配食用，更有利于脂肪的燃烧。

营养成分

（每100克营养素参考值）

能量：96.0卡

蛋白质：4.8克

脂肪：4.7克

碳水化合物：8.5克

维生素A：22.8微克

维生素C：4.9毫克

钙：38.8毫克

钾：185.8毫克

钠：637.5毫克

铁：1.5毫克

原料组成

主料

茄子3800克

辅料

净里脊肉1000克、净香葱50克

调料

盐40克、味精10克、白糖100克、料酒170毫升、鸡蛋2个、水淀粉50毫升（生粉25克+水25毫升）、玉米淀粉200克、老抽20毫升、生抽90毫升、甜面酱200克、黄豆酱200克、葱油200毫升、葱40克、姜40克、蒜100克、香菜80克、植物油50毫升、香葱50克

加工制作流程

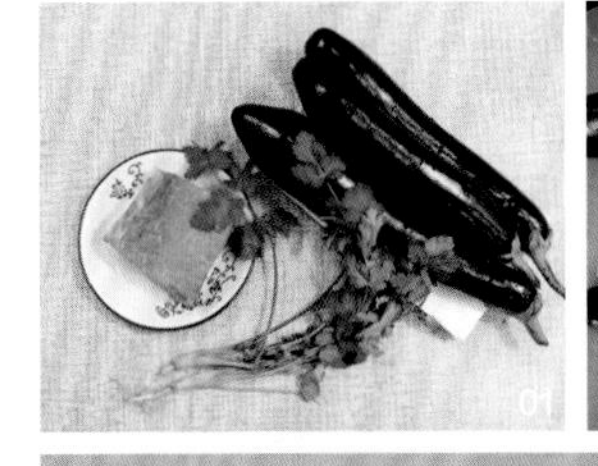

1 初加工：将茄子去皮，洗净；香葱去根，洗净；里脊肉洗净。

2 原料成形：将茄子切成2厘米见方的块，表面切十字花刀；香菜切末；里脊肉切成宽0.1厘米、长5厘米的丝。

3 腌制流程：① 肉丝放在生食盒中，放入料酒100毫升、盐10克、味精3克、老抽15毫升，搅拌均匀；再打入鸡蛋2个，继续搅拌。拌匀后放入玉米淀粉50克，封植物油50毫升，腌制10分钟。② 将茄子放入盆中，加入盐10克、味精3克，搅拌均匀后，放入葱油200毫升继续拌匀，最后放入玉米淀粉150克，拌均匀备用。

4 配菜要求：茄子、肉丝、调料分别放入器皿中备用。

5 工艺流程：炙锅→烹制食材→调味→出锅装盘。

6 烹调成品菜：① 烤盘上刷一层油，把茄子码在烤盘上，在茄子上再次淋一层油，放入万能蒸烤箱中，选择烤的模式，温度180℃，湿度30%，烤制熟透。② 锅上火烧热，放入植物油，油温烧至五成热时，放入肉丝，滑熟捞出控油。③ 制汁：锅中留底油，放入姜40克、葱40克、蒜40克、甜面酱200克、黄豆酱200克、料酒70毫升、生抽20毫升、白糖100克、味精4克、盐20克煸香，加入水淀粉50毫升勾芡。④ 把茄子从万能蒸烤箱中取出，倒入盘中，浇上酱汁。⑤ 锅上火烧热，锅中放入生抽70毫升，放入肉丝翻炒均匀，倒入老抽5毫升，继续翻炒均匀后放在茄子上，撒入香菜80克、蒜末60克、香葱50克即可。

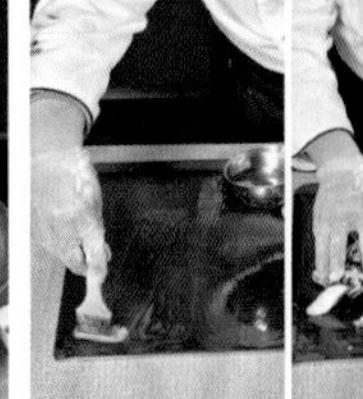

7 成品菜装盘（盒）：菜品采用“盛入法”装入盒中，呈自然堆落状。成品重量：5590克。

| 操作重点 | 茄子要烤制8分钟左右。

| 要领提示 | 甜面酱含有盐，所以调制酱汁时，不需要放太多盐，否则会太咸。

| 成菜标准 | ①色泽：白绿红相间；②芡汁：薄汁薄芡；③味型：酱香浓郁；④质感：软糯爽滑。

| 举一反三 | 酱烧排骨、酱烧豆腐。

扫一扫，看视频

菜品名称

苦瓜炒鸡蛋

营养师点评

苦瓜炒鸡蛋是一道家常菜。鸡蛋软糯，苦瓜味清香扑鼻。此菜营养均衡，总热量不高。维生素A、维生素C含量丰富，膳食纤维、钙含量较高，钠钾平衡，是一道有平抑血糖作用的菜肴，且易于咀嚼，适宜老年人食用。

营养成分

（每100克营养素参考值）

能量：90.5卡

蛋白质：5.9克

脂肪：5.6克

碳水化合物：4.2克

维生素A：98.1微克

维生素C：35.8毫克

钙：31.1毫克

钾：199.5毫克

钠：211.9毫克

铁：1.3毫克

原料组成

主料

鸡蛋2000克、苦瓜2500克

辅料

红美人椒300克

调料

盐20克、胡椒粉3克、白糖30克、白醋7毫升、葱花30克、姜7克、植物油200毫升

加工制作流程

1 初加工：苦瓜去瓤，洗净；美人椒去籽，洗净。

2 原料成形：将苦瓜切丁；美人椒切丁。

3 腌制流程：将鸡蛋打入生盒里，打散后加入白醋7毫升、胡椒粉1克、白糖30克、盐5克搅拌均匀。

4 配菜要求：鸡蛋液、苦瓜、美人椒、调料分别放在器皿中备用。

5 工艺流程：炙锅→炒制食材→调味→出锅装盘。

6 烹调成品菜：① 锅上火烧热，锅中放入植物油100毫升，下入苦瓜，煸出水汽，下入红椒丁，翻

炒均匀后盛出。② 取出一半苦瓜丁和红椒丁放入蛋液中搅拌均匀。锅上火烧热，放入植物油100毫升，下入鸡蛋液，缓慢推动，再加入盐15克、胡椒粉2克，翻炒至鸡蛋成熟，最后放入另一半苦瓜和红椒丁，翻炒均匀，撒入姜末7克、葱花30克，翻炒几下，即可出锅。

7 成品菜装盘(盒)：菜品采用“盛入法”装入盒中，呈自然堆落状。成品重量：4450克。

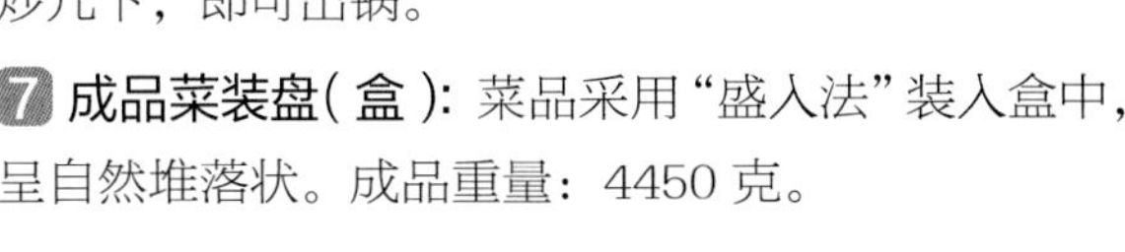

| 操作重点 | 苦瓜要提前煸炒，除去苦瓜中的水汽。

| 要领提示 | 鸡蛋液中要加点白醋，苦瓜要切得大小均匀，否则熟化程度不一样。

| 成菜标准 | ①色泽：红黄绿相间；②芡汁：无汁芡；③味型：咸鲜；④质感：苦瓜清脆，鸡蛋软嫩。

| 举一反三 | 苦瓜炒鸡蛋、西红柿炒鸡蛋、西葫芦炒鸡蛋。

菜品名称

苦瓜酿三金

营养师点评

苦瓜酿三金是一道传统名肴，属于客家菜，软烂适口。此菜蛋白质、脂肪和碳水化合物含量均比较合理，质地软烂，易于咀嚼与消化吸收。

营养成分

（每100克营养素参考值）

能量：168.9卡

蛋白质：10.1克

脂肪：10.8克

碳水化合物：7.7克

维生素A：35.7微克

维生素C：23.6毫克

钙：60.2毫克

钾：270.9毫克

钠：849.2毫克

铁：2.2毫克

原料组成

主料

苦瓜920克

辅料

青豆100克、玉米粒300克、胡萝卜200克、虾仁200克、鸡胸肉300克、肉馅300克

调料

盐26克、味精4克、胡椒粉2克、白糖5克、料酒8毫升、玉米淀粉40克、葱油103毫升、香油40毫升、生抽20毫升、米醋15毫升、蒜蓉10克、青红椒米20克

加工制作流程

1 初加工：将苦瓜去瓤，洗净；虾仁洗净；鸡胸肉洗净；胡萝卜去皮，洗净；青椒、红椒去蒂、去籽、洗净。

2 原料成形：苦瓜切 1 厘米厚的圆墩，青椒、红椒切米，虾仁、鸡胸肉剁成肉泥。

3 腌制流程：① 鸡蓉、虾蓉、肉馅放入生食盒中搅拌均匀，加入盐 20 克、胡椒粉 2 克、味精 3 克、料酒 8 毫升、玉米淀粉 40 克，顺时针搅拌均匀至黏稠上劲，倒出 1/3 的量，加入青豆 50 克，胡萝卜丁 100 克，玉米粒 150 克，搅拌均匀。② 腌制苦瓜：苦瓜放入容器中，加入盐 6 克、白糖 5 克、味精 1 克、葱油 3 毫升，腌制 2 分钟。

4 配菜要求：苦瓜、青豆、玉米粒、虾仁、鸡胸肉、肉馅、调料分别放在器皿中备用。

5 工艺流程：苦瓜酿肉馅→蒸制食材→蘸汁→出锅装盘。

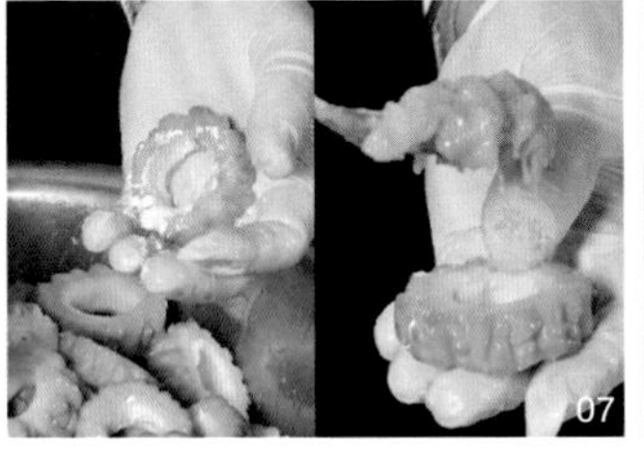

6 烹调成品菜：① 蒸盘底部刷葱油 100 毫升，苦瓜中间抹上玉米淀粉共 40 克，把调好的肉馅酿入其中，放上玉米粒 150 克、青豆 50 克、胡萝卜丁 100 克分别码在苦瓜馅料上，封上保鲜膜（扎眼），送入万能蒸烤箱中，选择蒸的模式，温度 105℃，湿度 100%，蒸制 10 分钟取出。② 蘸汁：取一个容器，放入青红椒米 20 克、蒜蓉 10 克、生抽 20 毫升、香油 40 毫升、米醋 15 毫升搅拌均匀，即可。

7 成品菜装盘（盒）：菜品采用“码放法”装入盒中，呈自然堆落状。成品重量为 2000 克。

| 操作重点 | 馅料要饱满，蒸制的时间不宜过短。
| 要领提示 | 选择表皮光滑、纹理清晰的苦瓜，苦瓜也要切配得大小均匀。
| 成菜标准 | ①色泽：绿黄白相间；②芡汁：无；③味型：咸鲜；④质感：嫩滑清香。
| 举一反三 | 酿茄子、青椒酿肉、酿丝瓜。

扫一扫，看视频

菜品名称

萝卜丝丸子

营养师点评

萝卜丝丸子是山东经典的特色名菜之一，属于鲁菜，口味鲜美、清淡爽口，营养丰富并且含有多种微量元素。此菜富含膳食纤维，佐食性效果很好，维生素比较丰富。

营养成分

（每100克营养素参考值）

能量：97.8卡

蛋白质：4.0克

脂肪：1.6克

碳水化合物：16.9克

维生素A：127.4微克

维生素C：7.3毫克

钙：39.4毫克

钾：207.2毫克

钠：626.2毫克

铁：0.7毫克

原料组成

主料

青萝卜2000克

辅料

胡萝卜1600克、面粉800克

调料

盐60克、葱花100克、鸡蛋4个、白胡椒粉3克、植物油30毫升、水1000毫升、面粉800克

加工制作流程

1 初加工：将青萝卜、胡萝卜清洗干净。

2 原料成形：将青萝卜、胡萝卜擦丝，切段。

3 腌制流程：青萝卜腌制：在处理好的青萝卜中，加入盐 10 克，抓匀，腌制 10 分钟，腌出水分；用清水投洗，去净盐分，攥干水分备用。

4 配菜要求：将腌好的萝卜丝、面粉、调料分别摆放在器皿中备用。

5 工艺流程：焯水→和馅→炸制→装盘出锅。

6 烹调成品菜：① 锅烧火，倒入水 1000 毫升，加入植物油 30 毫升、盐 10 克，水开下入胡萝卜丝，再次开锅捞出胡萝卜丝过凉，攥干水分备用。② 和馅：将胡萝卜丝、青萝卜丝放入大盆中，加入面粉 400 克、盐 20 克、白胡椒粉 3 克、鸡蛋 4 个搅拌均匀，再次加入面粉 400 克、盐 20 克再次搅匀，最后放入葱花 100 克，搅拌均匀即可。③ 锅上火烧热，

锅中放入植物油，油温烧至五成热时，挤入丸子炸熟后捞出；待油温升到七成热时，再下入丸子复炸至金黄捞出，装盒即可。

7 成品菜装盘（盒）：菜品采用“码放法”装入盒中，整齐划一。成品重量：2920 克。

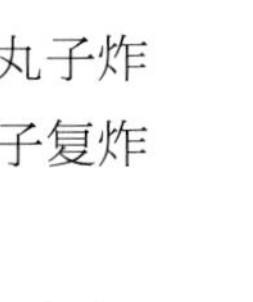

| 操作重点 | 油温要把握好，不能低于 150 摄氏度，丸子大小一致，这样色泽均匀。

| 要领提示 | 萝卜要切细，提前用盐除去水分，最好将水分挤干；鸡蛋与面粉的比例要合适。

| 成菜标准 | ①色泽：黄绿相间；②芡汁：无汁芡；③味型：咸鲜；④质感：外焦里嫩。

| 举一反三 | 熟粉条丸子、豆腐萝卜丸子。

菜品名称

米粉蒸萝卜条

营养师点评

米粉蒸萝卜条是一道家常菜，清香可口。此菜总热量不高，蛋白质和脂肪含量偏低，膳食纤维和钙含量比较丰富，钠的含量偏高，菜肴质地熟烂，易于咀嚼，最好搭配一些优质蛋白质和脂肪含量高的菜一起食用。

营养成分

（每100克营养素参考值）

能量：77.3 卡

蛋白质：0.7 克

脂肪：2.6 克

碳水化合物：12.8 克

维生素 A：0.3 微克

维生素 C：21.5 毫克

钙：40.1 毫克

钾：143.1 毫克

钠：302.1 毫克

铁：0.5 毫克

原料组成

主料

白萝卜 5000 克

辅料

红椒丝 300 克

调料

料油 155 毫升、粉蒸肉米粉 750 克、盐 40 克

加工制作流程

1 初加工：白萝卜洗净，去皮。

2 原料成形：白萝卜切 5 厘米长、0.4 厘米宽的长条。

3 腌制流程：将切好的萝卜条放入盆中，倒入料油 150 毫升、盐 35 克搅拌均匀，放入粉蒸肉米粉 750 克搅拌均匀，备用。

4 配菜要求：将白萝卜条、调料分别摆放器皿中备用。

5 工艺流程：蒸萝卜条→炒制红椒丝→出锅装盘。

01

02

03

04

05

06

07

08

09

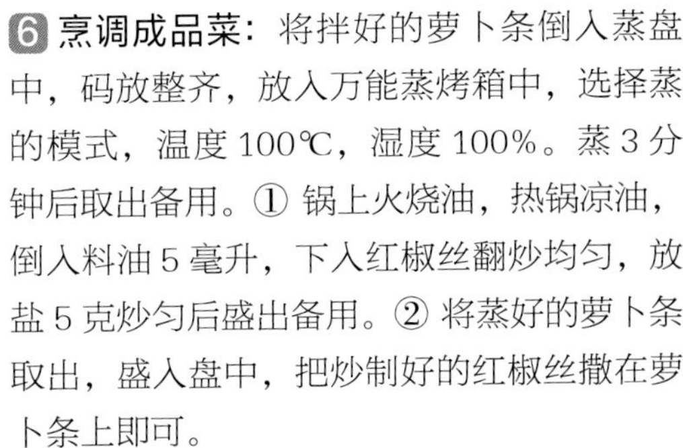

6 烹调成品菜：将拌好的萝卜条倒入蒸盘中，码放整齐，放入万能蒸烤箱中，选择蒸的模式，温度 100℃，湿度 100%。蒸 3 分钟后取出备用。① 锅上火烧油，热锅凉油，倒入料油 5 毫升，下入红椒丝翻炒均匀，放盐 5 克炒匀后盛出备用。② 将蒸好的萝卜条取出，盛入盘中，把炒制好的红椒丝撒在萝卜条上即可。

7 成品菜装盘（盒）：菜品采用“盛入法”装入盒中，呈自然堆落状。成品重量：5080 克。

10

11

12

13

14

| 操作重点 | 红椒丝要切配均匀，萝卜条要用盐适量。
| 要领提示 | 萝卜条蒸制的时间不宜过长。
| 成菜标准 | ①色泽：红白相间；②芡汁：无；③味型：咸鲜；④质感：清脆爽口。
| 举一反三 | 蒸茼蒿。

菜品名称

美极杏鲍菇

营养师点评

美极杏鲍菇是一道家常小炒，好吃下饭，营养非常丰富。此菜膳食纤维及维生素含量丰富，总热量比较低，蛋白质含量低，食用时要搭配一些含优质蛋白质的菜肴。

营养成分

（每100克营养素参考值）

能量：68.2卡

蛋白质：1.3克

脂肪：3.7克

碳水化合物：7.2克

维生素A：1.3微克

维生素C：23.8毫克

钙：14.7毫克

钾：210.1毫克

钠：156.3毫克

铁：0.6毫克

原料组成

主料

杏鲍菇4000克

辅料

红椒500克、青椒500克

调料

植物油200毫升、葱50克、姜50克、蒜50克、美极鲜酱油50毫升、盐15克、白糖10克、味精15克、水淀粉150毫升（生粉50克+水100毫升）、葱油60毫升、水5000毫升

加工制作流程

1 初加工：杏鲍菇洗净；青红椒去籽、去蒂；葱、姜、蒜去皮，洗净备用。

2 原料成形：杏鲍菇切成 1 厘米宽、3 厘米长的条，青红椒切成 1 厘米宽、3 厘米长的条，葱、姜、蒜切末。

3 腌制流程：无

4 配菜要求：杏鲍菇、青红椒、调料分别摆放在器皿里备用。

5 工艺流程：炙锅烧水→食材焯水→食材滑油→烹饪熟化食材→装盘。

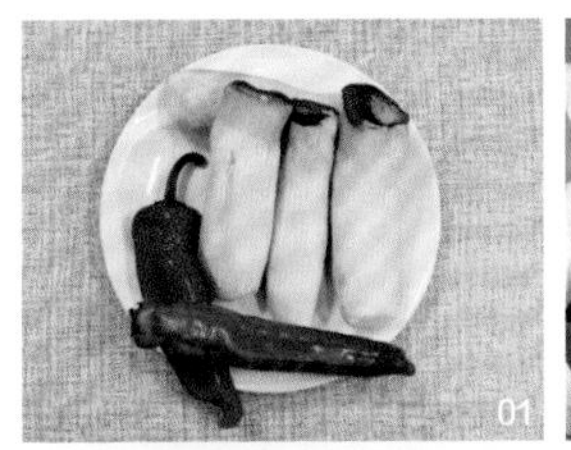
01

02

03

04

05

06

07

08

6 烹调成品菜：① 锅上火烧热，锅中放入水 5000 毫升，水开后放入杏鲍菇。水再次烧开后捞出杏鲍菇过凉，控水备用。② 锅上火烧热，锅中放入植物油，油温烧至六成热，下入杏鲍菇，青、红尖椒滑熟，捞出控油。③ 锅上火烧热，放入植物油 200 毫升，葱、姜、蒜末各 50 克煸香，再倒入杏鲍菇，青、红尖椒翻炒均匀，加入盐 15 克、白糖 10 克、美极鲜酱油 50 毫升、味精 15 克，翻炒均匀，加入水淀粉 150 毫升勾芡，淋入葱油 60 毫升出锅，装盘即可。

7 成品菜装盘（盒）：菜品采用“盛入法”装入盒中，呈自然堆落即可。成品重量：4500 克。

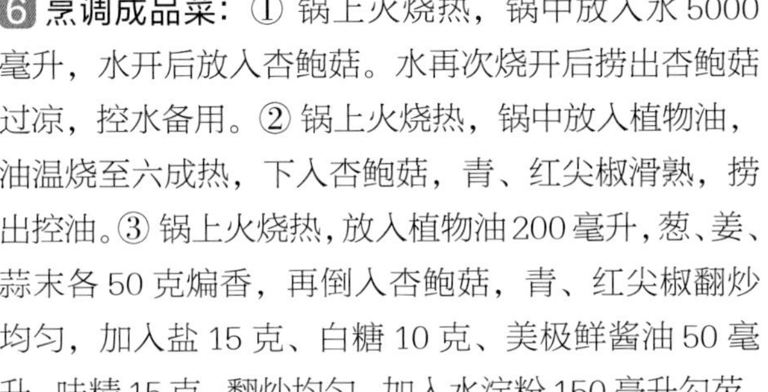

09

10

11

12

13

14

15

16

| 操作重点 | 杏鲍菇滑油时，油温一定要超过五成热，时间不宜过长，保持杏鲍菇鲜嫩的口感。

| 要领提示 | 杏鲍菇切配时大小要均匀，否则影响熟化后的口感。

| 成菜标准 | ①色泽：红白绿相间；②芡汁：薄芡汁；③味型：咸鲜香；④质感：杏鲍菇爽滑多汁。

| 举一反三 | 美极荷兰豆、美极菜花。

菜品名称

酿秋葵

营养师点评

酿秋葵是一道客家传统名菜，秋葵清香水嫩，肉馅鲜香，总热量较高，蛋白质含量丰富，脂肪含量不高，膳食纤维和钙含量比较高，钠的含量偏高。菜肴质地熟烂，易于咀嚼，适宜老年人食用。

营养成分

（每100克营养素参考值）

能量：134.5 卡

蛋白质：13.8 克

脂肪：7.4 克

碳水化合物：3.1 克

维生素 A：14.9 微克

维生素 C：13.1 毫克

钙：130.3 毫克

钾：198.1 毫克

钠：1129.4 毫克

铁：2.4 毫克

原料组成

主料

秋葵 500 克

辅料

虾仁 200 克、鸡胸肉 200 克、肉馅 200 克

调料

盐 7 克、胡椒粉 2 克、味精 3 克、料酒 10 毫升、鸡汁 5 毫升、玉米淀粉 10 克、香油 10 毫升、生抽 20 毫升、醋 10 毫升、青红椒米 100 克、白糖 2 克

加工制作流程

1 初加工：将秋葵去瓤，洗净；虾仁洗净；鸡胸肉洗净。

2 原料成形：秋葵对半切开，虾仁、鸡胸肉、肉馅剁成泥。

3 腌制流程：鸡蓉、虾蓉、肉馅放入生食盒中搅拌均匀，加入盐 5 克、胡椒粉 2 克、味精 2 克、料酒 10 毫升、鸡汁 5 毫升、玉米淀粉 10 克，顺时针搅拌均匀至黏稠上劲。

4 配菜要求：虾仁、鸡胸肉、肉馅、调料分别放在器皿中备用。

5 工艺流程：蒸制秋葵→蘸汁→出锅装盘。

6 烹调成品菜：① 蒸盘底部刷油，把调好的肉馅酿在秋葵表面，点上青红椒米 80 克，摆入蒸盘中，封上保鲜膜（扎眼），放入万能蒸烤箱中，选择蒸制模式，温度 110℃，湿度 100%，蒸制 6 分钟取出。② 蘸汁：取一个容器，放入盐 2 克、白糖 2 克、味精 1 克、香油 10 毫升、生抽 20 毫升、醋 10 毫升、青红椒米 20 克，搅拌均匀即可。

7 成品菜装盘（盒）：菜品采用“摆放法”装入盒中，呈自然堆落状。成品重量：1180 克。

01

02

03

04

05

06

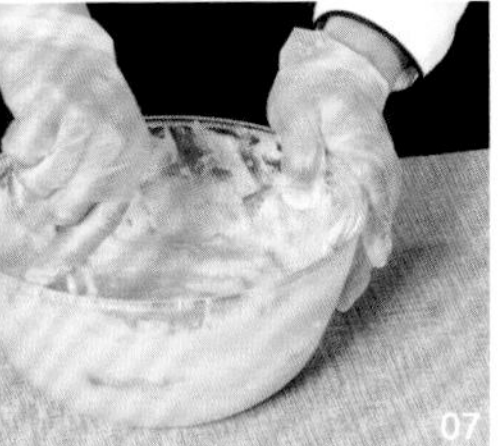
07

08

09

10

11

12

13

14

| 操作重点 | 酿秋葵蒸制时间不宜过长。

| 要领提示 | 馅料要填充饱满。

| 成菜标准 | ①色泽：红黄绿白相间；②芡汁：无；③味型：咸鲜；④质感：肉馅嫩滑，秋葵清爽。

| 举一反三 | 酿茄子、酿尖椒、酿丝瓜。

菜品名称

清炒三丝

营养师点评

清炒三丝是一道传统家常菜，制作简单。此菜膳食纤维丰富，维生素含量也较高，是一道促进肠道蠕动，防止便秘菜肴。因蛋白质含量不高，所以要在其他食物中补充足够的优质蛋白质。

营养成分

（每100克营养素参考值）

能量：88.3卡

蛋白质：2.2克

脂肪：3.0克

碳水化合物：13.1克

维生素A：36.3微克

维生素C：13.3毫克

钙：10.9毫克

钾：260.7毫克

钠：630.1毫克

铁：0.5毫克

原料组成

主料

土豆3500克

辅料

绿豆芽800克、胡萝卜500克、尖椒200克

调料

盐70克、鸡粉25克、白糖2克、香油15毫升、花椒2克、干辣椒3克、猪油150克、香醋20毫升

加工制作流程

1 初加工：土豆去皮、洗净；绿豆芽洗净；胡萝卜去皮、洗净；尖椒去蒂、去籽，洗净。

2 原料成形：将土豆切成 0.3 厘米见方、长 6 厘米的丝；胡萝卜、尖椒均切成 0.3 厘米见方、长 6 厘米的丝；绿豆芽掐头去尾，用清水洗净，沥干水分。

3 腌制流程：土豆丝、胡萝卜丝、豆芽中放入猪油 100 克、盐 25 克、鸡粉 15 克搅拌均匀。

4 配菜要求：将切好的土豆丝、胡萝卜丝、尖椒丝、绿豆芽、调料分别放在器皿中备用。

5 工艺流程：蒸制→烹制食材→调味→出锅装盘。

01

02

03

04

05

06

07

08

09

10

11

12

6 烹调成品菜：① 把腌制好的土豆丝、胡萝卜丝、绿豆芽摆放在漏眼盘中，放入万能蒸烤箱中，选择蒸的模式，温度 160℃，湿度 100%。土豆丝、胡萝卜丝蒸制 2 分钟、绿豆芽蒸制 1 分钟，取出备用。② 锅上火烧热，放入猪油 50 克、花椒 2 克煸香，煸香后将花椒捞出，放入干辣椒 3 克、青椒丝、胡萝卜丝、豆芽、土豆丝，再加入盐 45 克、白糖 2 克、鸡粉 10 克翻炒均匀，锅边淋入香醋 20 毫升，翻炒均匀，出锅前淋入香油 15 毫升即可。

7 成品菜装盘（盒）：菜品采用“盛入法”装入盒中，呈自然堆落状。成品重量：4340 克。

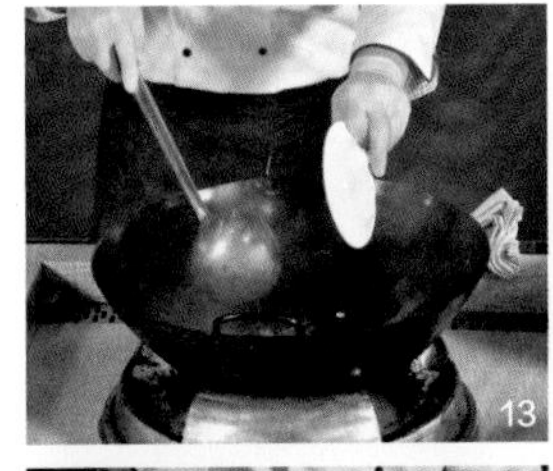
13

14

15

16

| 操作重点 | 大火快炒，炒制时间不宜过长。

| 要领提示 | 刀工要均匀，土豆清洗干净，洗掉淀粉。

| 成菜标准 | ①色泽：白黄相间；②芡汁：清汁；③味型：咸鲜；④质感：清爽。

| 举一反三 | 三色鸡丝、炝炒土豆丝、炝炒豆芽。

菜品名称

清香小炒

营养师点评

清香小炒是一道家常小炒，好吃下饭，含有丰富的维生素。此菜总热量不高，蛋白质和脂肪含量不足，维生素A和钙的含量较高，膳食纤维比较丰富，可促进肠道蠕动、促进排毒、防止便秘。选择此菜需要搭配一些富含优质蛋白质的菜肴。

营养成分

（每100克营养素参考值）

能量：80.4卡

蛋白质：1.2克

脂肪：5.4克

碳水化合物：6.6克

维生素A：65.9微克

维生素C：4.1毫克

钙：25.1毫克

钾：167.7毫克

钠：551.8毫克

铁：1.7毫克

原料组成

主料

莴笋2000克

辅料

木耳1000克、胡萝卜1000克、白玉菇1000克

调料

植物油300毫升、葱50克、姜50克、蒜50克、盐70克、白糖10克、味精10克、水淀粉300毫升（生粉100克＋水200毫升）、水5000毫升、葱油10毫升

加工制作流程

1 初加工：莴笋择叶、去皮，洗净，白玉菇去根、洗净，胡萝卜去皮、洗净，木耳泡发、洗净，葱、姜、蒜去皮，洗净备用。

2 原料成形：莴笋、胡萝卜切成3厘米见方的菱形片，葱、姜、蒜切末。

3 腌制流程：无

4 配菜要求：莴笋、胡萝卜、木耳、白玉菇、调料分别装在器皿里备用。

5 工艺流程：炙锅烧水→食材焯水→烹饪熟化食材→装盘。

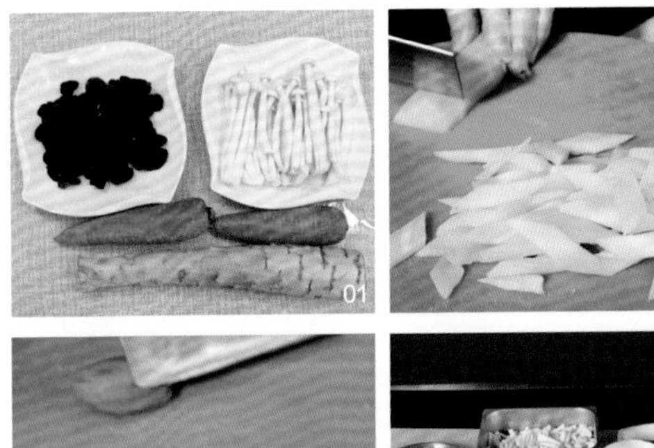

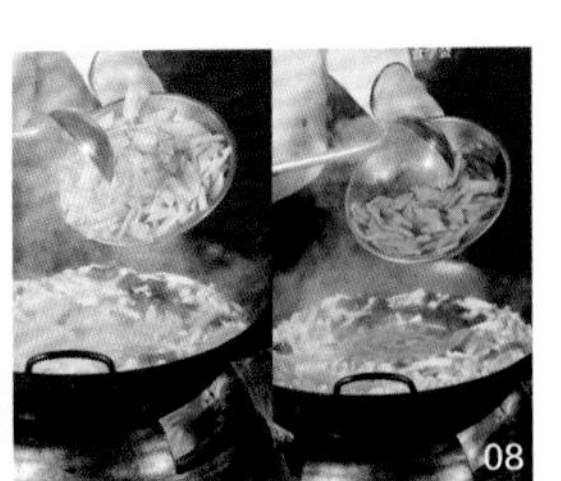

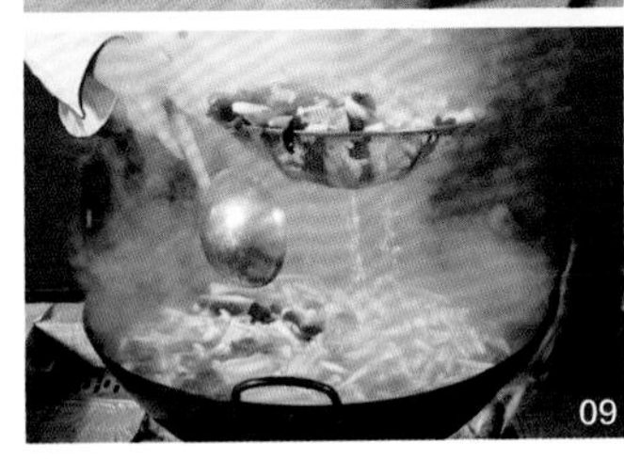

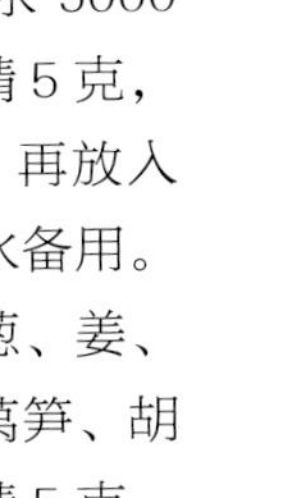

6 烹调成品菜：① 锅上火烧热，锅中放入水5000毫升，放入植物油100毫升、盐20克、味精5克，水开后依次放入白玉菇、木耳。水烧开时，再放入莴笋、胡萝卜，水再次烧开后捞出过凉，控水备用。② 锅上火烧热，倒入植物油200毫升，加葱、姜、蒜末各50克煸香，再放入白玉菇、木耳、莴笋、胡萝卜，最后加入盐50克、白糖10克、味精5克，大火翻炒均匀后，倒入水淀粉300毫升勾芡，淋入葱油10毫升，关火，出锅装盘。

7 成品菜装盘（盒）：菜品采用“盛入法”装入盒中，摆放整齐即可。成品重量：4000克。

| 操作重点 | 葱、姜、蒜爆锅后要把杂质捞出去，这样才能保证芡汁干净。
| 要领提示 | 主辅料切配时一定要均匀，成品菜时口感才会一致。
| 成菜标准 | ①色泽：红绿相间；②芡汁：薄芡汁；③味型：咸鲜香；④质感：莴笋脆爽，白玉菇、木耳滑嫩多汁。
| 举一反三 | 荷塘小炒。

扫一扫，看视频

菜品名称

肉松土豆泥

营养师点评

肉松土豆泥是一道家常菜，软糯可口。此菜总热量不高，蛋白质、脂肪含量都不高，质地熟烂易于咀嚼与消化吸收。选择此菜时要搭配一些富含优质蛋白质的菜肴。

营养成分

（每100克营养素参考值）

能量：121.2卡

蛋白质：3.2克

脂肪：6.2克

碳水化合物：13.3克

维生素A：14.7微克

维生素C：9.9毫克

钙：8.9毫克

钾：273.7毫克

钠：248.7毫克

铁：0.7毫克

原料组成

主料

土豆4000克

辅料

猪肉馅400克、胡萝卜200克、香菇200克、蒜薹200克

调料

植物油200毫升、盐10克、味精10克、水淀粉50毫升（生粉25克+水25毫升）、八角5克、老抽25毫升、生抽50毫升、葱末15克、姜末30克、蒜末15克、胡椒粉1克、料酒40毫升、蚝油80克、高汤500毫升

加工制作流程

1 初加工：土豆去皮、洗净；蒜薹去老根，洗净；香菇去根、洗净；胡萝卜去根、去皮，洗净。

2 原料成形：土豆切0.5厘米厚的片；胡萝卜、香菇、蒜薹切成0.3厘米见方的丁。

3 腌制流程：无

4 配菜要求：把肉馅、胡萝卜、香菇、蒜薹、调料分别装在器皿中备用。

5 工艺流程：蒸土豆片→调汁→浇汁→出锅装盘。

6 烹调成品菜：① 土豆片洗净放托盘，送入万能蒸烤箱，选择蒸的模式，温度100℃，湿度100%，蒸30分钟取出，碾成泥装盘备用。② 锅上火烧热（热锅凉油），倒入植物油200毫升，八角5克，用小火炸出香味后捞出八角，放入葱末15克、姜末30克、蒜末15克煸香，将肉馅煸炒至变色，烹入料酒40毫升，依次加入生抽50毫升、老抽25毫升、蚝油80克、香菇丁200克、高汤500毫升、胡椒粉1克、味精10克、盐10克调味，再下入胡萝卜丁、蒜薹丁翻炒均匀，勾入水淀粉50毫升，浇在土豆泥上。

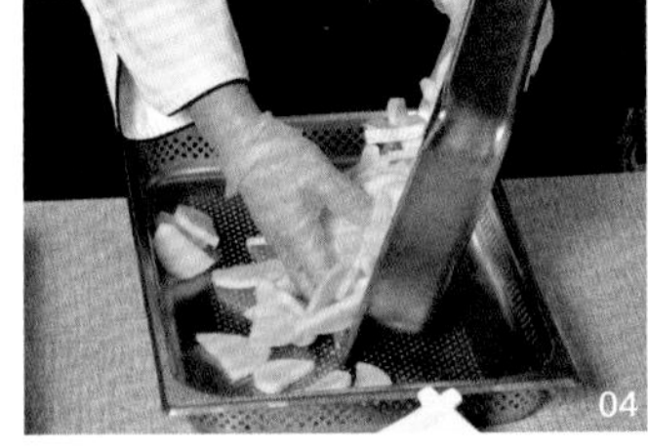

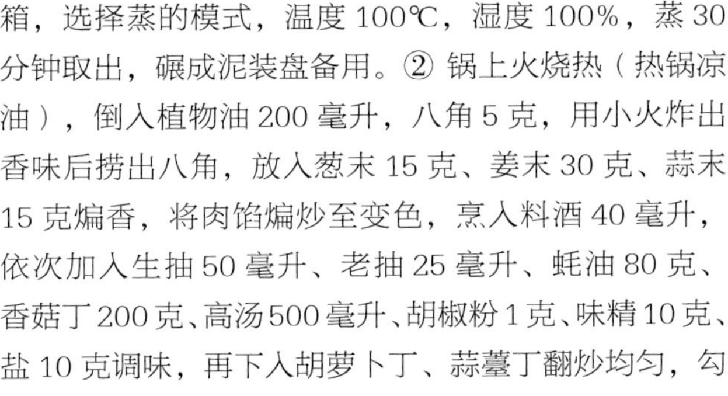

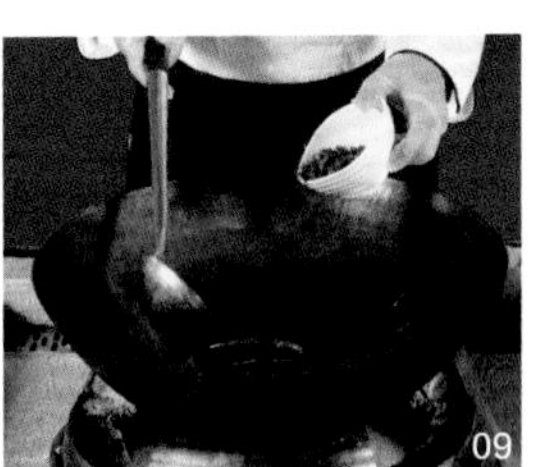

7 成品菜装盘（盒）：菜品采用“盛入法”装入盒中，呈自然堆落状。成品重量：5760克。

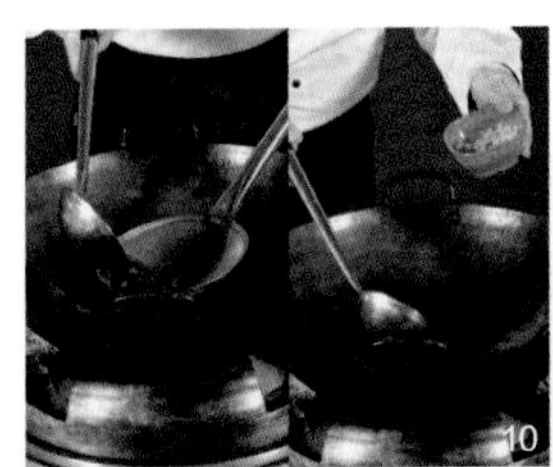

| 操作重点 | 土豆蒸制的时间不能少于30分钟。

| 要领提示 | 土豆要切得薄厚均匀，不然影响熟化效果。

| 成菜标准 | ①色泽：红亮；②芡汁：薄芡；③味型：咸鲜；④质感：土豆泥入口即化。

| 举一反三 | 果酱土豆饼、土豆泥。

菜品名称

上汤娃娃菜

营养师点评

上汤娃娃菜是一道色香味俱全的传统名肴，属于粤菜系。香浓、味鲜、口感浓郁。此菜以娃娃菜为主要原料，富含膳食纤维，有促进肠道蠕动，避免便秘的功用，也是一道汤汁浓稠、熟烂易于咀嚼的菜肴。

营养成分

（每100克营养素参考值）

能量：78.0卡

蛋白质：4.5克

脂肪：5.6克

碳水化合物：3.5克

维生素A：28.8微克

维生素C：9.2毫克

钙：66.4毫克

钾：252.4毫克

钠：573.7毫克

铁：0.9毫克

原料组成

主料

娃娃菜4000克

辅料

火腿肠500克、皮蛋500克

调料

猪油60克、鸡油40毫升、家乐鸡汁50克、盐30克、蒜90克、胡椒粉6克、水2000毫升、植物油20毫升

加工制作流程

1 初加工：娃娃菜去根、洗净。

2 原料成形：娃娃菜一颗切成 6 瓣，火腿肠切成 0.5 厘米的丁，蒜一开为二，皮蛋切 0.5 厘米的丁。

3 腌制流程：娃娃菜中放入植物油 20 毫升、盐 10 克搅拌匀备用。

4 配菜要求：娃娃菜、火腿、皮蛋、调料分别放在器皿中备用。

5 工艺流程：炙锅→煸蒜→加汤→烹饪食材→调味→出锅装盘。

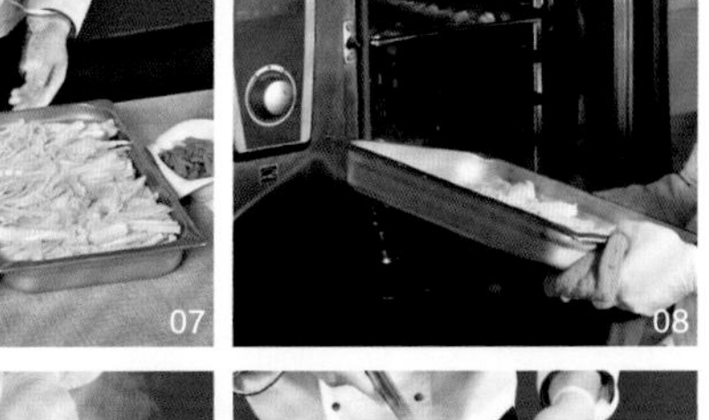

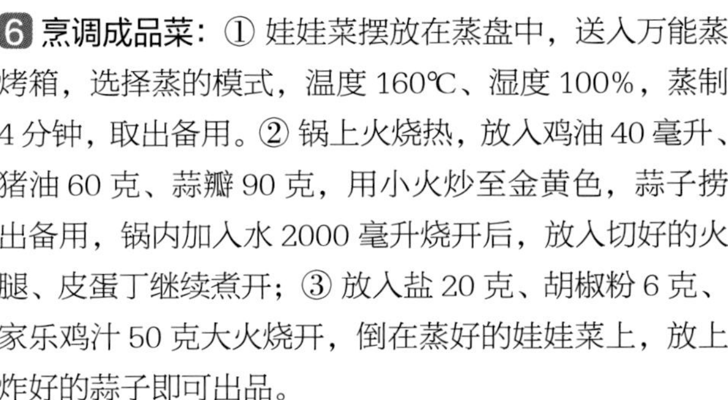

6 烹调成品菜：① 娃娃菜摆放在蒸盘中，送入万能蒸烤箱，选择蒸的模式，温度 160℃、湿度 100%，蒸制 4 分钟，取出备用。② 锅上火烧热，放入鸡油 40 毫升、猪油 60 克、蒜瓣 90 克，用小火炒至金黄色，蒜子捞出备用，锅内加入水 2000 毫升烧开后，放入切好的火腿、皮蛋丁继续煮开；③ 放入盐 20 克、胡椒粉 6 克、家乐鸡汁 50 克大火烧开，倒在蒸好的娃娃菜上，放上炸好的蒜子即可出品。

7 成品菜装盘（盒）：菜品采用“码放法”装入盒中，整齐划一。成品重量：5000 克。

| 操作重点 | 煮制时间不宜过长。

| 要领提示 | 汤汁要浓，选好浓汤。

| 成菜标准 | ①色泽：白黄相间；②芡汁：清汤；③味型：鲜咸；④质感：软嫩。

| 举一反三 | 上汤菜心、上汤菠菜、上汤西兰花。

菜品名称

蒜蓉粉丝娃娃菜

营养师点评

蒜蓉粉丝娃娃菜是一道家常菜，不仅好吃而且健康，营养非常丰富。此菜维生素、钙、膳食纤维含量都很丰富，总热量比较低。但蛋白质含量较低，选择此菜时要再搭配一些含优质蛋白质的菜肴。

营养成分

（每100克营养素参考值）

能量：126.9卡

蛋白质：1.9克

脂肪：8.5克

碳水化合物：11.5克

维生素A：3.3微克

维生素C：15.2毫克

钙：60.8毫克

钾：226.6毫克

钠：377.6毫克

铁：1.2毫克

原料组成

主料

娃娃菜4000克

辅料

粉丝500克、青椒150克、红椒150克

调料

蒜油500毫升、盐30克、白糖60克、味精20克、蒜600克、蚝油120克

加工制作流程

1 初加工：娃娃菜洗净，备用；粉丝泡好，洗净备用；青椒、红椒去蒂、去籽，洗净。

2 原料成形：娃娃菜切 1 厘米宽、8 厘米长的条，粉丝剪短，蒜要切碎制成蒜蓉，青椒、红椒切 0.5 厘米的丁。

3 腌制流程：把娃娃菜放到容器里，加蒜油 300 毫升搅拌均匀，粉丝用蒜油 200 毫升拌匀。

4 配菜要求：把娃娃菜、粉丝、青红椒、调料分别放入容器里备用。

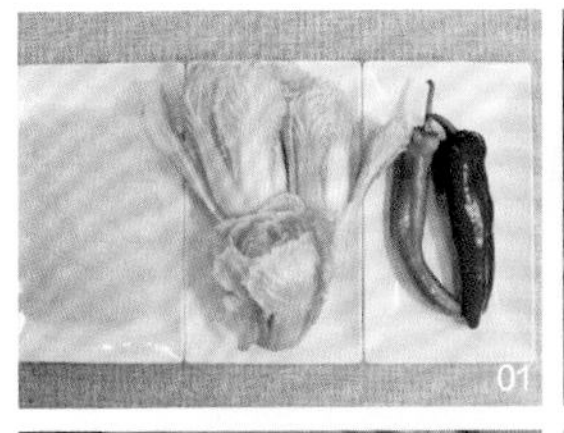

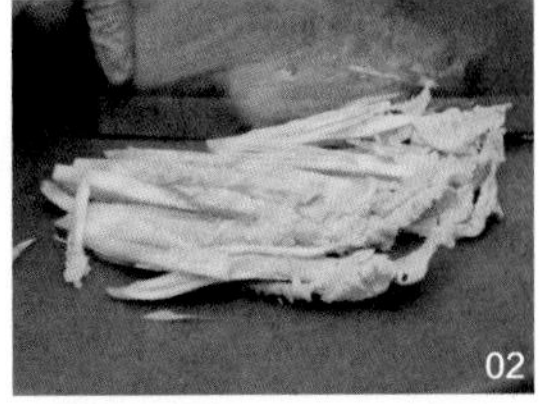

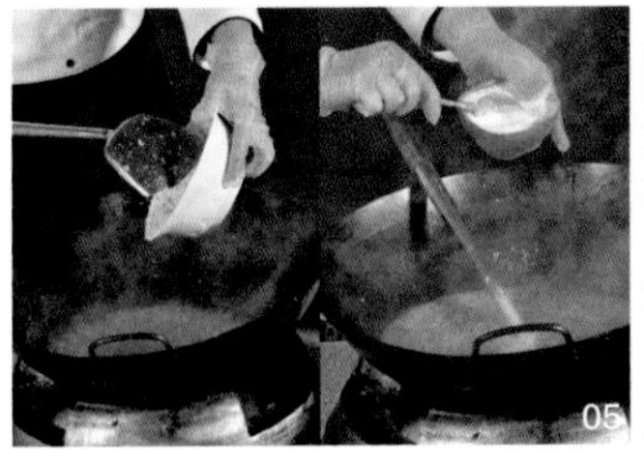

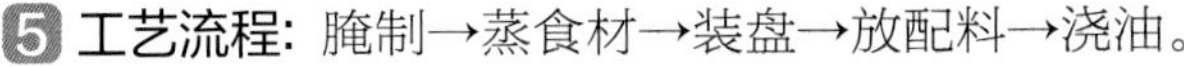

5 工艺流程：腌制→蒸食材→装盘→放配料→浇油。

6 烹调成品菜：① 锅上火烧热，倒入植物油，加入一半蒜蓉小火慢慢熬制，再倒入另外一半蒜蓉熬出蒜香味，加蚝油 120 克、白糖 60 克、味精 20 克、盐 30 克搅匀，加入青红椒丁，继续搅拌炒出辣椒香味，盛出备用。② 将粉丝铺在蒸盘底，将娃娃菜铺在粉丝上，装入蒸烤箱盘中，选择蒸的模式，温度 96℃，湿度 100%，蒸 10 分钟，取出装盘即可。

7 成品菜装盘（盒）：菜品采用“托装法”装入盒中，整齐码放。成品重量：5500 克。

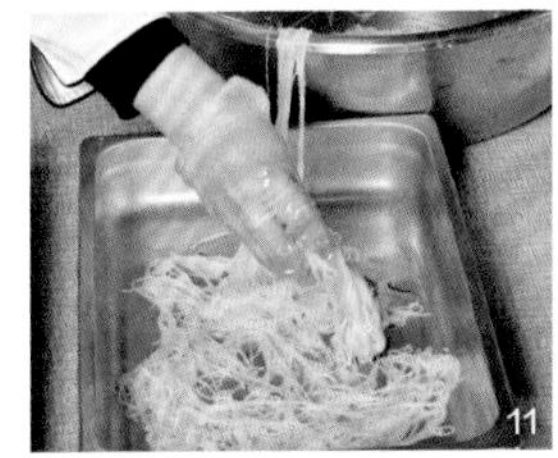

| 操作重点 | 蒜蓉一定要放足味道才会浓。

| 要领提示 | 粉丝烫软后一定用凉水泡凉，可令其口感更爽口。

| 成菜标准 | ①色泽：明亮清爽；②芡汁：无；③味型：咸鲜香；④质感：娃娃菜香脆，粉丝软糯顺滑。

| 举一反三 | 蒜蓉粉丝蒸扇贝。

菜品名称

烧茄子

营养师点评

烧茄子是一道大众家常菜，软嫩爽滑。此菜总热量不高，营养密度较高，富含维生素P和维生素E以及膳食纤维，经常食用可以增加毛细血管的弹性、提高免疫力，是一道适宜老年人食用的菜肴。

营养成分

（每100克营养素参考值）

能量：79.2卡

蛋白质：1.7克

脂肪：1.8克

碳水化合物：14.0克

维生素A：3.3微克

维生素C：6.6毫克

钙：8.9毫克

钾：146.7毫克

钠：372.9毫克

铁：1.6毫克

原料组成

主料

圆茄子4000克

辅料

尖椒500克、西红柿500克

调料

开水1000毫升、葱末30克、姜末30克、蒜末100克、番茄酱200克、植物油1600毫升、盐35克、蚝油60克、生抽65毫升、老抽20毫升、白糖160克、味精15克、水淀粉120毫升（生粉60克+水60毫升）、玉米淀粉380克

加工制作流程

1 初加工：茄子洗净，去蒂、削皮；尖椒洗净，去蒂、去籽；西红柿洗净、去蒂备用。

2 原料成形：茄子切宽 1.5 厘米、长 4 厘米的条，尖椒切 3 厘米的菱形片，西红柿切 4 厘米的滚刀块，葱、姜、蒜切小碎末。

3 腌制流程：茄子放入盐 20 克、淋植物油 100 毫升搅拌均匀，将 380 克玉米淀粉均匀地拍在茄子上备用。

4 配菜要求：切制好的尖椒片、西红柿块、茄条及调料分别摆放器皿中备用。

5 工艺流程：炸制茄条→烹制食材→调汁→出锅装盘。

6 烹调成品菜：① 锅上火烧热，锅中倒入 1500 毫升植物油，油温烧至六成热时，将拍好淀粉的茄子放入锅中炸成焦黄色，熟透后捞出控油；青椒滑油备用。② 锅上火烧热，锅中留底油 50 毫升，放入葱、姜、蒜末各 30 克、番茄酱 200 克煸香，放入蚝油 60 克、生抽 65 毫升、老抽 20 毫升、味精 15 克、白糖 160 克、开水 1000 毫升搅拌均匀，再加入盐 15 克，倒入西红柿，用水淀粉 120 毫升勾芡，倒入茄子、青椒，加蒜末 70 克，翻炒均匀出锅。

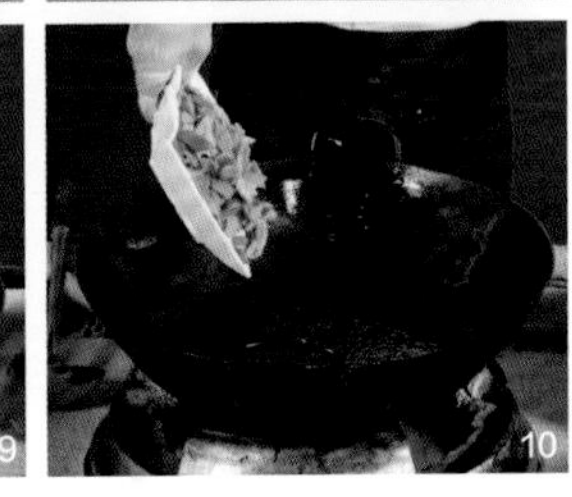

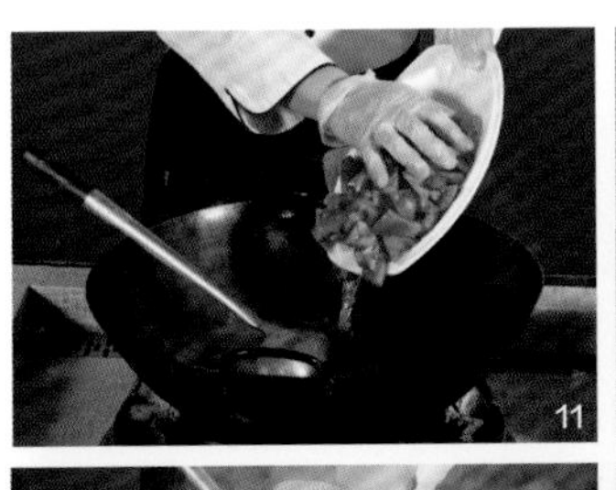

7 成品菜装盘（盒）：菜品采用“盛入法”装入盒中，呈自然堆落状。成品重量：3960 克。

| 操作重点 | 炸制茄子时油温要高，油温低容易浸油。

| 要领提示 | 茄子、西红柿要切均匀，出品时芡汁要均匀地裹在茄子上。

| 成菜标准 | ①色泽：红亮；②芡汁：紧汁抱芡；③味型：咸鲜、微甜；④质感：香滑软糯。

| 举一反三 | 鱼香茄子、尖椒炒茄条、酱焖茄子。

菜品名称

烧四宝

营养师点评

烧四宝是一道具有地方特色的家常菜，咸鲜可口。此菜含有较丰富的优质蛋白质和足够一餐量的脂肪，并含有丰富的菌类多糖和维生素，钙、铁、钾的含量也比较丰富。菜肴质地软烂顺滑，易于咀嚼，适宜老年人食用。

营养成分

（每100克营养素参考值）

能量：199.7卡

蛋白质：11.4克

脂肪：13.7克

碳水化合物：7.8克

维生素A：85.2微克

维生素C：2.7毫克

钙：54.3毫克

钾：681.6毫克

钠：381.7毫克

铁：5.0毫克

原料组成

主料

平菇800克、海鲜菇800克、口蘑800克、鹌鹑蛋1000克

辅料

油菜200克

调料

盐35克、白糖7克、葱花20克、蒜末20克、水淀粉120毫升（生粉60克＋水60毫升）、纯净水1000毫升、胡椒粉2克、味精10克、干辣椒段2克、葱油180毫升、植物油200毫升

加工制作流程

1 初加工：平菇洗净；海鲜菇去根，洗净；口蘑去根，洗净；小油菜去根，洗净；鹌鹑蛋洗净，煮熟去皮，过凉。

2 原料成形：平菇撕成小瓣，海鲜菇一刀两半，口蘑切片，小油菜顶刀切 0.5 厘米的段。

3 腌制流程：将平菇、海鲜菇、口蘑放入盆中，放入葱油 80 毫升、盐 15 克、味精 5 克拌匀。

4 配菜要求：将平菇、海鲜菇、口蘑、小油菜、鹌鹑蛋、调料分别摆放器皿中备用。

5 工艺流程：蒸制辅料→烹制食材→调汁→出锅装盘。

6 烹调成品菜：① 将腌好的平菇、海鲜菇、口蘑放入万能蒸烤箱中，选择蒸的模式，温度 100℃，湿度 100%，蒸 4 分钟后取出备用。② 锅上火烧热，热锅凉油，加入葱油 100 毫升，下入葱花 20 克、干辣椒段 2 克、蒜末 20 克爆香，加纯净水1000毫升，加盐20克、味精5克、白糖 7 克、胡椒粉 2 克，下入鹌鹑蛋、油菜段、加入水淀粉 120 毫升勾芡，最后倒入焯好水的三种蘑菇，淋入明油200毫升，出锅装入盘中。

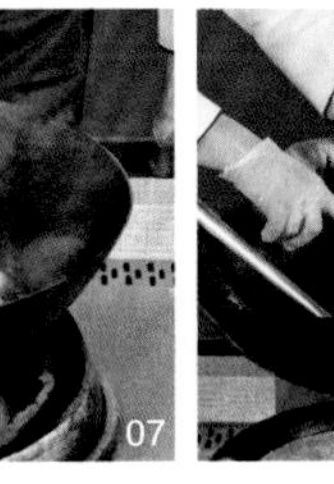

7 成品菜装盘（盒）：菜品采用“盛入法”装入盒中，呈自然堆落状。成品重量：3770 克。

| 操作重点 | 炝锅的时候，葱、姜、蒜一定要炝到火候，不然香气没有那么大。
| 要领提示 | 菌类蒸制时间不能太长。
| 成菜标准 | ①色泽：白绿相间；②芡汁：薄芡；③味型：咸鲜；④质感：汁浓味鲜，菌类爽滑。
| 举一反三 | 烧鱿鱼、烧牛肚。

扫一扫，看视频

菜品名称

素炸丸子

营养师点评

素炸丸子是北方地区的一道家常菜，外焦里嫩。此菜质地熟烂，易于咀嚼，油炸高温会损失一些维生素，膳食纤维比较丰富，是一道适于佐食的菜肴。

营养成分

（每100克营养素参考值）

能量：118.0卡

蛋白质：4.3克

脂肪：2.2克

碳水化合物：20.2克

维生素A：45.1微克

维生素C：10.0毫克

钙：16.5毫克

钾：260.4毫克

钠：387.0毫克

铁：0.6毫克

原料组成

主料

土豆丝3000克

辅料

胡萝卜500克、芹菜250克、香菇250克

调料

葱油70毫升、盐45克、葱花55克、鸡蛋4个、白胡椒粉10克、十三香5克、面粉600克

加工制作流程

1 初加工：将土豆去皮，胡萝卜去皮，芹菜、香菇清洗干净。

2 原料成形：将土豆擦丝、胡萝卜擦丝、芹菜切丁、香菇切丁。

3 腌制流程：无

4 配菜要求：将土豆丝、胡萝卜丝、芹菜丁、香菇丁、调料分别摆放在器皿中备用。

5 工艺流程：蒸制食材→调馅→炸制→出锅装盘。

6 烹调成品菜：① 将土豆丝、胡萝卜丝加葱油 40 克、盐 25 克搅拌均匀，放入托盘中送到万能蒸烤箱内，选择蒸的模式，温度 100℃，湿度 100%，蒸 4 分钟取出，晾凉备用。② 和馅：将胡萝卜丝、土豆丝、芹菜、香菇放入大盆中，加入盐 20 克、白胡椒粉 10 克、十三香 5 克搅拌均匀，打入鸡蛋 4 个、面粉 300 克、葱油 30 毫升搅拌均匀，再次加入面粉 300 克，继续搅拌均匀，炸之前加入葱花 55 克，搅匀即可。③ 锅上火烧热，锅中放入植物油，油温烧至五成热时，挤入丸子炸熟后，捞出；待油温升到六七成热时，再下入丸子炸熟后捞出，装盒即可。

7 成品菜装盘（盒）：菜品采用“倒入法”装入盒中，呈自然堆落状。成品重量：1860 克。

01

02

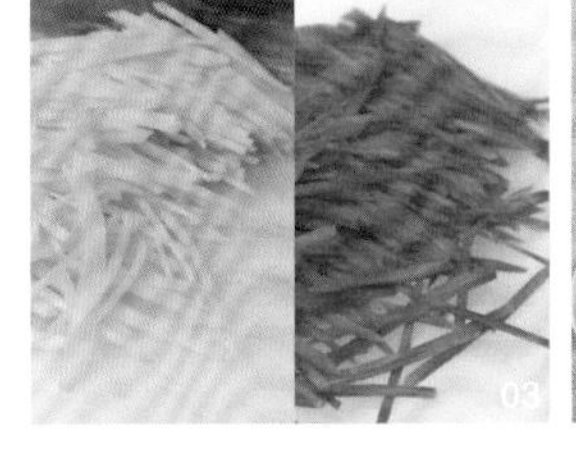
03

04

05

06

07

08

09

10

11

12

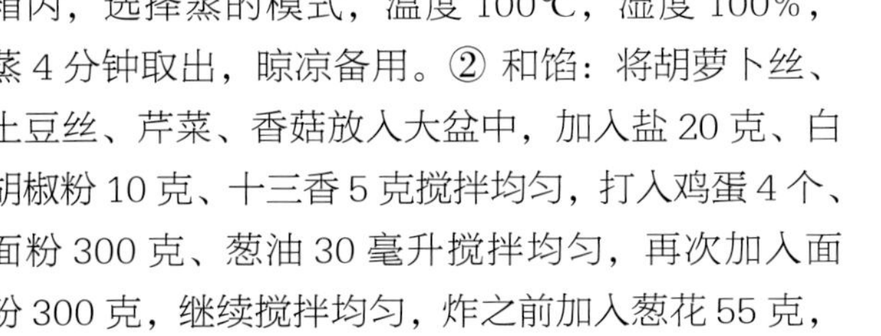
13

14

15

16

| 操作重点 | 油温要把握好，一般在四五成热，复炸时一般在六七成热即可，不能太低，丸子大小要均匀。
| 要领提示 | 土豆丝一定要切细，最好将水分挤干；鸡蛋与面粉的比例要合适。
| 成菜标准 | ①色泽：金黄；②芡汁：无汁芡；③味型：咸鲜；④质感：脆嫩。
| 举一反三 | 土豆丝里也可以加粉条、豆腐。

菜品名称

手撕包菜

营养师点评

手撕包菜是一道家常菜，清脆爽口。此菜总热量不高，蛋白质和脂肪含量都不高，膳食纤维和维生素含量比较丰富，包菜质地熟烂，易于咀嚼，是适宜老年人食用的一款菜肴。

营养成分

（每100克营养素参考值）

能量：101.5 卡

蛋白质：3.3 克

脂肪：7.7 克

碳水化合物：4.7 克

维生素 A：21.3 微克

维生素 C：29.5 毫克

钙：39.9 毫克

钾：142.7 毫克

钠：252.8 毫克

铁：0.9 毫克

原料组成

主料

圆白菜 4000 克

辅料

五花肉 800 克、胡萝卜片 200 克

调料

猪油 90 克、葱末 50 克、姜末 40 克、蒜末 30 克、盐 10 克、生抽 40 毫升、老抽 40 毫升、蚝油 60 克、料酒 60 毫升、干辣椒段 4 克、味精 3 克、香油 40 毫升、水淀粉 70 毫升（生粉 35 克 + 水 35 毫升）、葱油 30 毫升

加工制作流程

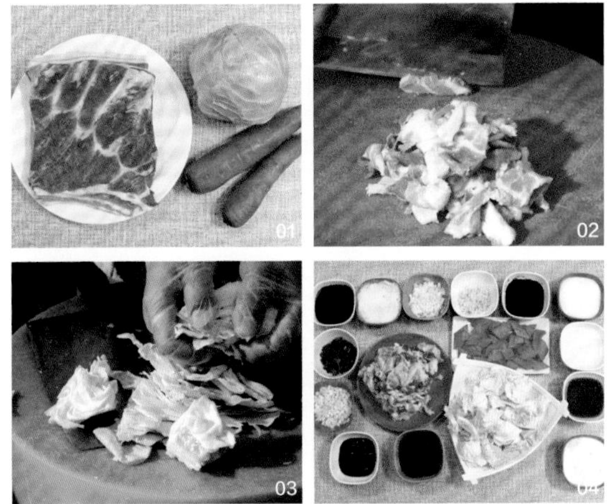

1 初加工：五花肉洗净，包菜洗净、去根，胡萝卜洗净，去皮、去根，葱洗净、去根，姜洗净，蒜洗净、去蒂。

2 原料成形：五花肉切成柳叶片，包菜撕片，胡萝卜切菱形片，葱、姜、蒜切末。

3 腌制流程：将包菜和胡萝卜放在大盘中，加入葱油 30 毫升、盐 3 克、味精 1 克拌匀备用。

4 配菜要求：将切好的五花肉、胡萝卜、包菜及调料分别摆放在器皿中备用。

5 工艺流程：蒸制胡萝卜和包菜→调汁→烹食材→出锅装盘。

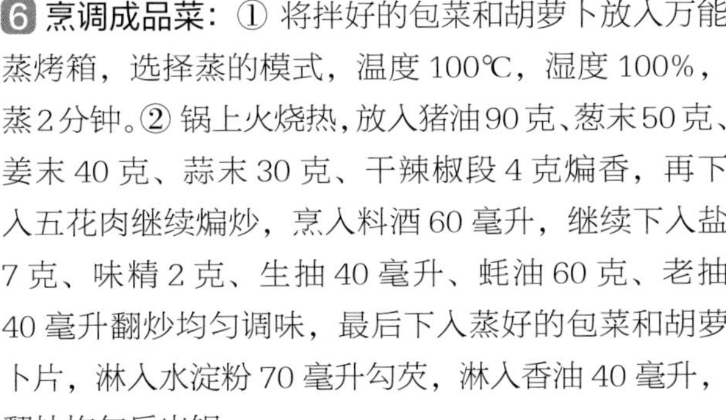

6 烹调成品菜：① 将拌好的包菜和胡萝卜放入万能蒸烤箱，选择蒸的模式，温度 100℃，湿度 100%，蒸2分钟。② 锅上火烧热，放入猪油90克、葱末50克、姜末 40 克、蒜末 30 克、干辣椒段 4 克煸香，再下入五花肉继续煸炒，烹入料酒 60 毫升，继续下入盐 7 克、味精 2 克、生抽 40 毫升、蚝油 60 克、老抽 40 毫升翻炒均匀调味，最后下入蒸好的包菜和胡萝卜片，淋入水淀粉 70 毫升勾芡，淋入香油 40 毫升，翻炒均匀后出锅。

7 成品菜装盘（盒）：菜品采用“盛入法”装入盒中，呈自然堆落状。成品重量：4200 克。

| 操作重点 | 要中小火煸炒，防止炒糊；包菜用万能蒸烤箱蒸制的时间不宜过长。

| 要领提示 | 包菜要洗净，防止有虫口。

| 成菜标准 | ①色泽：红绿相间；②芡汁：薄芡；③味型：咸鲜、微辣；④质感：清爽、脆嫩。

| 举一反三 | 包菜炒粉条、西红柿炒包菜。

菜品名称

酥炸玉米鸡蛋条

营养师点评

这道菜荤素搭配合理，蛋白质丰富，脂肪含量不高，碳水化合物充足，维生素 A 和钙含量较高，质地软烂易于咀嚼与消化吸收，是一道适宜佐食的菜肴。

营养成分

（每 100 克营养素参考值）

能量：289.8 卡
蛋白质：9.1 克
脂肪：11.9 克
碳水化合物：36.5 克
维生素 A：124.2 微克
维生素 C：2.5 毫克
钙：61.6 毫克
钾：84.3 毫克
钠：89.0 毫克
铁：2.2 毫克

原料组成

主料

鲜玉米粒1600克、鸡蛋黄 1600 克

辅料

牛奶 1000 克、油菜叶 400 克、面粉 100 克

调料

盐 10 克、泡打粉 35 克、植物油 2200 毫升、矿泉水 400 毫升、干淀粉 400 克

1 初加工：鲜玉米粒洗净，油菜叶洗净。

2 原料成形：1600 克鲜玉米粒用破壁机打碎，加入矿泉水 400 毫升、泡打粉 35 克、面粉 100 克、盐 10 克调成糊状，放油 200 毫升拌匀。

3 腌制流程：无

4 配菜要求：将鸡蛋黄、牛奶、油菜、面粉、调料分别摆放在器皿中备用。

5 工艺流程：搅匀→蒸制→成形→滑油→出锅装盘。

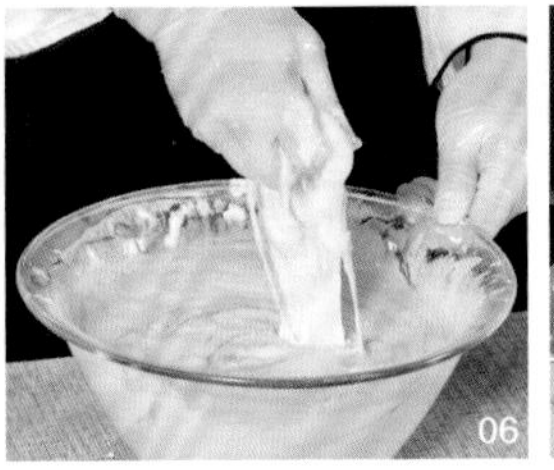

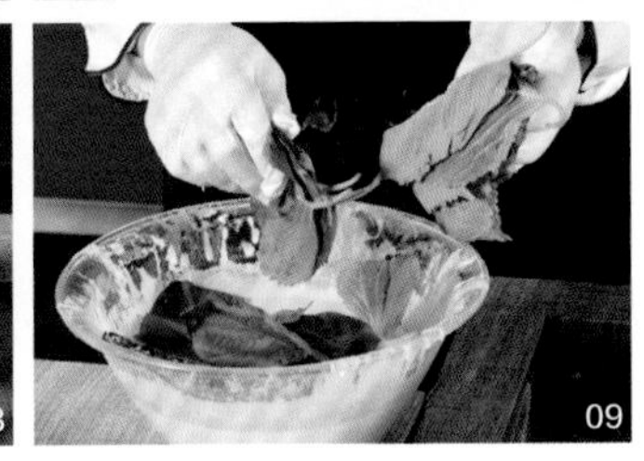

6 烹调成品菜：① 将鸡蛋黄打散后加入牛奶，搅拌均匀，再将打好的玉米糊里加蛋黄液搅拌均匀，用漏勺过滤到蒸盒里。蛋液不要太厚，不能超过 5 厘米。用保鲜膜封上扎眼，送入万能蒸烤箱。选择蒸的模式，温度 100℃，湿度 100%，蒸 15 分钟后取出。将凉透的蛋黄切成长 40 厘米、宽 10 厘米的块儿，然后切成 2.5 厘米的条，蘸上干淀粉。② 锅上火烧热，放入 2000 毫升植物油，油温烧至五成热时，将蛋黄蘸上面糊分批下锅炸熟。油升至七成热，将油菜叶也挂面糊炸熟。油温八成热时，复炸一遍蛋黄后捞出装盘。准备胡椒盐蘸食用。

7 成品菜装盘（盒）：菜品采用“盛入法”装入盒中，呈自然堆落状。成品重量：5100 克。

| 操作重点 | 蛋黄条蘸淀粉要薄，这样更好挂面糊，面糊不能太厚，油温不能太高，以免变色，随炸随捞。

| 要领提示 | 玉米糊与牛奶、鸡蛋黄调制的比例要恰到好处。

| 成菜标准 | ①色泽：白色略微黄；②芡汁：无；③味型：咸鲜；④质感：外焦里嫩。

| 举一反三 | 油菜叶可换成苏子叶，薄荷叶更好。

菜品名称

四味珍菌

营养师点评

四味珍菌是一道家常菜，鲜香四溢。此菜植物蛋白含量丰富，脂肪含量低，总热量不高，高钙、高钾，膳食纤维含量比较丰富，还有丰富的菌类多糖，易于咀嚼，是一道适宜老年人食用的菜肴。由于优质蛋白质含量低，要搭配一些含优质蛋白质的菜肴共同食用。

营养成分

（每100克营养素参考值）

能量：170.9 卡

蛋白质：13.5 克

脂肪：5.4 克

碳水化合物：17.2 克

维生素 A：5.6 微克

维生素 C：8.8 毫克

钙：52.9 毫克

钾：1129.6 毫克

钠：500.9 毫克

铁：6.5 毫克

原料组成

主料

白玉菇 660 克、草菇 1000 克、茶树菇 800 克、口蘑 1000 克

辅料

油菜 250 克

调料

盐 23 克、味精 2 克、白糖 27 克、鸡汁 32 毫升、蚝油 200 克、蒜蓉 130 克、料油 5 毫升、鱼香汁 400 毫升、葱油 5 毫升、沙茶酱 100 克、黄椒米 80 克、青红椒米 160 克、植物油 360 毫升、水淀粉 30 毫升（生粉 15 克 + 水 15 毫升）、水 600 毫升

加工制作流程

1 初加工：香菇去根，洗净；白玉菇去根，洗净；草菇去根，洗净；茶树菇去根，洗净。

2 原料成形：口蘑切片，油菜一切为两瓣，草菇切片，茶树菇一切为二。

3 腌制流程：四种菌菇分别放入4个器皿中，加入盐10克搅拌均匀。油菜加入料油5毫升、葱油5毫升、盐3克。

4 配菜要求：把准备好的口蘑、白玉菇、草菇、茶树菇、调料分别放在器皿中备用。

5 工艺流程：蒸制菌菇→调汁→烹制食材→出锅装盘。

6 烹调成品菜：① 把四种菌菇送入万能蒸烤箱中，选择蒸的模式，温度115℃，湿度100%，蒸制8分钟取出。油菜蒸制1分钟。取出蒸好的四种菌菇，沥干水分。② 调蒜蓉汁：锅上火烧热，放入植物油50毫升，加入蒜蓉130克煸香，继续加入鸡汁32毫升、盐10克、白糖27克、味精2克、水200毫升烧开，用水淀粉10毫升勾芡，淋入明油10毫升。③ 调沙茶汁：锅上火烧热，倒入植物油50毫升，放入青、红椒米各80克、黄椒米40克煸香，加入沙茶酱100克，水200毫升，水淀粉10毫升勾芡即可。④ 调蚝油汁：锅上火烧热，放入植物油50毫升，放入青、红椒米80克、黄椒40克煸香，放入蚝油200克，水200毫升，水淀粉10毫升勾芡即可。⑤ 锅上火烧热，倒入植物油50毫升，放入蒜蓉汁、白玉菇，翻炒均匀即可出锅，装盘；锅上火烧热，倒入植物油50毫升，放入鱼香汁400毫升，加入茶树菇，翻炒均匀即可出锅，装盘。⑥ 锅上火烧热，倒入植物油50毫升、蚝油汁，再加入口蘑，翻炒均匀即可出锅，装盘；锅上火烧热，倒入植物油50毫升、沙茶汁，加入草菇，翻炒均匀即可出锅，装盘。用油菜点缀。

7 成品菜装盘（盒）：菜品采用“盛入法”装入盒中，呈自然堆落状。成品重量：3930克。

01

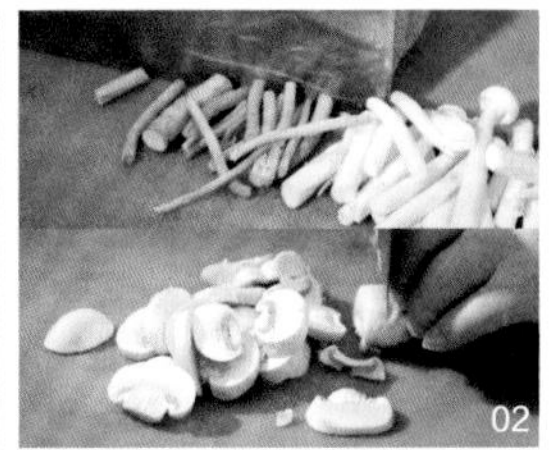
02

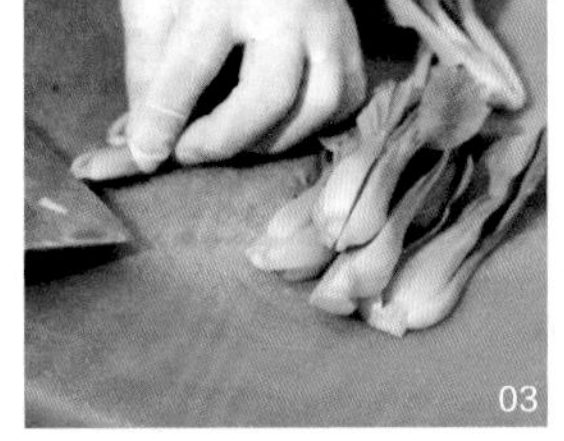
03

04

05

06

07

08

09

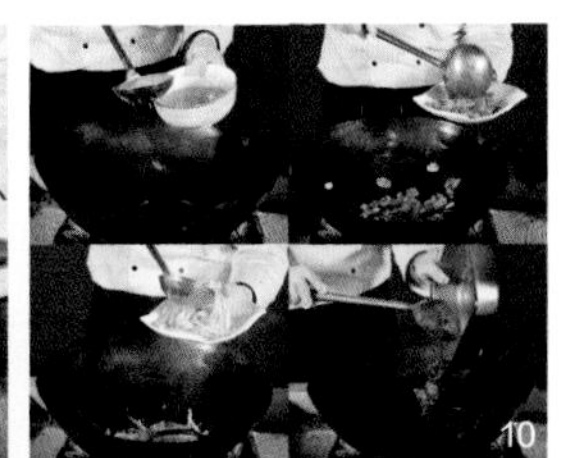
10

11

12

| 操作重点 | 四种汁芡勾芡要饱满。

| 要领提示 | 选用四种不同的菌类，蒸制时间不超过8分钟。

| 成菜标准 | ①色泽：色彩分明；②芡汁：薄芡；③味型：蚝油、鱼香、蒜香、沙茶，四味突出；④质感：鲜嫩爽滑。

| 举一反三 | 四味时蔬。

菜品名称

素三鲜

营养师点评

素三鲜是一道常见的家常菜，简单易做，清香可口。此菜总热量不高，蛋白质和脂肪含量不高，膳食纤维和钙含量比较丰富，钠的含量偏高，菜肴质地熟烂，易于咀嚼，适宜老年人食用。

营养成分

（每100克营养素参考值）

能量：72.8卡

蛋白质：4.1克

脂肪：3.9克

碳水化合物：5.2克

维生素A：58.7微克

维生素C：19.5毫克

钙：33.6毫克

钾：169.5毫克

钠：636.0毫克

铁：1.0毫克

原料组成

主料

鸡蛋1000克

辅料

西红柿1500克、圆白菜1900克

调料

盐53克、味精15克、胡椒粉8克、白糖20克、香油100毫升、生抽80毫升、蚝油90克、番茄酱100克、葱10克、姜20克、蒜10克、水淀粉50毫升（生粉25克＋水25毫升）、植物油550毫升

加工制作流程

1 初加工：西红柿洗净，圆白菜洗净。

2 原料成形：西红柿切3厘米见方的块，圆白菜切3厘米的菱形块，红椒切成4厘米见方的块，鸡蛋打入容器中打散。

3 腌制流程：无

4 配菜要求：西红柿、圆白菜、鸡蛋、调料分别放在器皿中备用。

5 工艺流程：蒸制圆包菜→炒制鸡蛋→烹制食材→调味→出锅装盘。

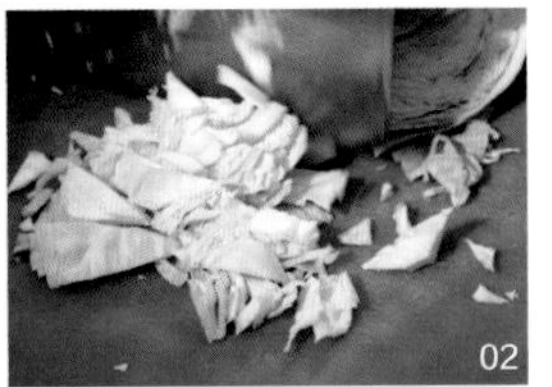

6 烹调成品菜：① 圆白菜放入蒸盘中，放入植物油50毫升、盐20克、味精5克、白糖10克搅拌均匀，送入万能蒸烤箱，选择蒸的模式，温度120℃，湿度100%，蒸制2分钟取出。② 锅上火烧热，锅中放入植物油300毫升，倒入鸡蛋液，炒制蓬松，倒出备用。③ 锅上火烧热，锅中放入植物油200毫升，加入葱10克、姜20克、蒜10克煸香，再倒入番茄酱100克、西红柿、蚝油90克，煸炒出汤汁，加入盐33克、白糖10克、胡椒粉8克、味精10克、生抽80毫升，放入圆白菜翻炒均匀，倒入水淀粉50毫升勾芡，放入鸡蛋，翻炒均匀，出锅前加入香油100毫升即可。

7 成品菜装盘（盒）：菜品采用“盛入法”装入盒中，呈自然堆落状。成品重量：4640克。

| 操作重点 | 鸡蛋要热锅凉油下锅，慢慢推动，炒至蓬松即可。

| 要领提示 | 西红柿、圆白菜要切配得大小均匀。

| 成菜标准 | ①色泽：红黄绿相间；②芡汁：薄芡；③味型：咸鲜；④质感：鸡蛋软嫩、圆白菜清爽。

| 举一反三 | 素三丝、炝炒圆白菜。

菜品名称

蒜蓉金针菇

营养师点评

蒜蓉金针菇是一道快手家常菜，好吃下饭。此菜总热量适中，蛋白质含量不足，碳水化合物和脂肪含量略高，膳食纤维和钙含量比较丰富，钠的含量偏高，菜肴质地熟烂，但是纤维柔韧，需要细嚼慢咽。

营养成分

（每100克营养素参考值）

能量：173.2 卡

蛋白质：4.7 克

脂肪：11.5 克

碳水化合物：12.6 克

维生素 A：5.6 微克

维生素 C：6.6 毫克

钙：11.7 毫克

钾：197.0 毫克

钠：415.5 毫克

铁：2.2 毫克

原料组成

主料

金针菇 1900 克

辅料

肉末 600 克、蒜 330 克、青红椒 100 克、黄椒 50 克、干粉丝 270 克（泡发 610 克）

调料

盐 5 克、白糖 22 克、味精 8 克、胡椒粉 4 克、东古一品鲜酱油 90 毫升、豆瓣酱 100 克、蚝油 110 克、鸡汁 50 毫升、植物油 200 毫升

加工制作流程

1 初加工：金针菇去根、洗净；红椒去蒂、去籽，洗净。

2 原料成形：青、红、黄椒切末，蒜切成蓉。

3 腌制流程：无

4 配菜要求：金针菇、肉末、蒜、青红椒、调料分别放在器皿中备用。

5 工艺流程：制汁→蒸制食材→浇汁→后调味→出锅装盘。

6 烹调成品菜：① 锅上火烧热，倒入植物油 200 毫升，放入肉馅炒出香味并出油，加入豆瓣酱 100 克煸香，倒入东古一品鲜酱油 60 毫升，蒜蓉煸炒出蒜香，加入蚝油 110 克、味精 8 克、白糖 22 克、胡椒粉 4 克、鸡汁 50 毫升用大火烧开，制成蒜蓉汁备用。② 把金针菇放入蒸盘中，加入盐 5 克，放入泡发的粉丝，浇上蒜蓉汁，放上青、红椒碎 50 克、黄椒碎 50 克，封上保鲜膜（扎眼），送入万能蒸烤箱中，选择蒸的模式，温度 110℃，湿度 100%，蒸制 10 分钟取出，最后淋上东古一品鲜酱油 30 毫升，加入青、红椒碎 50 克即可。

7 成品菜装盘（盒）：菜品采用“码放法”装入盒中。成品重量：3540 克。

| 操作重点 | 蒜蓉炒制时一定要炒透、炒香，蒸制时间不宜太长。

| 要领提示 | 金针菇要去蒂掰散，粉丝要用凉水泡发。

| 成菜标准 | ①色泽：红白相间；②芡汁：薄芡；③味型：蒜香；④质感：滑嫩可口。

| 举一反三 | 蒜蓉粉丝扇贝、蒜蓉娃娃菜。

菜品名称

香菇油菜

营养师点评

香菇油菜是一道江苏特色传统名菜，属于淮扬菜系。此菜色香味俱全，营养价值很高，制作方法简单易学。香菇享有“菇中之王”的美称，自古被称为“长寿菜”，它营养丰富、香气沁人，是种高蛋白、低脂肪的食品。油菜的营养物质含量称得上是蔬菜中的佼佼者，油菜富含维生素C，同时钙、铁等多种矿物质以及蛋白质含量都非常丰富。

营养成分

（每100克营养素参考值）

能量：44.0 卡

蛋白质：1.6 克

脂肪：2.9 克

碳水化合物：2.9 克

维生素 A：65.4 微克

维生素 C：26.4 毫克

钙：110.2 毫克

钾：147.1 毫克

钠：595.3 毫克

铁：0.9 毫克

原料组成

主料

油菜 4000 克

辅料

香菇 1000 克

调料

植物油 120 毫升、白糖 5 克、味精 3 克、水淀粉 120 毫升（生粉 60 克 + 水 60 毫升）、葱 40 克、蒜 35 克、蚝油 140 克、生抽 35 毫升、盐 55 克、水 5200 毫升、香油 15 毫升

加工制作流程

1 初加工：香菇去根、洗净，油菜洗净。

2 原料成形：香菇斜刀切 2 刀，油菜中间破一刀。

3 腌制流程：无

4 配菜要求：切好的香菇、油菜、葱末、蒜末、调料分别摆放在器皿中备用。

5 工艺流程：炙锅→焯油菜→焯香菇→调味→放入熟化食材→摆盘出锅。

6 烹调成品菜：① 锅上火烧热，锅中倒入水 5000 毫升、盐 20 克、植物油 20 毫升大火烧开，下入油菜焯水至断生，六七成熟时捞出控水，摆盘备用，再下入香菇焯熟炒透，水开捞出备用。② 锅上火烧热，热锅凉油，放入植物油 60 毫升、葱 20 克、蒜 20 克煸香，下入油菜翻炒均匀，依次放入盐 5 克、味精 2 克、水淀粉 60 毫升继续翻炒均匀，出锅摆入盘中。③ 锅上火烧热，热锅凉油，放入植物油 40 毫升，依次倒入葱末 20 克、蒜末 15 克、蚝油 140 克小火煸炒均匀，倒入生抽 35 毫升炒香，继续倒入水 200 毫升，开锅后，放入焯好的香菇，加入味精 1 克、白糖 5 克提鲜，开锅后勾入水淀粉 60 毫升，淋入香油 15 毫升，出锅摆放在油菜上即可。

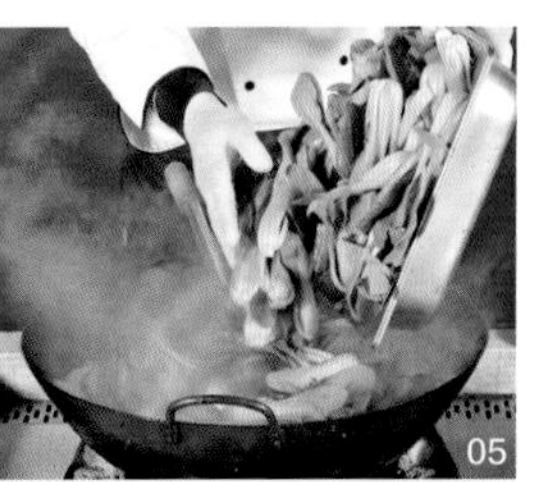

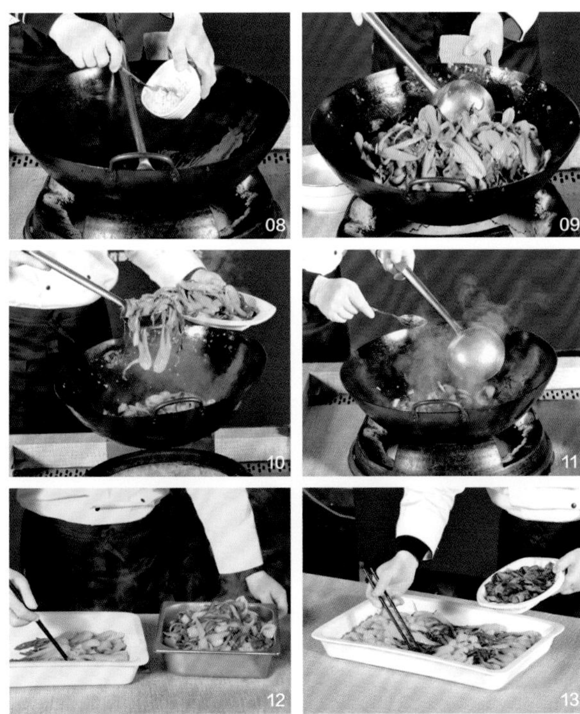

7 成品菜装盘（盒）：菜品采用"摆入法"装入盒中，摆放整齐。成品重量：2900 克。

| 操作重点 | 香菇油菜注意勾薄芡。
| 要领提示 | 油菜焯水时间不能过长，一定要放底油、底盐。
| 成菜标准 | ①色泽：油菜碧绿；②芡汁：薄芡；③味型：咸鲜；④质感：香菇滑嫩、油菜清脆。
| 举一反三 | 海米油菜、蒜蓉油菜。

菜品名称

香干芹菜

营养师点评

香干芹菜是一道非常不错的家常菜，豆干咸香，芹菜脆爽。此菜总热量不高，含有丰富的大豆蛋白和膳食纤维，含钙量较高，但是钠的含量也较高，要选择搭配一些不含咸味的主食共同食用。

营养成分

（每100克营养素参考值）

能量：111.8卡

蛋白质：6.2克

脂肪：7.5克

碳水化合物：4.9克

维生素A：2.2微克

维生素C：2.2毫克

钙：128.6毫克

钾：56.1毫克

钠：735.9毫克

铁：2.3毫克

原料组成

主料

芹菜3000克

辅料

香干2000克

调料

盐50克、水淀粉150毫升（生粉75克+水75毫升）、生抽70毫升、蚝油70克、葱30克、蒜30克、葱油140毫升、香油20毫升、开水200毫升、植物油100毫升

加工制作流程

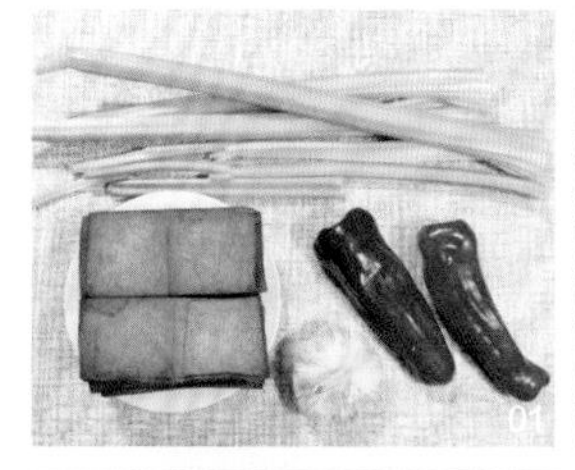
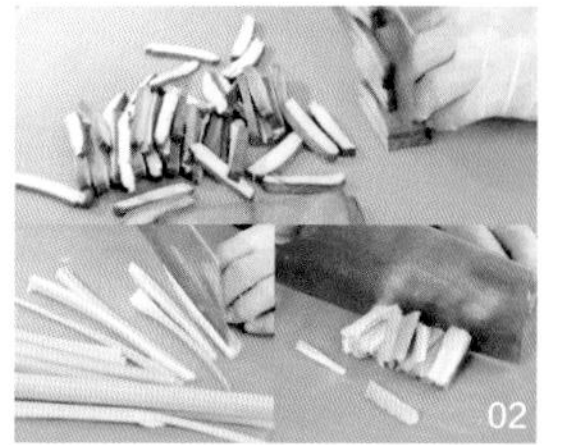

1 初加工：芹菜去根、洗净，香干洗净。

2 原料成形：芹菜斜切成5厘米长的段，香干切成长5厘米的丝。

3 腌制流程：芹菜中放入葱油40毫升、盐10克搅拌均匀备用。

4 配菜要求：芹菜、香干、植物油、调料分别摆放在器皿中备用。

5 工艺流程：蒸制食材→烹制食材→调味→出锅装盘。

6 烹调成品菜：① 芹菜倒入两个蒸盘上，放入万能蒸烤箱中，选择蒸的模式，温度125℃，湿度100%，蒸2.5分钟取出备用。② 锅上火烧热，热锅凉油，倒入葱油100毫升、生抽70毫升、蚝油70克、开水200毫升，倒入香干，放入盐20克，用大火烧开，小火炒制5分钟，淋水淀粉150毫升勾芡，出锅即可。③ 锅上火烧热，放入植物油100毫升、葱30克、蒜30克煸香，倒入芹菜，加盐20克翻炒均匀，再倒入香干，淋入香油20毫升翻炒均匀，出锅即可。

7 成品菜装盘（盒）：菜品采用“盛入法”装入盒中，呈自然堆落状。成品重量：4320克。

| 操作重点 | 芹菜焯水的时间不能过长。

| 要领提示 | 芹菜焯水前要放点油才能保持翠绿。

| 成菜标准 | ①色泽：红绿相间、色彩分明；②芡汁：薄芡；③味型：咸鲜；④质感：清爽可口。

| 举一反三 | 芹菜炒肉、肉末芹菜、芹菜炒鸡蛋。

菜品名称

西红柿炒鸡蛋

营养师点评

鸡蛋炒西红柿是一道老少皆宜、制作简单、酸甜可口。此菜总热量不高，含有丰富的类胡萝卜素和膳食纤维以及优质蛋白，且易于咀嚼，非常适合老年人食用。

营养成分

（每100克营养素参考值）

能量：84.7卡

蛋白质：5.5克

脂肪：5.3克

碳水化合物：3.7克

维生素A：105.3微克

维生素C：8.1毫克

钙：25.5毫克

钾：161.5毫克

钠：349.8毫克

铁：0.9毫克

原料组成

主料

西红柿3000克

辅料

鸡蛋2000克、香葱100克

调料

葱油100毫升、盐40克、糖45克、葱花30克、水淀粉50毫升（生粉25克＋水25毫升）、植物油500毫升

加工制作流程

1 初加工：西红柿洗净，去蒂；鸡蛋打入碗中。

2 原料成形：西红柿切长 5 厘米、宽 3 厘米的菱形块，鸡蛋液搅拌均匀。

3 腌制流程：无

4 配菜要求：将西红柿、鸡蛋、调料分别摆放在器皿中备用。

5 工艺流程：蒸制西红柿→炒蛋液→烹制食材→调味→出锅装盘。

01

02

03

04

05

06

07

08

09

10

11

12

13

6 烹调成品菜：① 西红柿中放入盐 15 克搅拌均匀，放在蒸盘上铺平，放入万能蒸烤箱中，选择蒸的模式，温度 105℃，湿度 100%，蒸 5 分钟取出备用。② 锅上火烧热，倒入植物油 500 毫升，油温烧至五成热时，倒入蛋液，轻轻搅动，炒制蓬松成形，盛出备用。③ 锅上火烧热，倒入葱油 100 毫升（热锅凉油），下入葱花 30 克爆香后，倒入西红柿进行翻炒，加糖 45 克、盐 25 克煸炒均匀，把炒好的鸡蛋放入锅中，翻炒均匀，放入水淀粉 50 毫升勾薄芡即可。

7 成品菜装盘（盒）：菜品采用“盛入法”装入盒中，呈自然堆落状。成品重量：4120 克。

| 操作重点 | 炒鸡蛋时，只要鸡蛋蓬松成形即可。

| 要领提示 | 西红柿切配要大小均匀一致。

| 成菜标准 | ①色泽：红黄相间；②芡汁：薄芡；③味型：甜咸；④质感：软糯爽滑。

| 举一反三 | 鸡蛋炒尖椒、鸡蛋炒黄瓜、鸡蛋炒洋葱。

菜品名称

西葫芦炒鸡蛋

营养师点评

西葫芦炒鸡蛋是一道常见的家常菜，清香扑鼻，软烂可口，含有丰富的优质蛋白质和比较丰富的维生素 A 和钙。此菜质地软烂，膳食纤维丰富，易于咀嚼，易于消化吸收，是一道老幼皆宜的菜肴。

营养成分

（每 100 克营养素参考值）

能量：162.0 卡

蛋白质：6.0 克

脂肪：13.9 克

碳水化合物：3.3 克

维生素 A：102.6 微克

维生素 C：2.9 毫克

钙：32.2 毫克

钾：109.1 毫克

钠：251.1 毫克

铁：1.2 毫克

原料组成

主料

西葫芦 2000 克

辅料

鸡蛋 1800 克、胡萝卜 50 克

调料

葱油 350 毫升、盐 20 克、味精 6 克、香油 40 毫升、水淀粉 30 毫升（生粉 15 克 + 水 15 毫升）

加工制作流程

1 初加工：西葫芦洗净、去蒂，鸡蛋打入碗中，胡萝卜去根、洗净。

2 原料成形：西葫芦、胡萝卜斜刀切4厘米的菱形片，鸡蛋打散搅匀。

3 腌制流程：无

4 配菜要求：将切配好的西葫芦片、鸡蛋、调料分别放入器皿中备用。

5 工艺流程：蒸制→炒鸡蛋→烹制食材→调味→出锅装盘。

01

02

03

04

05

06

07

08

09

10

11

12

13

14

6 烹调成品菜：① 西葫芦中放入葱油50毫升搅拌均匀，放入盐5克搅拌好倒入蒸盘中，送入万能蒸烤箱中，选择蒸的模式，温度100℃，湿度100%，蒸制3分钟后取出备用。② 锅上火烧热，放入葱油200毫升，油温烧至五成热时，放入鸡蛋液，轻轻搅拌均匀炒成片状，盛出备用。③ 锅上火烧热，放入葱油100毫升，将西葫芦片煸炒均匀，加盐15克、味精6克调味，再倒入水淀粉30毫升勾芡，翻炒均匀后倒入鸡蛋，再次翻炒均匀，淋入香油40毫升，撒上胡萝卜即可出锅。

7 成品菜装盘（盒）：菜品采用“盛入法”装入盒中，呈自然堆落状。成品重量：3520克。

| 操作重点 | 炒制鸡蛋时，不要炒得太老，否则影响口感。

| 要领提示 | 西葫芦切配要薄厚均匀，否则熟化程度不一样。

| 成菜标准 | ①色泽：红黄绿相间；②芡汁：无；③味型：咸鲜；④质感：西葫芦清脆、鸡蛋软烂。

| 举一反三 | 番茄炒鸡蛋、黄瓜炒鸡蛋。

菜品名称

西兰花炒双耳

营养师点评

西兰花炒双耳是一道家常小炒，好吃下饭，营养非常丰富。此菜总热量不高，脂肪、碳水化合物和膳食纤维含量比较丰富，并含有丰富的可溶性膳食纤维，可促进肠道蠕动，防止便秘，适合习惯性便秘的老人食用。

营养成分

（每100克营养素参考值）

能量：149.7 卡

蛋白质：3.6 克

脂肪：10.8 克

碳水化合物：9.5 克

维生素 A：8.9 微克

维生素 C：34.7 毫克

钙：42.1 毫克

钾：287.4 毫克

钠：728.5 毫克

铁：1.8 毫克

原料组成

主料

西兰花 3000 克

辅料

木耳 500 克、银耳 500 克

调料

植物油 200 毫升、葱 50 克、姜 50 克、蒜 50 克、盐 80 克、白糖 10 克、味精 25 克、水淀粉 300 毫升（生粉 100 克 + 水 200 毫升）

加工制作流程

1 初加工：西兰花洗净；木耳、银耳泡发；葱、姜、蒜去皮，洗净备用。

2 原料成形：西兰花切成小朵，木耳、银耳切成3厘米左右的块，葱、姜、蒜切末。

3 腌制流程：无

4 配菜要求：西兰花、木耳、银耳、调料分别装在器皿里备用。

5 工艺流程：炙锅烧水→食材焯水→烹饪熟化食材→装盘。

01

02

03

04

05

06

07

08

09

10

11

6 烹调成品菜：① 热锅放水，加盐10克、植物油50毫升，水开后放入西蓝花、木耳、银耳，水开后捞出备用。② 锅上火烧热，放入植物油150毫升，放入葱、姜、蒜各50克，西兰花、银耳、木耳、盐70克、白糖10克、味精25克翻炒均匀，淋入水淀粉300毫升勾芡出锅装盘。

7 成品菜装盘（盒）：菜品采用“盛入法”装入盒中，自然堆落即可。成品重量：4000克。

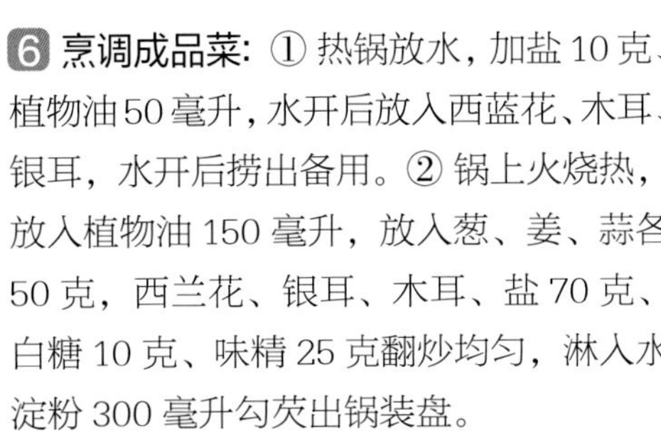

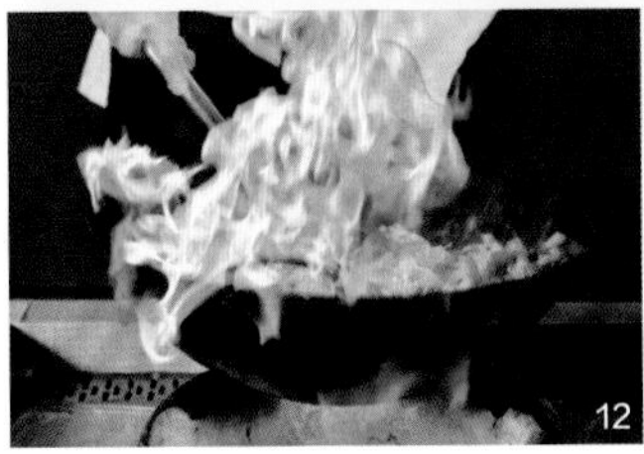
12

13

14

15

| 操作重点 | 西兰花翻炒时间不宜过长，否则影响颜色和口感。

| 要领提示 | 木耳、银耳要提前5个小时用温水泡发，保证“双耳”肉饱满且脆弹。

| 成菜标准 | ①色泽：黑白绿相间；②芡汁：薄芡汁；③味型：咸鲜香；④质感：双耳脆嫩、西兰花清香。

| 举一反三 | 荷塘小炒。

扫一扫，看视频

菜品名称

香炸凤尾菇

营养师点评

香炸凤尾菇是一道炸品菜，香脆可口，老少皆宜，营养非常丰富。

营养成分

（每100克营养素参考值）

能量：145.2卡

蛋白质：2.9克

脂肪：1.6克

碳水化合物：29.9克

维生素A：7.5微克

维生素C：11.9毫克

钙：13.2毫克

钾：207.7毫克

钠：303.0毫克

铁：1.7毫克

原料组成

主料

凤尾菇3000克

辅料

土豆1000克、青椒250克、红椒250克

调料

盐40克、味精30克、蚝油60克、香油80毫升、生粉500克、玉米淀粉1500克、面粉200克、鸡蛋200克

加工制作流程

1 初加工：凤尾菇、青、红椒洗净，备用。

2 原料成形：凤尾菇切成 1 厘米宽的条、土豆切半圆片，青、红椒切成青、红椒米。

3 腌制流程：将凤尾菇焯水后攥干水分，放入生食盒中，加入盐 20 克、味精 25 克、蚝油 60 克、香油 80 毫升搅拌均匀。

4 配菜要求：凤尾菇、青红椒、鸡蛋、面粉、调料分别装在器皿里备用。

01

02

03

04

05

06

07

08

09

5 工艺流程：主料腌制→主辅料炸制→装盘。

6 烹调成品菜：① 土豆中加入盐 10 克、味精 5 克拌匀放入蒸烤箱中，选择蒸的模式，温度 100℃，湿度 100%，蒸制 3 分钟取出后，加入玉米淀粉 200 克拍匀。② 锅上火烧热，锅中放入植物油，油温五成热时，下入土豆片，炸制金黄色捞出装盘即可。③ 调糊：放入鸡蛋 200 克、玉米淀粉 1000 克、面粉 200 克、生粉 500 克及清水，按照一个方向搅拌均匀呈奶油色，再放入盐 10 克继续搅拌。④ 凤尾菇表面撒一层玉米淀粉 300 克，放入调好的面糊中挂糊，热锅烧油，油温五成热时，放入凤尾菇炸熟捞出。把青、红椒米余油，洒在凤尾菇上即可。

7 成品菜装盘（盒）：菜品采用“盛入法”装入盒中，摆放整齐即可。成品重量：3500 克。

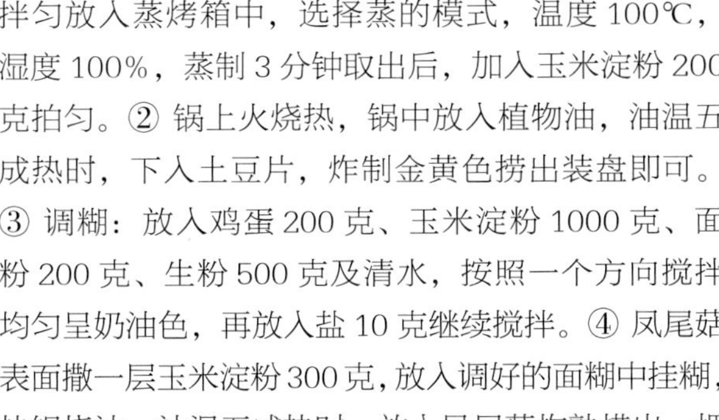

10

11

12

13

| 操作重点 | 炸制时，油温不宜过高，五成热即可。

| 要领提示 | 腌制时一定要把蘑菇的水分挤干。

| 成菜标准 | ①色泽：金黄；②芡汁：无；③味型：咸鲜香；④质感：香酥可口、蘑菇滑嫩。

| 举一反三 | 香炸里脊、香炸鸡翅。

菜品名称

香菇炒土豆条

营养师点评

香菇炒土豆条是一道家常菜，软烂可口。此菜总热量不高，脂肪含量不高，膳食纤维和钙含量比较丰富，钾的含量较高，菜肴质地熟烂，易于咀嚼，是适宜老年人食用的一款菜肴。食用时搭配一些含有优质蛋白质的菜肴。

营养成分

（每100克营养素参考值）

能量：113.6卡

蛋白质：4.7克

脂肪：4.8克

碳水化合物：12.9克

维生素A：8.2微克

维生素C：14.4毫克

钙：8.9毫克

钾：230.6毫克

钠：332.1毫克

铁：0.7毫克

原料组成

主料

水发香菇700克、土豆2500克

辅料

青、红椒各100克

调料

植物油1500毫升、水1000毫升、高汤500毫升、盐10克、蚝油60克、味精10克、白糖30克、生抽60毫升、老抽30毫升、蒜片30克、葱油200毫升、水淀粉40毫升（生粉20克+水20毫升）

加工制作流程

1 初加工：土豆去皮，洗净；香菇去根，洗净；青椒、红椒去蒂，洗净。

2 原料成形：土豆切成 5 厘米长、1 厘米宽的条；香菇切成 3 厘米长、1 厘米宽的条；青、红椒切成小菱形片。

3 腌制流程：香菇放在盘中，加入盐 10 克、味精 10 克搅拌均匀。

4 配菜要求：将土豆条，香菇条，青、红椒及调料分别摆放在器皿中备用。

5 工艺流程：炸制→焯水→炒制→成品。

01

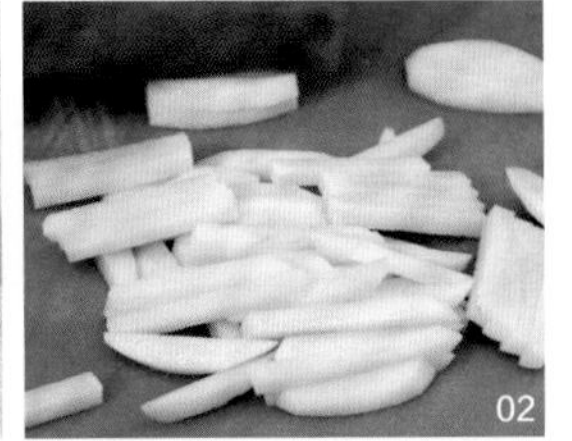
02

03

04

05

06

07

08

09

10

11

12

13

14

6 烹调成品菜：① 将香菇条倒入蒸盘中，放入万能蒸烤箱，选择蒸的模式，温度 100℃，湿度 100%，蒸 3 分钟。② 锅上火烧热，锅中放入植物油 1500 毫升，油温烧至六成热时，放入土豆条炸至浅黄色捞出。③ 另起锅，倒入水 1000 毫升，水开后下入青、红椒焯水，捞出控水备用。④ 锅上火烧热，放入葱油 200 毫升，加蒜片 30 克炒香，依次下入生抽 60 毫升、老抽 30 毫升、蚝油 60 克、白糖 30 克、高汤 500 毫升烧开，下入处理好的香菇条和土豆条翻炒均匀，倒入水淀粉 40 毫升勾薄芡，下入青、红椒翻炒均匀，出锅即可。

7 成品菜装盘（盒）：菜品采用“盛入法”装入盒中，呈自然堆落状。成品重量：4100 克。

| 操作重点 | 土豆过油时，要炸至八成熟。

| 要领提示 | 料油要每天现炸，这样味香；土豆条要粗细均匀，过油时，油温要达到五成热。

| 成菜标准 | ①色泽：浅红色；②芡汁：薄芡；③味型：咸鲜、微辣；④质感：土豆软烂、香菇味香浓郁。

| 举一反三 | 白菜土豆条、芹菜土豆条等。

扫一扫，看视频

菜品名称

鱼香茄盒

营养师点评

鱼香茄盒是川菜中鱼香味的一个代表菜品，外酥里嫩，色泽红亮，鱼香味浓郁。茄子中含有丰富的蛋白质、脂肪、碳水化合物等多种营养成分。此菜热量较高，脂肪丰富，含有多种维生素和矿物质，质地软烂，易于咀嚼，是一款适宜佐食下饭的菜肴，最好与一些粗粮类主食搭配食用，更有利于脂肪的燃烧。

营养成分
（每100克营养素参考值）
能量：200.0卡
蛋白质：4.0克
脂肪：16.6克
碳水化合物：8.6克
维生素A：23.9微克
维生素C：3.5毫克
钙：33.0毫克
钾：184.5毫克
钠：762.5毫克
铁：2.1毫克

原料组成

主料
猪肉馅500克

辅料
长茄子2000克

调料
葱花80克、姜末80克、豆瓣酱230克、泡椒230克、料酒100毫升、蚝油80克、盐15克、味精5克、蒜150克、白糖120克、醋50毫升、生抽70毫升、脆炸粉350克、水3700毫升、植物油700毫升、水淀粉200毫升（生粉100克+水100毫升）

加工制作流程

1 初加工：将长茄子去蒂，清洗干净。

2 原料成形：将长茄子切成夹刀片，葱、姜、蒜切米。

3 腌制流程：把猪肉馅放入生食盆中，加入姜末30克、葱花20克、生抽30毫升、料酒60毫升、蚝油30克、盐5克、味精2克搅拌均匀，腌制10分钟；将脆炸粉350克用700毫升水调成糊，倒入100毫升植物油和成糊备用；将调制好的肉馅均匀地夹在茄片中，备用。

4 配菜要求：将茄盒、调料分别摆放在器皿中备用。

5 工艺流程：炸茄盒→调汁→浇汁。

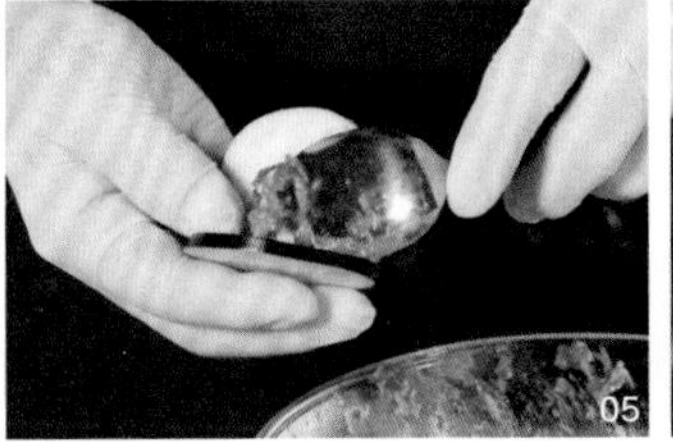

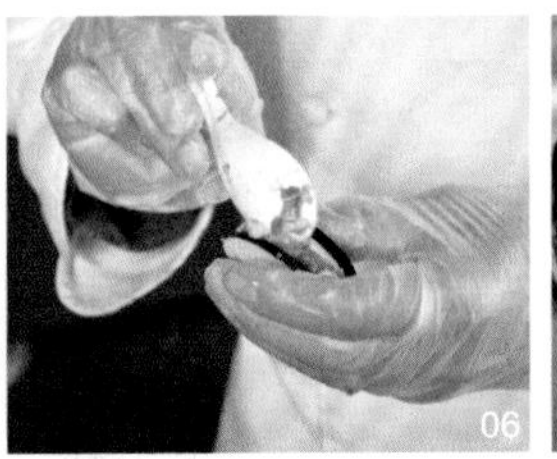

6 烹调成品菜：① 锅上火，放入植物油，油温烧至五成热时，将挂好糊的茄子分别下入锅中，炸至定型捞出；待油温七成热时，下入茄盒复炸捞出，分别摆在盒里。② 另起锅上火烧热，放入植物油400毫升，下入豆瓣酱230克、泡椒230克煸炒出红油，加入姜末50克、生抽40毫升、水3000毫升、料酒40毫升、醋50毫升、白糖120克大火烧开，捞出料渣，再加入味精3克、盐10克、蚝油50克、葱花30克、蒜末70克，勾入水淀粉200毫升，放入葱30克、蒜80克，淋入明油200毫升，浇在茄盒上即可出锅。

7 成品菜装盘（盒）：菜品采用“盛入法”装入盒中，呈自然堆落状。成品重量：4980克。

| 操作重点 | 炒鱼香汁时，如果汁芡太稀，可二次勾芡。

| 要领提示 | 茄子切片时薄厚要均匀；夹肉馅时要均匀，不要夹得太多，造成大小不均。挂脆皮糊时不能太厚；炸制时油温不宜过高。

| 成菜标准 | ①色泽：红色；②芡汁：饱满；③味型：鱼香味；④质感：外酥里嫩、软烂。

| 举一反三 | 鱼香菜卷、鱼香豆腐。

菜品名称

蒸玉米鸡蛋糕

营养师点评

蒸玉米鸡蛋糕是一道家常菜，香甜软糯。此菜热量较高，脂肪偏高，碳水化合物含量丰富，维生素A和钙含量较高，质地软烂，易于咀嚼。选用此菜时，要食用一些素菜补充膳食纤维，同时做一些粗粮类的主食搭配食用，更有利于脂肪的燃烧。

营养成分

（每100克营养素参考值）

能量：199.5 卡

蛋白质：8.5 克

脂肪：14.0 克

碳水化合物：10.0 克

维生素 A：191.3 微克

维生素 C：5.7 毫克

钙：70.2 毫克

钾：145.0 毫克

钠：239.5 毫克

铁：3.2 毫克

原料组成

主料

鲜玉米粒 800 克、鸡蛋黄 1000 克

辅料

牛奶 500 毫升

调料

盐 12 克、泡打粉 20 克、生粉 15 克、胡椒粉 3 克、味精 2 克、植物油 20 毫升

加工制作流程

1 **初加工**：鲜玉米粒洗净，将鸡蛋液打入生食盒中。

2 **原料成形**：鲜玉米粒放入牛奶400克，用破壁机打碎，鸡蛋里放泡打粉20克，用破壁机打散。

3 **腌制流程**：无

4 **配菜要求**：将打散的蛋液及调料分别摆放在器皿中。

5 **工艺流程**：调制蛋液→蒸制蛋液→切条→调味→出锅装盘。

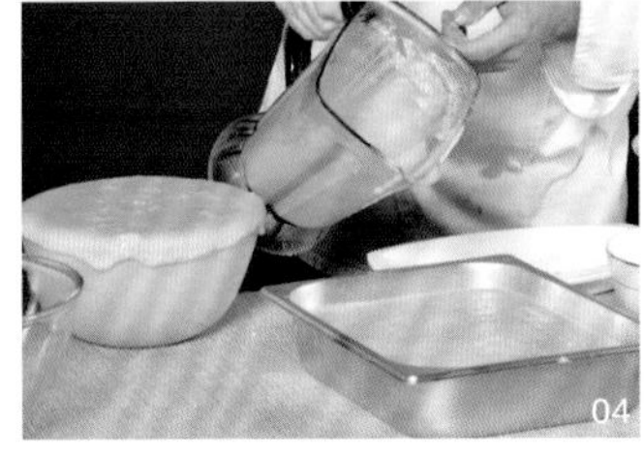

6 **烹调成品菜**：①将打好的玉米粒放入鸡蛋液里，放入盐11克、牛奶100毫升搅拌均匀，放入生粉15克、胡椒粉3克、味精1克打匀上劲。②蒸盘底部铺上保鲜膜，以免粘底，倒入打匀的玉米、鸡蛋液，放入万能蒸烤箱蒸20分钟，将凉透的玉米蛋黄膏切成10厘米长、5厘米宽的条。③锅上火烧热，放入植物油20毫升，放入盐1克、味精1克煸炒后摆在鸡蛋糕上即可。

7 **成品菜装盘（盒）**：菜品采用“盛入法”装入盒中，呈自然堆落状。成品重量：2300克。

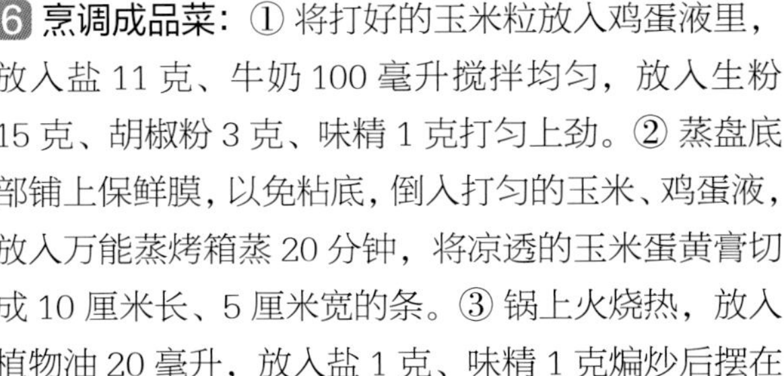

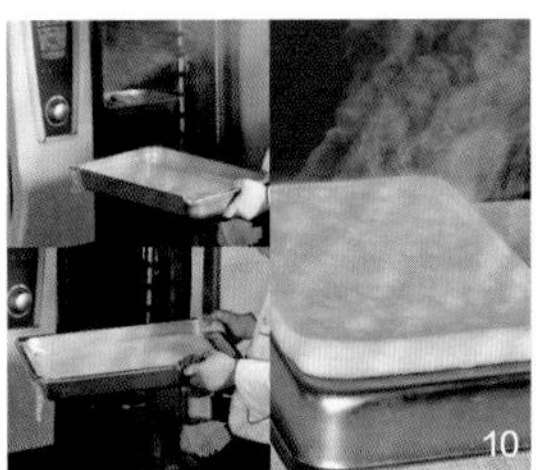

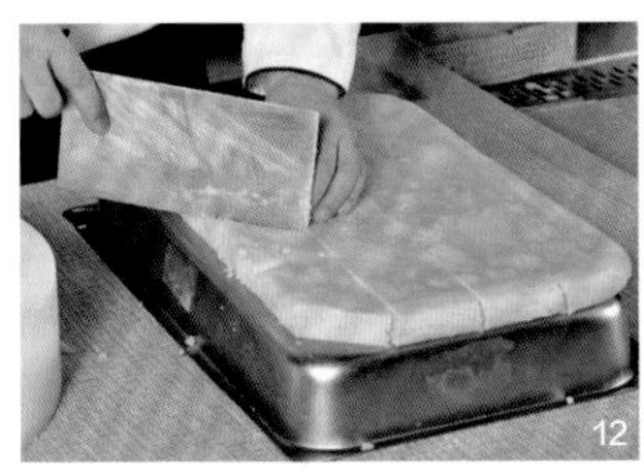

| 操作重点 | 鸡蛋糕的切配要大小均匀。

| 要领提示 | 玉米糊与牛奶、鸡蛋黄调制的比例要恰到好处。

| 成菜标准 | ①色泽：红黄绿相间；②芡汁：无；③味型：咸鲜；④质感：软糯可口。

| 举一反三 | 鸭蛋玉米糕、鹅蛋玉米糕。

菜品名称

蒸茼蒿

营养师点评

蒸茼蒿是一道家常菜，清香扑鼻。此菜膳食纤维丰富，总热量比较低，维生素、钙含量也比较丰富。但蛋白质含量低，食用此菜肴时要再搭配一些含优质蛋白质的菜肴。

营养成分

（每100克营养素参考值）

能量：120.9 卡
蛋白质：2.5 克
脂肪：6.4 克
碳水化合物：13.3 克
维生素 A：89.5 微克
维生素 C：24.9 毫克
钙：55.0 毫克
钾：170.7 毫克
钠：339.9 毫克
铁：2.4 毫克

原料组成

主料

茼蒿 1500 克

辅料

红椒 200 克

调料

料油 130 毫升、粉蒸肉米粉 275 克、盐 10 克、味精 10 克

加工制作流程

1 初加工：茼蒿洗净；红椒去蒂、去籽，洗净。

2 原料成形：红椒切丝。

3 腌制流程：茼蒿先放入料油 80 毫升搅拌均匀，再放粉蒸肉米粉 275 克搅拌均匀，最后放盐 10 克、味精 10 克，搅拌均匀备用。

4 配菜要求：把茼蒿、红椒丝、调料分别装在器皿中备用。

5 工艺流程：蒸茼蒿→浇汁→出锅装盘。

01

02

03

04

05

06

07

08

09

10

11

12

13

14

15

16

6 烹调成品菜：① 将拌好的茼蒿放托盘中放入万能蒸烤箱中，选择蒸的模式，温度 100℃，湿度 100%，蒸 3 分钟后取出备用。② 锅上火烧热，热锅凉油，放料油 50 毫升，再下入红椒丝快速翻炒均匀，撒在蒸好的茼蒿上即可。

7 成品菜装盘（盒）：菜品采用“盛入法”装入盒中，呈自然堆落状。成品重量：2200 克。

| 操作重点 | 红椒丝不能太细，否则影响美观。
| 要领提示 | 盐一定要撒均，让咸淡合适。
| 成菜标准 | ①色泽：红绿相间；②芡汁：无；③味型：咸鲜；④质感：软烂可口。
| 举一反三 | 米粉肉、蒸萝卜。

猪肉篇

菜品名称

叉烧肉

营养师点评

叉烧肉是粤菜中一道极具代表性的菜，色泽鲜亮、香味四溢。这道菜总热量较高，高蛋白、高脂肪。此菜质地熟烂，易于咀嚼与消化吸收。在食用时应控制好摄入量，避免脂肪严重超标，同时还要搭配一些蔬菜，以补充维生素和膳食纤维，尽可能达到营养均衡。

营养成分

（每100克营养素参考值）

能量：283.9卡

蛋白质：11.2克

脂肪：21.5克

碳水化合物：11.2克

维生素A: 12.0微克

维生素C：2.9毫克

钙：25.8毫克

钾：328.4毫克

钠：1625.7毫克

铁：5.5毫克

原料组成

主料

梅花肉4000克

辅料

小金橘600克、橙子皮100克、杂粮小窝头500克(8个)

调料

料酒190毫升、叉烧酱2000克、蒜末80克、蒜子50克、冰糖150克、温水800毫升、芝麻5克、香菜2克

加工制作流程

1 初加工：将梅花肉洗净。

2 原料成形：梅花肉切成厚 1 厘米、宽 2 厘米、长 10 厘米的条，橘子皮切丝。

3 腌制流程：梅花肉中放入蒜子 50 克、加入叉烧酱 200 克腌制 8 小时。

4 配菜要求：小金橘、橙子皮、杂粮小窝头、调料分别摆放于器皿中。

5 工艺流程：压制梅花肉→蒸制橘子、杂粮小窝头→烤制梅花肉→出锅装盘。

6 烹调成品菜：① 高压锅上火，底部垫上竹篦子，将腌制好的梅花肉连汤汁及料酒 190 毫升倒入锅内，大火烧开后，再转小火压 20 分钟。金橘 600 克放入容器中，加入冰糖 150 克、温水 800 毫升，

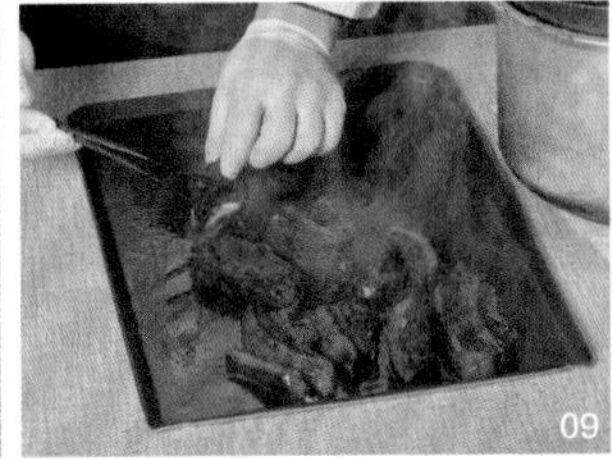

放入蒸烤箱中。蒸的模式选择温度 100℃，湿度 100%，蒸制 20 分钟取出，倒入锅中，汤汁收至黏稠。橙子皮一起倒入锅中。杂粮小窝头 500 克（8 个）蒸制 2 分钟。② 把压好的叉烧肉摆放在烤盘上刷油；收汁后，在烤盘上淋汁，再放入蒸烤箱中。烤的模式选择湿度 100%，温度 180℃，烤制 5 分钟取出改刀，摆盘，金橘、杂粮小窝头摆放在周围点缀，撒上芝麻 5 克，香菜 2 克。

7 成品菜装盘（盒）：菜品采用“码放法”装入盒中，呈自然堆落状。成品重量：3190 克。

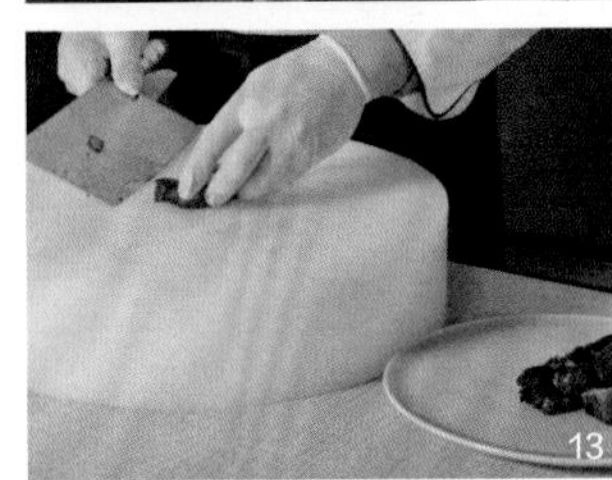

| 要领提示 | 叉烧肉的选材最好是猪的梅花肉或者五花肉。

| 操作重点 | 肉腌制时间最少 2 小时，烤箱烤制时间不宜过长。

| 成菜标准 | ①色泽：棕红色；②芡汁：无；③味型：香甜； ④质感：软嫩多汁。

| 举一反三 | 叉烧排骨、叉烧凤爪。

扫一扫，看视频

菜品名称

炖小酥肉

营养师点评

这道菜是一位厨师无意间发明的，当时他在做农家宴时剩了很多边角余料，这位厨师灵机一动，将肉挂上糊，用油炸制；蔬菜炖煮后垫在盘底，后来就取名为炖小酥肉。这道菜热量高，滋味浓厚，富含优质蛋白和脂肪，适宜秋冬季节食用。

营养成分

（每100克营养素参考值）

能量：226.5卡

蛋白质：8.1克

脂肪：16.2克

碳水化合物：12.1克

维生素A：15.9微克

维生素C：0.1毫克

钙：79.6毫克

钾：187.5毫克

钠：642.7毫克

铁：2.1毫克

原料组成

主料

净猪五花肉3000克

辅料

净海带（水发）2000克

调料

盐35克、味精25克、五香粉20克、料酒100毫升、葱段80克、姜片80克（用于泡葱姜水）、凉白开2200毫升、蚝油140克、生抽200毫升、老抽100毫升、鸡蛋120克（4个）、面粉520克、湿红薯淀粉700克(350克红薯淀粉+350毫升水)、八角15克、桂皮15克、植物油200毫升（炸制食物使用油量不算在内）、葱花60克、姜片40克

加工制作流程

1 初加工：将五花肉洗净、去皮；海带洗净。

2 原料成形：五花肉切成 1 厘米宽、6 厘米长的条，海带切成菱形块。

3 腌制流程：将五花肉放入生食盆中，加入五香粉 15 克、味精 5 克、生抽 50 毫升、老抽 20 毫升、抓拌均匀，然后放入盐 10 克，加葱姜水 200 毫升、料酒 50 毫升继续抓拌均匀，腌制 10 分钟，备用。

4 配菜要求：调糊：面粉 520 克，湿红薯淀粉 700 克搅匀，加水 200 毫升调成糊状，打入 4 个鸡蛋 120 克，加 50 毫升植物油搅拌均匀备用。

5 工艺流程：炙锅→炸肉段→调味→烹制食材→出锅装盘。

6 烹调成品菜：① 锅上火烧热，热锅中倒入植物油，油温五成热时，将五花肉挂糊分散下入锅中，炸成金黄色捞出，装盘。② 另起锅，放底油 100 毫升，姜片 40 克、葱段 60 克煸香，倒入葱姜水 300 毫升，依次下入海带、料酒 50 毫升、生抽 50 毫升、老抽 30 毫升、盐 10 克、味精 10 克、蚝油 50 克、煸炒均匀，盛出装入盘中。③ 锅上火，倒入植物油 50 毫升，八角 15 克、桂皮 15 克炸香，倒入葱姜水 1500 毫升，加入生抽 100 毫升、老抽 50 毫升，将汤熬成枣红色，然后依次放入蚝油 90 克、盐 15 克、味精 10 克、五香粉 5 克，大火烧开，制成酱汁。④ 将熬好的酱汁分别倒入肉盘和海带盘中，用万能蒸烤箱蒸的模式为 100℃，蒸 50 分钟。将蒸好的海带码放在盘底，蒸好的酥肉摆放在海带上即可。

7 成品菜装盘（盒）：菜品采用“摆放法”装入盒中，码放整齐。成品重量为 5300 克。

| 要领提示 | ①肉条一定要炸，但不能炸糊了，油温控制在 150℃左右。②八角要炸出香味儿，汤汁要宽一点儿。③由于肉中含有水分，糊会越来越稀，要根据实际情况，加玉米淀粉。

| 操作重点 | 酥肉挂糊调制方法有好几种方法，有放鸡蛋的，有不放面粉只放淀粉的。

| 成菜标准 | ①色泽：肉条呈金黄色；②芡汁：汤汁；③味型：咸鲜；④质感：肉条松软，海带软糯。

| 举一反三 | 可用鸡腿肉、鸡胸肉、鸭肉做小酥肉，也可扣碗做。

扫一扫，看视频

菜品名称

冬瓜米粉扣肉

营养师点评

冬瓜米粉扣肉是一道大众家常菜，软烂咸香。此款菜肴荤素搭配合理，易于咀嚼且利于消化吸收，是一款适宜佐食的菜肴。

营养成分

（每100克营养素参考值）

能量：126.8 卡

蛋白质：5.1 克

脂肪：8.7 克

碳水化合物：6.9 克

维生素 A:10.0 微克

维生素 C：13.6 毫克

钙：12.4 毫克

钾：112.3 毫克

钠：540.2 毫克

铁：0.9 毫克

原料组成

主料

净猪肉馅 1000 克、净冬瓜 3000 克

辅料

净米粉 180 克、净红椒 200 克

调料

盐 54 克、味精 10 克、胡椒粉 6 克、白糖 19 克、料酒 10 毫升、鸡蛋 2 个（约 100 克）、水淀粉 180 克（生粉 90 克 + 水 90 毫升）、生抽 8 毫升、老抽 75 毫升、葱 30 克、姜 20 克、蒜末 50 克、大料 1.5 克、桂皮 1.5 克、植物油 250 毫升、南乳汁 50 毫升、蚝油 25 克、水 1000 毫升

加工制作流程

1 初加工：冬瓜洗净，去皮、去籽；红椒去蒂、洗净；葱、姜洗净。

2 原料成形：将冬瓜切成 8 厘米宽条，在冬瓜上剞刀；葱、姜各 20 克切成米粒状。

3 腌制流程：把猪肉馅放入生食盒中，加入料酒 10 毫升、生抽 8 毫升、胡椒粉 3 克、味精 2 克、盐 15 克、白糖 3 克、鸡蛋 2 个、葱米 20 克、姜米 20 克搅拌均匀，再加入米粉 20 克，搅匀制成馅料；冬瓜表皮抹上盐 15 克，用干布蘸干水分，腌制 5 分钟后，用刷子在表面刷上一层老抽，耗用 50 毫升。

4 配菜要求：把肉馅、冬瓜片、米粉、调料分别装在器皿中备用。

5 工艺流程：炙锅→烹制食材→调味→出锅装盘。

6 烹调成品菜：① 锅上火烧热，锅中放入植物油，油温五成热时，把冬瓜放入锅中，炸成深红色捞出后，改刀成夹刀片后，加入老抽 10 毫升、白糖 3 克、味精 3 克、盐 5 克、胡椒粉 2 克搅拌均匀后，放入米粉 100 克，继续搅拌均匀。② 两片冬瓜里夹一层调好的肉馅，剞刀面朝上码入碗里，撒上一层米粉（共计 60 克）。③ 调汁：锅上火烧热，热锅凉油。锅中倒入植物油 50 毫升，蒜末 50 克、大料 1.5 克、桂皮 1.5 克煸香，放入葱段 10 克，老抽 15 毫升、水 1000 毫升，捞出小料，加入盐 15 克、南乳汁 50 毫升、白糖 13 克、胡椒粉 1 克，味精 3 克、蚝油 25 克，小火煮 15 分钟后，浇在冬瓜上，放入蒸箱里，上汽后蒸 20 分钟，取出倒汁。④ 将蒸过冬瓜的汁倒入锅里，加入盐 4 克、味精 2 克调味后，用水淀粉 180 克（生粉 90 克 + 水 90 克）勾芡，淋入明油 200 毫升，浇在冬瓜上即可。⑤用香菜围在冬瓜四周点缀即可。

7 成品菜装盘（盒）：菜品采用“码放法”装入盒中，呈自然堆落状。成品重量：4900 克。

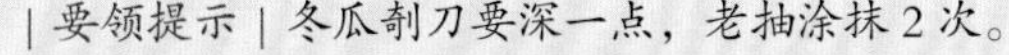

| 要领提示 | 冬瓜剞刀要深一点，老抽涂抹 2 次。
| 操作重点 | 冬瓜不能切太薄，肉馅不能调得太稀。
| 成菜标准 | ①色泽：绿褐色相间；②芡汁：薄芡；③味型：咸鲜；④质感：软糯。
| 举一反三 | 冬瓜米粉扣鸡肉、冬瓜米粉扣鸭肉、冬瓜米粉扣牛肉。

菜品名称

蛋黄猪肝

营养师点评

蛋黄猪肝是一道地道的四川家常菜，咸鲜味美，蛋白质含量极其丰富，富含维生素 A 以及铁。此款菜肴质地软烂，易于咀嚼，也易于消化吸收。在食用时最好菜量减半，并配一些叶类菜肴食用。

营养成分

（每 100 克营养素参考值）

能量：137.2 卡

蛋白质：16.7 克

脂肪：6.3 克

碳水化合物：3.5 克

维生素 A:4769.3 微克

维生素 C：14.7 毫克

钙：34.8 毫克

钾：228.2 毫克

钠：849.1 毫克

铁：17.2 毫克

原料组成

主料

猪肝 4000 克

辅料

咸鸭蛋黄 1000 克

调料

葱段 50 克、姜片 50 克、料酒 50 毫升、花椒 10 克、盐 20 克、味精 4 克、蒜蓉 40 克、香油 20 毫升、小米辣 40 克、醋 30 毫升、一品鲜酱油 130 毫升

加工制作流程

1 初加工：猪肝洗净。

2 原料成形：猪肝斜刀切块，猪肝块中间切一个3厘米长的刀口。

3 腌制流程：猪肝放入生食盒中，放入葱段50克、姜片50克、料酒50毫升、花椒10克、盐20克腌制3小时，备用。

4 配菜要求：猪肝、调料分别放在器皿中备用。

5 工艺流程：炙锅→烹制食材→调味→出锅装盘。

6 调成品菜：①将咸鸭蛋黄放入腌制好的猪肝切口中别上牙签，放在万能蒸烤箱中，蒸的模式为温度100℃，湿度100%，蒸制40分钟。②取出蒸好的猪肝，抹去水分，切片装盘。将味精4克、蒜蓉40克、香油20毫升、醋30毫升、一品鲜酱油130毫升、小米辣40克调匀，淋于肝片上。

7 成品菜装盘（盒）：菜品采用“盛入法”装入盒中，呈自然堆落状。成品重量：3700克。

| 要领提示 | 在烹调前，猪肝要清洗、浸泡两三个小时，除去血水。

| 操作重点 | 煮好的猪肝不马上吃，可以在猪肝表面上刷上一层香油，以免猪肝太干。

| 成菜标准 | ①色泽：红黄绿相间；②芡汁：无汁芡；③味型：咸鲜微辣；④质感：软嫩。

| 举一反三 | 盐水猪肝、酱香猪肝。

菜品名称

东坡肘子

营养师点评

东坡肘子是一道色香味俱全的传统名菜，属于川菜系，肥而不腻。此款菜肴总热量较高，蛋白质丰富，脂肪含量偏高，钾和钙含量较高。此菜质地熟烂，是一款适合老年人食用的菜肴。选用此菜要再配一些蔬菜类菜肴，以补充维生素和膳食纤维，同时要保证摄入一些精粗搭配的主食，以促进脂肪燃烧。

营养成分

（每100克营养素参考值）

能量：198.5卡

蛋白质：10.1克

脂肪：14.6克

碳水化合物：6.6克

维生素A：45.7微克

维生素C：2.7毫克

钙：26.0毫克

钾：180.2毫克

钠：943.8毫克

铁：1.6毫克

原料组成

主料

去骨肘子2800克

辅料

鸡蛋12个、红薯1600克、油菜300克

调料

盐67克、味精25克、胡椒粉6克、白糖40克、生抽10毫升、老抽70毫升、蚝油150克、料酒80毫升、郫县豆瓣酱250克、香醋180毫升、水淀粉50毫升（生粉25克+水25毫升）、干辣椒4克、桂皮12克、香叶1克、大料2克、茴香7克、肉蔻16克、姜50克、葱50克、蒜20克、芝麻5克、植物油75毫升、水1000毫升

加工制作流程

1 初加工：肘子去毛，洗净待用。

2 原料成形：葱、姜切段。

3 腌制流程：肘子用料酒 80 克、味精 20 克、胡椒粉 4 克抹匀，再放桂皮 12 克、肉蔻 16 克、香叶 1 克、干辣椒 4 克、老抽 70 毫升、生抽 10 毫升、大料 2 克、茴香 7 克、蚝油 100 克、盐 60 克抓匀腌制 30 分钟。

4 配菜要求：肘子、鸡蛋、红薯、油菜、调料分别放在器皿中备用。

5 工艺流程：焯肘子→蒸红薯、鸡蛋和油菜→调汁→出锅、装盘。

6 调成品菜：① 用凉水焯肘子，水烧开后去掉水中血沫，捞出。② 红薯块中倒入植物油 20 毫升搅拌，与鸡蛋一起放入万能蒸烤箱，蒸的模式为温度 100℃，湿度 100%，蒸制 15 分钟，取出；油菜用植物油 5 克、盐 2 克、搅拌均匀后放入万能蒸烤箱，蒸的模式为温度 100 度，湿度 100%，蒸 3 分钟，取出。③ 红薯放入盘底，鸡蛋切成两瓣与油菜摆在盘子周边装饰即可。④ 把肘子放入万能蒸烤箱蒸制 3 小时，取出切片，码入盘子里。⑤ 锅上火烧热，放入底油 50 克，放入葱 50 克、姜 50 克、蒜 20 克、郫县豆瓣酱 250 克、煸炒，放入盐 5 克、白糖 40 克、味精 5 克、水 1000 毫升、香醋 180 毫升、胡椒粉 2 克、蚝油 50 克、水淀粉 50 克（生粉 25 毫升 + 水 25 毫升）勾芡，把调制好的汁直接淋在肘子上，撒入芝麻 5 克即可。

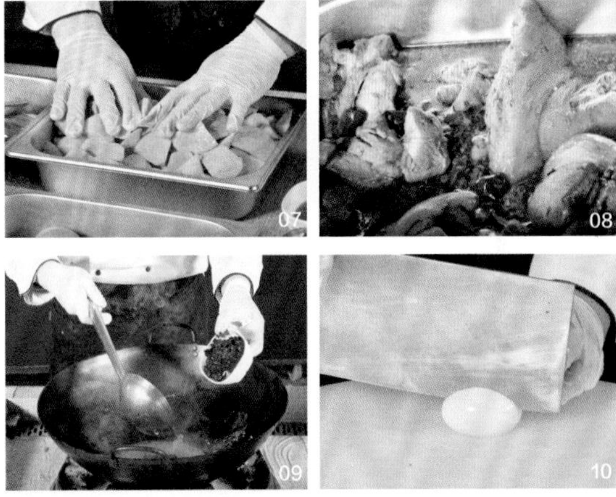

7 成品菜装盘（盒）：菜品采用“盛入法”装入盒中，呈自然堆落状。成品重量：5440 克。

| 要领提示 | 肘子表面的毛要去干净，必要时可以用火烧一下。
| 操作重点 | 肘子在蒸的时候不能少于 3 个小时。
| 成菜标准 | ①色泽：红亮；②芡汁：薄汁薄芡；③味型：小鱼香口味；④质感：软糯可口；
| 举一反三 | 东坡肉、东坡牛肉。

菜品名称

冬笋腊肉炒香干

营养师点评

冬笋腊肉炒香干是一道家常菜，汁香味美。此菜蛋白质丰富，总热量较高，脂肪偏高，含有多种维生素和矿物质。质地爽脆干香，需要细嚼慢咽，是一款适宜佐食下饭的菜肴，特别是与一些粗粮类的主食搭配食用，更有利于脂肪的燃烧。

营养成分

（每100克营养素参考值）

能量：266.6 卡

蛋白质：10.8 克

脂肪：22.4 克

碳水化合物：5.3 克

维生素 A: 3.6 微克

维生素 C：6.2 毫克

钙：175.8 毫克

钾：136.5 毫克

钠：525.5 毫克

铁：2.1 毫克

原料组成

主料

腊肉 1000 克

辅料

冬笋 1400 克、香干 1500 克、青椒末 100 克、红椒末 100 克

调料

葱油 100 毫升、盐 30 克、味精 5 克、胡椒粉 2 克、白糖 15 克、生粉 40 克（勾薄芡用）、葱 20 克、姜 20 克、蒜 20 克，水 100 毫升、明油 100 毫升

加工制作流程

1 初加工：腊肉洗净，冬笋去皮、洗净，香干洗净，青红椒去蒂、去籽，洗净。

2 原料成形：腊肉、冬笋切成菱形片，香干切长5厘米、宽0.3厘米的条，腊肉切片，青、红椒切粒。

3 腌制流程：无

4 配菜要求：把冬笋片、香干片、腊肉片、调料分别装在器皿中备用。

5 工艺流程：焯制食材→煸炒腊肉→烹制食材→出锅装盘。

6 调成品菜：① 锅内倒入水，用大火烧开。水开后放入香干、盐10克，再放入冬笋焯水1分钟后，全部捞出，控干水分，备用。再放入腊肉，水开后捞出，控干水分，备用。② 锅上火，烧热，锅中放葱油100毫升，油温150度，煸炒腊肉后快速捞出，备用。③ 锅内留底油，下入葱、姜、蒜、盐各20克、胡椒粉2克，白糖15克，水100毫升，熬出香味后，将葱、姜、蒜捞出，大火烧开。用味精5克、水淀粉勾薄芡，搅拌均匀后倒入笋片、香干、腊肉翻炒均匀，淋入明油100毫升，再洒上青、红椒粒即可出锅。

7 成品菜装盘（盒）：菜品采用“盛入法”装入盒中，自然堆落状。成品重量：3540克。

|要领提示|注意盐的用量，因为香干和腊肉中，已经含有盐分。

|操作重点|冬笋、腊肉切配要均匀。

|成菜标准|①色泽：红白绿相间；②芡汁：薄芡；③味型：咸鲜；④质感：冬笋脆爽，香干软烂。

|举一反三|可把辅料香干换成豆腐、豆干等。

菜品名称

榄菜肉碎炒豇豆

营养师点评

榄菜肉碎炒豇豆是南方的一道家常菜，橄榄菜是潮汕地区的小菜，香味浓郁，开胃下饭。豇豆富含丰富的蛋白质和维生素。榄菜肉碎豇豆这道菜肴，荤素搭配，比例适当，蛋白质、维生素、无机盐含量比较均衡，熟烂易于消化，适宜老年人食用。

营养成分

（每100克营养素参考值）

能量：142.3 卡

蛋白质：5.1 克

脂肪：10.8 克

碳水化合物：6.4 克

维生素 A: 41.5 微克

维生素 C：14.3 毫克

钙：43.3 毫克

钾：151.7 毫克

钠：340.0 毫克

铁：1.3 毫克

原料组成

主料

净豇豆 3500 克

辅料

净红椒 500 克、净猪精肉 1000 克

调料

植物油约 3500 毫升、葱末13克、姜片8克、蒜片10克、橄榄菜 400 克、味精11克、盐46克、老抽18毫升、白糖4克、胡椒粉3克、鸡蛋清70克、生粉42克、水淀粉 150 毫升（生粉 50 克+水100 毫升）

加工制作流程

1 初加工：豇豆去筋、洗净，红椒去蒂、去籽、洗净，备用。

2 原料成形：猪肉切成 0.5 厘米见方的小肉粒，豇豆斜刀切成 1.5 厘米长的段，红椒切成 1.5 厘米见方的丁。

3 腌制流程：猪肉丁洗净，攥干水分，放入盐 22 克、胡椒粉 3 克、味精 5 克、老抽 18 毫升抓匀，再放入鸡蛋清 70 克搅拌均匀，让肉丁充分被包裹，放入生粉 42 克搅拌均匀，最后用植物油 100 毫升封住水分，备用。

4 配菜要求：把豇豆、红椒、猪肉丁、植物油、盐、味精、白糖、生粉、橄榄菜放在器皿中备用。

5 工艺流程：炙锅→烫豇豆→滑肉丁、红椒→滑豇豆→烹制熟化食材→出锅、装盘。

6 烹调成品菜：① 锅烧热，倒入温水 2000 毫升，再倒入植物油 50 毫升、盐 4 克，水开后把豇豆倒入锅中，焯至断生，再次水开后捞出，过凉控水。② 锅烧热，锅中放入植物油 300 毫升，油温烧至四成热，下入肉粒，定形后推动，滑熟捞出，将锅中的油倒出。③ 锅烧热，锅中倒入植物油，油温六成热，先倒入豇豆滑熟后，捞出，控油备用；再倒入红椒丁滑油，滑熟捞出，备用。④ 锅上火烧热，倒入植物油 200 毫升，先放入姜片 8 克、葱末 1 3 克、蒜片 10 克炒香后，再放入橄榄菜、豇豆、肉丁、大火翻炒均匀，撒上盐 24 克、白糖 4 克、味精 6 克，与红椒翻炒均匀后，放入水淀粉 150 毫升勾芡，最后淋明油 100 毫升，出锅、装盘。

7 成品菜装盘（盒）：菜品采用“盛入法”装入盒中，呈自然堆落状。成品重量：4210 克。

| 要领提示 | 豇豆焯水时间不宜过长，断生就好，否则影响颜色和口感。
| 操作重点 | 炒这道菜一定要快，大火翻炒均匀后，马上勾芡出锅。
| 成菜标准 | ①色泽：色泽翠绿；②芡汁：薄芡；③味型：咸香适口；④质感：肉碎滑嫩，豇豆脆爽，橄榄菜香气扑鼻。
| 举一反三 | 可用鸡肉、鸭肉、牛肉碎制作。

菜品名称

灌汤大酥肉

营养师点评

这道菜热量较高，脂肪丰富，蛋白质含量不高，菜肴质地软烂，易于咀嚼，是一款适宜佐食下饭的菜肴。进餐时需辅以蔬菜和粗粮类的主食，增加维生素和膳食纤维的摄入，这样有利于脂肪的燃烧。

营养成分

（每 100 克营养素参考值）

能量：243.3 卡

蛋白质：7.1 克

脂肪：23.2 克

碳水化合物：1.6 克

维生素 A: 24.4 微克

维生素 C：0.1 毫克

钙：30.3 毫克

钾：87.9 毫克

钠：779.1 毫克

铁：1.1 毫克

原料组成

主料

五花肉 2000 克

辅料

豆腐 1000 克、红薯淀粉 500 克

调料

大料 5 克、花椒 5 克、干辣椒段 5 克、葱 30 克、姜 30 克、蚝油 30 克、老抽 50 毫升、生抽 55 毫、料酒 95 毫升、盐 45 克、味精 5 克、水 1000 毫升、花椒面 5 克、十三香 5 克、植物油 300 毫升

加工制作流程

1 初加工：五花肉洗净。

2 原料成形：五花肉去皮，斜刀片成 0.3 厘米的大片备用；豆腐改刀切成大片，备用；葱、姜切片。

3 腌制流程：将改刀后的五花肉片放入生食盆中，加料酒 50 毫升、花椒面 5 克、十三香 5 克、生抽 20 毫升腌制 5 分钟，分 3 次加入红薯淀粉，要抓均匀。

4 配菜要求：把五花肉、豆腐、调料分别摆放在器皿中备用。

5 工艺流程：炙锅→滑豆腐→滑肉片→调汁→蒸制→后调汁。

6 烹调成品菜：① 锅上火烧热，倒入植物油，油温六成热时下入豆腐片，炸至浅黄色捞出；油温六成热时再下入肉片，炸成金黄色捞出；待油升温至七成热时倒入肉片复炸。将炸好的肉片顶刀斜片成 0.2 厘米后，摆在每个大碗中。再将炸好的豆腐顶刀切成 0.2 厘米大片放在肉片。② 锅中留底油 300 毫升，加大料 5 克、花椒 5 克、干辣椒段 5 克、葱片 30 克、姜片 30 克煸香，再放入蚝油 30 克、水 600 毫升、老抽 30 毫升、生抽 20 毫升、料酒 45 毫升、盐 35 克，用大火烧开后捞出葱片、花椒等，浇在蒸盘中，送入万能蒸烤箱，蒸的模式为温度 100℃，湿度 100%，蒸 40 分钟后，从万能蒸箱中取出蒸盘。③ 倒出蒸盘里的汤汁，拣出大料、姜、辣椒段。锅上火烧热，加老抽 20 毫升，水 400 毫升，生抽 15 毫升、盐 10 克、味精 5 克。烧开后，将汤汁浇在大酥肉即可。

7 成品菜装盘（盒）：菜品采用“盛入法”装入盒中，整齐码放。成品重量：4500 克。

| 要领提示 | 肉段一次炸熟，豆腐也要炸至金黄色。
| 操作重点 | ①生肉挂糊时淀粉不能太稀，一定要分三次下入淀粉，每一次抓拌均匀后，再加一次淀粉；②炸制时油温要掌握，不能炸糊、炸黑或色泽过重。
| 成菜标准 | ①色泽：金黄色；②芡汁：无；③味型：咸鲜；④质感：软糯可口，老少皆宜。
| 举一反三 | 肉可用前后臀尖肉，也可用鸡腿肉；垫底菜用海带、油菜都可。

菜品名称

回锅肉

营养师点评

回锅肉的历史可以追溯到北宋。到了明朝，回锅肉的制作已基本成熟。清末郫县豆瓣的创制，大大提升了回锅肉的口感和品质，使回锅肉成为川菜中的当家花旦。回锅肉富含优质蛋白质，并富含维生素 A、C 以及钙和铁。质地熟烂，易于咀嚼，有利于吸收，适于体质瘦弱的老年人食用。

营养成分

（每 100 克营养素参考值）

能量：260.9 卡

蛋白质：10.0 克

脂肪：22.0 克

碳水化合物：5.7 克

维生素 A:21.2 微克

维生素 C：9.8 毫克

钙：14.0 毫克

钾：175.4 毫克

钠：262.9 毫克

铁：1.7 毫克

原料组成

主料

五花肉 3500 克

辅料

洋葱 500 克、青蒜 500 克、红尖椒 500 克

调料

葱段 30 克、姜片 30 克（葱段、姜片煮肉用），姜片 30 克、料酒 60 毫升、植物油 270 毫升、郫县豆瓣酱 190 克、甜面酱 180 克、豆豉 80 克、白糖 40 克，老抽 15 毫升、胡椒粉 5 克

加工制作流程

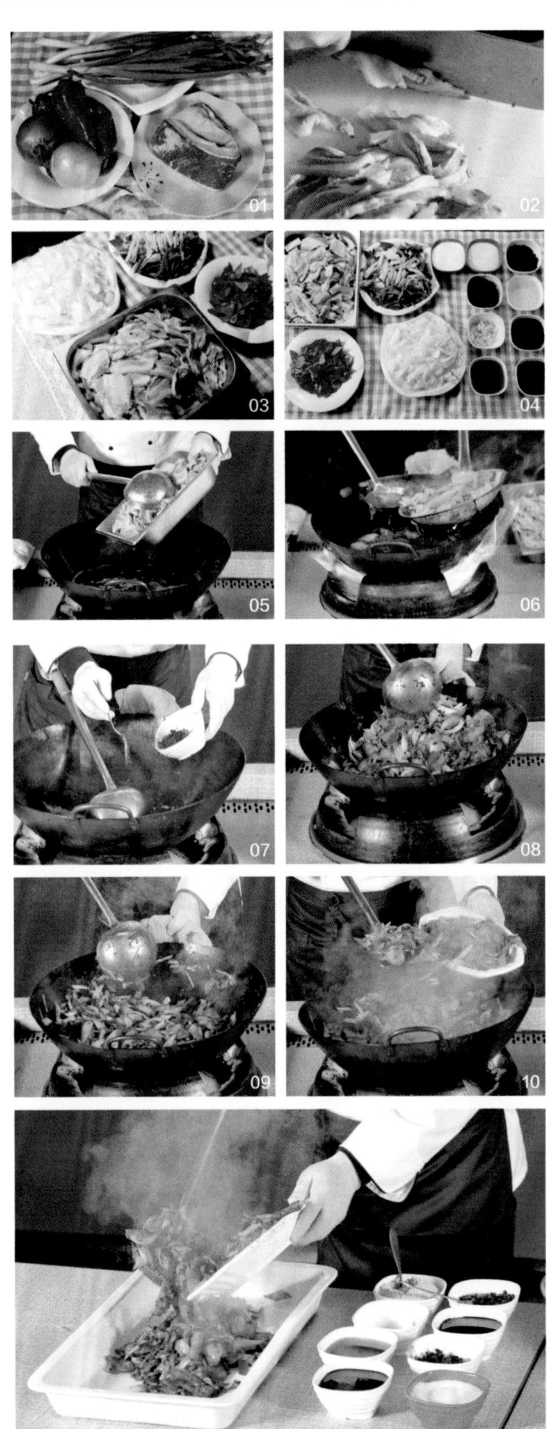

1 初加工：① 锅上火，锅中放入凉水，把洗净的五花肉放入锅中（先将肉皮上的毛刮干净），水要没过肉，放入葱段 30 克、姜片 30 克、料酒 20 毫升。用大火烧开，打去浮沫，煮至七成熟（断生，带血丝，筷子能插透），将五花肉捞出，控干水分；② 洋葱去皮，洗净；③ 青蒜去皮、去根，洗净；④ 红椒去蒂、去籽，洗净。

2 原料成形：将煮好的五花肉切成 3 厘米长、3 厘米宽、0.3 厘米厚的薄片；洋葱切成 3.5 厘米的片；青蒜切成 2 厘米的菱形片；红尖椒切成 3.5 厘米的菱形片；豆豉 80 克用 100 毫升植物油焖制 10 分钟即可。

3 腌制流程：无

4 配菜要求：将切配好的五花肉片、洋葱片、青蒜段、红椒片和调料分别摆放在器皿中备用。

5 工艺流程：炙锅→炸肉→洋葱、红椒汆油→调味→熟化食材→调味→出锅装盘。

6 烹调成品菜：① 锅上火烧热，倒入植物油 20 毫升，油温烧至六成热，倒入切好的五花肉片，炸至出油卷曲，呈浅黄色，捞出后控出多余的油；待油温升高，分别将洋葱、红椒汆油。② 锅上火烧热，倒入植物油 150 毫升，放入姜片 30 克、郫县豆瓣酱 190 克小火煸炒，炒出红油，然后放入焖制好的豆豉 80 克，继续煸炒，再放入甜面酱 180 克炒香，倒入料酒 40 毫升，放入煸好的五花肉，大火翻炒均匀，依次加入红椒、洋葱、青蒜、老抽 15 毫升、白糖 40 克、胡椒粉 5 克，翻炒至青蒜断生，出锅。

7 成品菜装盘（盒）：菜品采用“盛入法”装入盒中，自然堆落状。成品重量：3290 克。

要领提示	煮五花肉时要凉水下锅，煮好的五花肉片要切得薄厚均匀。五花肉煸制时，油量不可太大；郫县豆瓣要炒出红油，色泽才会红亮，豆豉煸香但不要炒煳；甜面酱要炒香。
操作重点	切制五花肉刀工薄厚均匀，放入洋葱片、青蒜片、红椒片时间准确，翻炒时间不宜过长。
成菜标准	①色泽：色泽红亮；②芡汁：有汁无芡；③味型：属川菜复合味型，香辣；④质感：肥而不腻，瘦而不柴，入口鲜香。
举一反三	回锅千叶豆腐、回锅土豆片、回锅鸡片。

扫一扫，看视频

菜品名称

红烧糯米丸子

营养师点评

红烧糯米丸子是江南地区的一道家常菜，软糯可口。此菜脂肪含量偏高，蛋白质丰富，总热量较高。质地软烂，易于咀嚼与消化吸收，是一款适宜冬秋季食用的菜肴。进餐时最好配一些素菜同时食用，以补充维生素和膳食纤维。

营养成分

（每100克营养素参考值）

能量：340.0 卡

蛋白质：10.3 克

脂肪：27.7 克

碳水化合物：12.3 克

维生素 A: 19.5 微克

维生素 C：1.6 毫克

钙：11.1 毫克

钾：197.4 毫克

钠：802.6 毫克

铁：1.6 毫克

原料组成

主料

净猪肉馅 4000 克

辅料

净糯米 600 克、净清水马蹄 500 克、红椒 50 克

调料

盐 70 克、味精 15 克、生抽 120 毫升、老抽 90 毫升、大料 6 克、桂皮 20 克、料酒 120 毫升、白糖 80 克、葱姜水 2200 毫升、鸡蛋 4 个、蚝油 90 克、胡椒粉 6 克、植物油 200 毫升

加工制作流程

1 初加工：五花肉去毛、洗净；马蹄清洗干净；糯米用清水泡 2 小时；红椒去蒂、去籽，洗净。

2 原料成形：五花肉切成小丁；马蹄拍碎切丁；葱、姜切成米粒大小；红椒切小丁。

3 腌制流程：将肉丁、马蹄丁放入生食盆中，加入料酒 40 毫升、盐 40 克、胡椒粉 3 克、白糖 20 克、鸡蛋 4 个，搅拌均匀，摔打上劲，再倒入葱姜水 200 毫升，味精 10 克，生抽 50 毫升摔打上劲。

4 配菜要求：将肉馅、糯米、马蹄、红椒丝以及调料分别摆放在器皿中备用。

5 工艺流程：炙锅→炸丸子→调汁→浇汁→蒸制→烹辅料→出锅装盘。

6 烹调成品菜：① 锅上火烧热，锅中倒入植物油，油温烧至五成热时，将肉馅挤成 75 克 / 个的光滑肉圆，上面均匀地沾满糯米，下入锅内炸成金黄色，捞出，控油后码在盘中。② 炒锅上火，留底油 100 毫升，倒入葱姜水 2000 毫升，大火烧开，放入生抽 70 毫升、老抽 90 毫升、料酒 80 毫升，蚝油 90 克，白糖 60 克、盐 28 克、大料 6 克、桂皮 20 克、胡椒粉 3 克，大火烧开，将大料、桂皮捞出，再用大火烧开，备用。③ 将丸子平铺在盘子里，浇上调好的料汁，没过丸子，放入万能蒸烤箱，蒸 60 分钟。④ 锅上火烧热，倒入植物油 100 毫升，下入红椒丁，煸炒均匀，加盐 2 克、味精 5 克，翻炒均匀出锅。⑤ 将蒸好的糯米丸子取出，丸子上撒上红椒丁即可。

7 成品菜装盘（盒）：菜品采用“码放法”装入盒中，整齐划一。成品重量：8970 克。

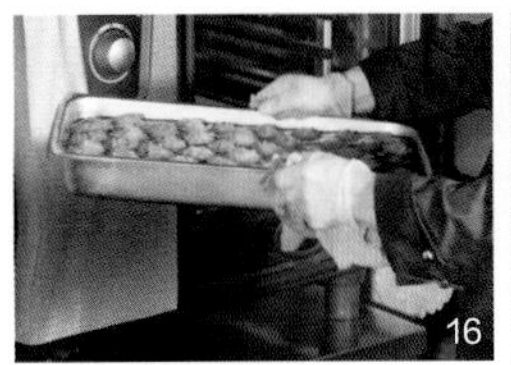

| 要领提示 | 肉馅与马蹄的比例在 4 : 1 最佳。

| 操作重点 | 炸制丸子时，要定好型，蒸的时间至少 60 分钟。

| 成菜标准 | ①色泽：红绿；②芡汁：无；③味型：咸鲜；④质感：软嫩。

| 举一反三 | 丸子的辅料可以换成莴笋、胡萝卜等，丸子也可以做清炖丸子、红烧狮子头。

扫一扫，看视频

菜品名称

红烧肉炖土豆

营养师点评

红烧肉炖土豆是一道家常菜，软烂可口，香味扑鼻。此菜脂肪高，总热量高，质地软烂，易于咀嚼，但膳食纤维不是很丰富，是一款适合冬秋季食用的菜肴，选择这款菜肴要搭配一些蔬菜类的菜肴同食。

营养成分

（每100克营养素参考值）

能量：258.4 卡

蛋白质：7.8 克

脂肪：19.4 克

碳水化合物：13.0 克

维生素 A: 5.5 微克

维生素 C：4.7 毫克

钙：9.6 毫克

钾：208.5 毫克

钠：397.6 毫克

铁：1.0 毫克

原料组成

主料

净五花肉 3000 克

辅料

净土豆 2000 克

调料

葱段 100 克、姜片 60 克、料酒 120 毫升、大料 4 克、桂皮 6 克、香叶 1 克、干辣椒 2 克、冰糖 250 克、生抽 50 毫升、老抽 20 毫升、盐 40 克、味精 10 克，水 3700 毫升、葱油 100 毫升、水淀粉 250 毫升（生粉 125 克＋水 125 毫升）、植物油 200 毫升

加工制作流程

1 初加工：土豆去皮、洗净，五花肉刮毛、洗净。

2 原料成形：五花肉切 2.5 厘米的丁，土豆切滚刀块。

3 腌制流程：无

4 配菜要求：将切好的五花肉、土豆以及调料分别摆放在器皿中备用。

5 工艺流程：炒肉→调味→压制→蒸土豆→烹制食材→收汁勾芡→出锅、装盘。

6 烹调成品菜：① 锅上火烧热，锅中倒入水 2000 毫升，放入土豆块，焯水五成熟时捞出，过凉；将土豆码放在蒸盘中，倒入葱油 100 毫升、放入盐 10 克、味精 10 克、老抽 5 毫升、生抽 10 毫升，搅拌均匀，放入万能蒸烤箱选择蒸的模式，温度 100℃，湿度 100%，蒸 15~20 分钟后取出。② 将万能蒸烤箱蒸好的土豆取出装盘。③ 锅上火烧热，倒入水 200 毫升，下入冰糖 250 克，小火将冰糖化开，用勺子不停搅动，直到炒制黏稠枣红色，下入五花肉丁翻炒均匀，使糖色裹满五花肉丁，下入大料 4 克、桂皮 6 克、香叶 1 克、干辣椒 2 克、姜片 60 克、葱段 100 克慢慢煸炒，放入料酒 120 毫升，生抽 40 毫升，老抽 15 毫升、盐 30 克，开水 1500 毫升（没过肉即可），大火烧开后，将肉丁倒入高压锅中。④ 将高压锅上火，上汽后，压制 15 分钟。压制完成后倒入锅中，用漏勺捞出五花肉，放在土豆上，锅中的汤汁用水淀粉 250 毫升勾薄芡，撒入植物油 200 毫升即可。

7 成品菜装盘（盒）：菜品采用“盛入法”装入盒中，自然堆落状。成品重量：5860 克。

| 要领提示 | 五花肉焯水时一定要凉水下锅，撇净血沫。

| 操作重点 | 炒糖色时要小火炒制，不断搅动，直至炒化，炒至棕红色即可。在团餐中可以勾芡收汁。

| 成菜标准 | ①色泽：色泽红亮；②芡汁：薄芡；③味型：咸鲜回甜；④质感：香甜软糯。

| 举一反三 | 红烧排骨、红烧鸡翅

菜品名称

红烧排骨

营养师点评

红烧排骨是一道常见的家常菜，软糯可口，香气四溢。此菜富含优质蛋白质，因脂肪含量较高，钙含量也较高，总热量相对来说也高，此菜可适当搭配一些素菜以补充维生素和膳食纤维。

营养成分

（每100克营养素参考值）

能量：196.8卡

蛋白质：9.4克

脂肪：16.0克

碳水化合物：3.7克

维生素A:70.4微克

维生素C：4.4毫克

钙：28.1毫克

钾：183.0毫克

钠：407.6毫克

铁：1.5毫克

原料组成

主料

猪肋排3500克

辅料

南瓜2100克、净鹌鹑蛋1000克、净油菜500克

调料

盐30克、味精3克、料酒105毫升、冰糖70克、南乳汁30毫升、水淀粉50毫升（生粉25克+水25毫升）、生抽100毫升、老抽75毫升、蚝油120克、姜40克、葱40克、香叶2片、桂皮4克、干辣椒5克、花椒2克、大料8克、葱油50毫升、植物油330毫升、枸杞20克

加工制作流程

1 初加工：猪肋排冲水并泡出血水，鹌鹑蛋煮熟、去皮。

2 原料成形：将猪肋排剁成长约 4 厘米的块；南瓜去皮，切成 4 厘米的滚刀块；葱切成约 3 厘米的马蹄段；姜切成长 3 厘米、宽 2 厘米的薄片。

3 腌制流程：无

4 配菜要求：将猪肋排、南瓜、鹌鹑蛋、调料分别放入器皿中备用。

5 工艺流程：焯排骨→蒸制南瓜→焯油菜→制汁→点缀。

6 调成品菜：① 锅上火，加入适量清水，冷水放入排骨，加葱段 20 克、姜片 20 克、料酒 55 毫升，水开后撇去血沫，排骨捞出、洗净，控水、备用；② 南瓜放入蒸盘中，放入葱油 50 毫升，搅拌均匀，再放入盐 15 克，味精 3 克搅拌，放入万能蒸烤箱。选择蒸的模式：温度为 100℃，湿度 100%，蒸制 10 分钟后取出，倒出多余的水分。③ 锅中放水烧开，倒入植物油 10 毫升，盐 2 克，水开后放入油菜焯熟倒出。锅再次烧热，放入植物油 20 毫升、盐 3 克，放入油菜，煸炒均匀后出锅。④ 锅上火烧热，倒入植物油 200 毫升、冰糖 70 克，小火炒制，不断搅拌至冰糖融化，再放入桂皮 4 克、干辣椒 5 克、大料 8 克、花椒 2 克、香叶 2 片、葱姜各 20 克、最后放入料酒 50 毫升、蚝油 120 克、南乳汁 30 毫升、老抽 75 毫升、生抽 100 毫升、水、盐 10 克、煮 5 分钟，捞出残渣，将汁浇在排骨和鹌鹑蛋上，放入万能蒸烤箱中，选择蒸的模式，温度 100℃，湿度 100%，蒸制 15 分钟后取出，将排骨、油菜、鹌鹑蛋依次码在南瓜上。⑤ 将鹌鹑蛋和排骨中剩余的汤汁倒入锅中烧开，倒入水淀粉 50 毫升（生粉 25 克 + 水 25 毫升）勾芡，淋入明油 100 毫升，将汤汁均匀浇在排骨上，撒入枸杞 20 克进行点缀即可。

7 成品菜装盘（盒）：菜品采用“盛入法”装入盒中，呈自然堆落状。成品重量：5600 克

| 要领提示 | 排骨煮之前要先划一刀，煮至八成熟后再剔骨。
| 操作重点 | 排骨用万能蒸烤箱蒸制的时间不能低于 15 分钟。
| 成菜标准 | ①色泽：鲜亮；②芡汁：汁浓厚；③味型：咸鲜；④质感：软烂。
| 举一反三 | 红烧鸡块、板栗鸡块。

扫一扫，看视频

菜品名称

黄金丸子

营养师点评

黄金丸子是一道北方的家常菜，软糯可口。此菜总热量不高，蛋白质和脂肪含量均不高，膳食纤维和钙、钾含量比较丰富，钠的含量偏高。质地熟烂，易于咀嚼，是适宜老年人的一款菜肴。

营养成分

（每100克营养素参考值）

能量：142.1卡

蛋白质：4.5克

脂肪：7.6克

碳水化合物：14.0克

维生素A: 73.6微克

维生素C：11.4毫克

钙：21.8毫克

钾：249.5毫克

钠：279.4毫克

铁：1.2毫克

原料组成

主料

净猪肉馅1000克

辅料

净莲藕2500克、净胡萝卜1000克、净小米500克、红椒100克

调料

盐25克、味精2克、白胡椒粉5克、蚝油60克、葱末30克、姜末50克、料酒50毫升、鸡蛋2个

加工制作流程

1 初加工：将莲藕去皮，洗净；胡萝卜去皮，洗净；小米洗净，泡1小时；葱姜去皮，洗净；香葱去皮，洗净；红椒去籽、去蒂，洗净。

2 原料成形：莲藕切末，胡萝卜切末，葱、姜切米状，红椒切丁。

3 腌制流程：胡萝卜末、莲藕末放入生食盆中，加入盐10克，腌制10分钟，杀出水分，挤干；盘中加入猪肉馅，料酒50毫升、葱末30克、姜末50克、白胡椒粉5克、蚝油60克、盐15克、味精2克、鸡蛋2个搅拌均匀，挤成丸子，每个重70克左右。

4 配菜要求：将挤好的丸子、香葱末、红椒丁、调料分别摆放在器皿中，备用。

5 工艺流程：蒸制丸子→出锅、装盘点缀。

6 调成品菜：① 蒸盘刷油，把挤好的丸子裹上小米后码放在蒸盘中，放入万能蒸烤箱，选择蒸的模式，温度100℃，湿度100%，上汽后蒸40分钟，取出。② 丸子装盒后，撒上红椒末即可。

7 成品菜装盘（盒）：菜品采用“码放法”摆入盒中，摆放整齐。成品重量：4320克。

01 02 03 04 05 06 07 08

09

10

11

12

13

14

15

| 要领提示 | 藕、胡萝卜擦丝后，要用刀切成末。
| 操作重点 | 小米要泡1小时以上，蒸制时间不能少于40分钟，确保小米软烂。
| 成菜标准 | ①色泽：红黄绿相间；②芡汁：无；③味型：咸鲜；④质感：软嫩可口。
| 举一反三 | 可用牛肉馅、羊肉馅、鸡肉馅。

扫一扫，看视频

菜品名称

滑熘里脊

营养师点评

滑熘里脊是一道家常小炒，好吃下饭，营养非常丰富。此菜蛋白质含量丰富，脂肪含量不超标，质地软烂易于咀嚼与消化吸收，适宜老年人食用。再适当搭配一些蔬菜，弥补膳食纤维的不足。

营养成分

（每100克营养素参考值）

能量：145.6 卡

蛋白质：10.7 克

脂肪：8.9 克

碳水化合物：5.4 克

维生素 A: 59.5 微克

维生素 C：2.9 毫克

钙：15.3 毫克

钾：237.1 毫克

钠：386.4 毫克

铁：1.3 毫克

原料组成

主料

猪里脊肉 3000 克

辅料

青笋 1000 克、胡萝卜 1000 克

调料

植物油 300 毫升、小苏打 10 克、料酒 50 毫升、胡椒粉 20 克、葱 50 克、姜 50 克、蒜 50 克、鸡蛋清 240 克、玉米淀粉 90 克、盐 50 克、白糖 20 克、味精 10 克、水淀粉 300 毫升（生粉 100 克 + 水 200 毫升）、葱油 120 毫升

加工制作流程

1 初加工： 青笋摘叶、去皮，洗净，胡萝卜去皮、洗净；葱、姜、蒜去皮，洗净备用。

2 原料成形： 将青笋、胡萝卜都切成 3 厘米见方的菱形片，里脊肉切成 3 厘米见方、0.3 厘米厚的片。葱、姜、蒜切末。

3 腌制流程： 在里脊肉中放小苏打 10 克抓匀，打至上劲，再把里脊肉洗净攥干水，放入料酒 20 毫升、胡椒粉 15 克、鸡蛋清 240 克（先打匀）、玉米淀粉 90 克抓匀，封上植物油 100 毫升，腌制 10 分钟，备用。

4 配菜要求： 腌好的里脊肉、青笋、胡萝卜、调料分别摆放在器皿中备用。

5 工艺流程： 炙锅、烧油→食材滑油→烹饪熟化食材→装盘。

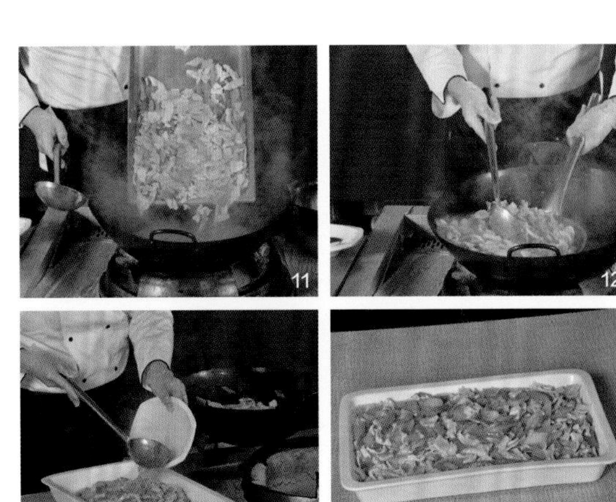

6 烹调成品菜： ① 锅上火烧热，锅中倒入植物油，油温四成热时，下入里脊肉片，用手勺轻轻推动滑散，当肉片飘起时，再加入青笋和胡萝卜滑熟，捞出控油，备用。② 锅上火烧热，锅中放入植物油 200 毫升，放入葱、姜、蒜末各 50 克煸香，加入胡椒粉 5 克，料酒 30 毫升、水 1000 毫升，捞出葱、姜、蒜末，加入盐 50 克、白糖 20 克、味精 10 克，用大火烧开，加入水淀粉勾芡，倒入肉片、胡萝卜、青笋翻炒均匀，二次勾芡，淋入葱油 120 毫升，出锅、装盘。

7 成品菜装盘（盒）： 菜品采用“盛入法”装入盒中，呈自然堆落即可。成品重量：5000 克。

| 要领提示 | 猪里脊肉一定要均匀，这样做成成品菜时滑嫩度才会一致。

| 操作重点 | 葱、姜、蒜爆完锅，要把杂质打出去，以保证芡汁干净。

| 成菜标准 | ①色泽：色泽红绿相间；②芡汁：薄芡宽汁；③味型：咸、鲜、香；④质感：里脊滑嫩。

| 举一反三 | 滑熘鸡片。

菜品名称

火腿炒丝瓜

营养师点评

火腿炒丝瓜是一道家常菜，此菜总热量较高，蛋白质不足，脂肪含量偏高，膳食纤维和钙含量比较丰富，钠的含量偏高。菜肴软嫩清香，质地熟烂，易于咀嚼，是适宜老年人食用的一款菜肴。

营养成分

（每100克营养素参考值）

能量：168.7 卡

蛋白质：5.1 克

脂肪：14.1 克

碳水化合物：5.2 克

维生素 A: 20.1 微克

维生素 C：6.2 毫克

钙：26.1 毫克

钾：131.6 毫克

钠：630.7 毫克

铁：0.9 毫克

原料组成

主料

丝瓜 2000 克

辅料

火腿 800 克、红椒片 100 克

调料

葱片 50 克、姜片 15 克、盐 30 克、味精 8 克、白糖 20 克、鸡汁 70 毫升、葱油 250 毫升、水淀粉 150 毫升（生粉 50 克 + 水 100 毫升）、水 500 毫升

加工制作流程

1 初加工：丝瓜去皮、洗净。

2 原料成形：丝瓜、火腿及红椒均切成 2 厘米的菱形片。

3 腌制流程：无

4 配菜要求：丝瓜片、火腿片、红椒片、调料分别放在器皿中备用。

5 工艺流程：蒸制食材→调碗汁→烹制食材→出锅、装盘。

6 烹调成品菜：① 丝瓜中放入葱油 250 毫升、盐 10 克、味精 3 克，白糖 8 克搅拌均匀，再放入火腿、青椒继续搅拌均匀，放入万能蒸烤箱，选择蒸的模式，温度 100℃，湿度 100%，蒸制 2 分钟后取出，沥干水分，备用。② 碗中放入姜片 15 克、葱片 50 克、盐 20 克、味精 5 克、白糖 12 克、鸡汁 70 毫升、水淀粉 150 毫升，水 500 毫升搅拌均匀，制成料汁，备用；③ 锅上火烧热，放入底油，倒入丝瓜、火腿、青红椒翻炒均匀，顺锅边淋入料汁，翻炒均匀，淋入葱油即可。

7 成品菜装盘（盒）：菜品采用“盛入法”装入盒中，呈自然堆落状。成品重量：2940 克。

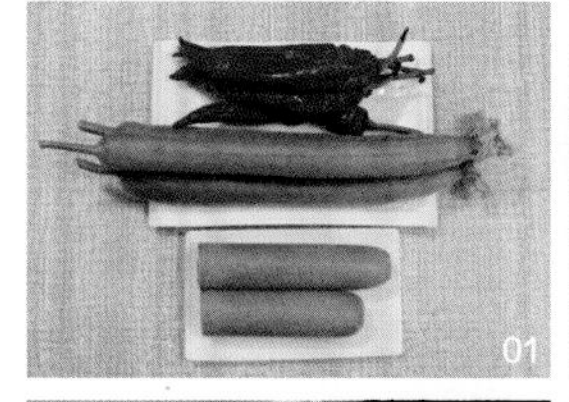
01

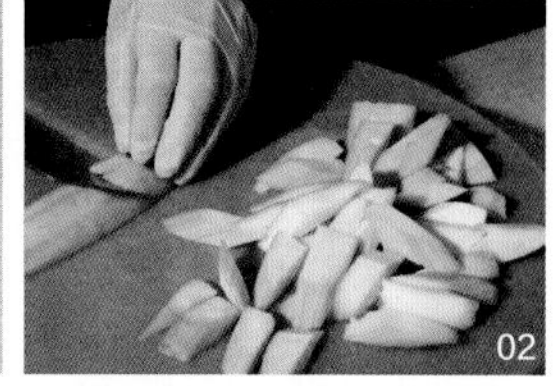
02

03

04

05

06

07

08

09

10

11

12

13

14

15

16

| 要领提示 | 火腿和丝瓜要切配均匀。

| 操作重点 | 丝瓜和火腿蒸制时间不宜过长。

| 成菜标准 | ①色泽：红绿相间；②芡汁：薄汁薄芡；③味型：咸鲜；④质感：火腿软嫩，丝瓜清香。

| 举一反三 | 火腿炒黄瓜、丝瓜炒鸡蛋。

菜品名称

荷包蛋烧藕夹

营养师点评

荷包蛋烧藕夹是一道家常小炒，好吃下饭，营养非常丰富。此菜总热量不高，蛋白质充足，碳水化合物和脂肪含量丰富，维生素A和钙含量也比较丰富。菜肴质地熟烂，易于咀嚼，是适宜老年人食用的一款菜肴。

营养成分

（每100克营养素参考值）

能量：187.1 卡

蛋白质：6.2 克

脂肪：10.9 克

碳水化合物：16.1 克

维生素 A: 42.7 微克

维生素 C：7.8 毫克

钙：22.4 毫克

钾：206.1 毫克

钠：363.3 毫克

铁：1.2 毫克

原料组成

主料

莲藕 2500 克

辅料

肉馅 1500 克、荷包蛋 1000 克、青椒、红椒

调料

生抽 30 毫升、老抽 20 毫升 、盐 50 克、料酒 100 毫升、 葱姜各 35 克、蒜 20 克、 鸡蛋 350 克、生粉 550 克 、玉米淀粉 250 克 、料油 20 毫升、 味精 20 克 、白糖 15 克、 水淀粉 300 毫升（生粉 100 克 + 水 200 毫升）

加工制作流程

1 初加工：莲藕去皮、洗净；葱、姜、蒜去皮，洗净备用。

2 原料成形：莲藕切 0.5 厘米厚的片，葱、姜、蒜切末。

3 腌制流程：肉馅中加入生抽 15 毫升、老抽 10 毫升、料酒 50 毫升、盐 15 克、葱 15 克、姜 15 克抓匀，放入鸡蛋 150 克、生粉 50 克再次抓匀上劲。

4 配菜要求：莲藕、鸡蛋、肉馅、调料分别装在器皿里。

5 工艺流程：调馅→炸藕盒→烹饪熟化食材→装盘→浇汁。

6 烹调成品菜：①容器中加入鸡蛋 200 克、生粉 500 克、玉米淀粉 250 克、料油 20 毫升、清水 150 毫升搅拌均匀后，加入盐 20 克、味精 5 克和糊，和到糊呈奶油状即可；将藕片夹住肉馅，蘸上调好的糊，制成藕夹。油温五成热时，下入藕夹，炸制定形后捞出。将藕夹与荷包蛋码放在盘中。② 另起锅烧油，加入葱、姜、蒜末各 20 克、清水 350 毫升、生抽 15 毫升、料酒 50 毫升、老抽 10 毫升，盐 10 克、白糖 10 克、味精 10 克，大火烧开后淋明油浇在盘中，放入万能蒸烤箱，选择蒸的模式，温度 130℃、湿度 100% 蒸 20 分钟，取出蒸盘，将盘中的汤倒入锅内，加入盐 5 克，味精 5 克，白糖 5 克，用水淀粉勾芡，淋明油，撒上青、红椒末，浇在盘中即可。

7 成品菜装盘（盒）：菜品采用“盛入法”装入盒中，摆放整齐即可。成品重量：4200 克。

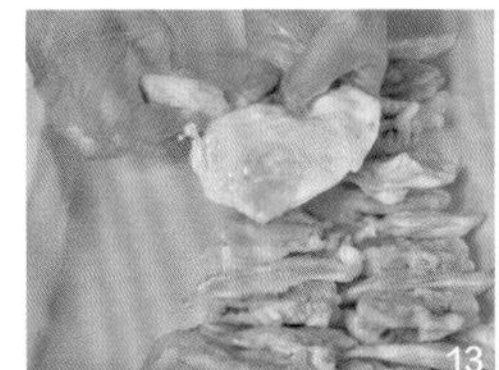

| 要领提示 | 藕夹切配时要薄厚均匀，否则影响口感。

| 操作重点 | 出锅时注意调味。

| 成菜标准 | ①色泽：浅红色；②芡汁：薄芡汁；③味型：咸鲜；④质感：脆嫩可口。

| 举一反三 | 白萝卜夹、红萝卜夹。

扫一扫，看视频

菜品名称

金汤狮子头

营养师点评

金汤狮子头是由淮扬菜“蟹粉狮子头”演变而来的菜品，咸鲜适中，汤汁中有金瓜的香味，软糯可口，入口即化。含有丰富的氨基酸、蛋白质、脂肪、矿物质等营养成分。南瓜除含有维生素 A 外，还含有胡萝卜素，对缓解视觉疲劳有一定的帮助。

营养成分

（每100克营养素参考值）

能量：171.4 卡

蛋白质：5.9 克

脂肪：14.3 克

碳水化合物：4.7 克

维生素 A:11.1 微克

维生素 C：1.9 微克

钙：10.7 微克

钾：131.6 毫克

钠：387.1 毫克

铁：1.1 毫克

原料组成

主料

净猪五花肉 3000 克

辅料

净清水马蹄 600 克、净金瓜 800 克、白菜叶 200 克、香芹 200 克

调料

料酒 80 毫升、盐 50 克、味精 8 克、白胡椒粉 6 克、葱 80 克、姜 80 克、鸡汤 2500 毫升、水淀粉 160 毫升（生粉 80 克 + 水 80 毫升）、鸡蛋清 80 克、玉米淀粉 110 克、水 2000 毫升、矿泉水 1000 毫升、植物油 100 毫升

1 初加工：金瓜去皮、去籽；五花肉洗净；香芹去叶、洗净；白菜洗净。

2 原料成形：五花肉去皮，切 0.3 厘米厚的片，肉片切成 0.3 厘米的丝儿，再顶刀切成粒。切粒完成后用刀斩一下，让肉的纤维变松，有相互的拉力，增加肉质的黏性。金瓜去皮、切片，洗净后沥干水分，放入蒸箱蒸 20 分钟，取出放凉。加 1000 毫升矿泉水，用破碎机打成金瓜泥，装碗备用；马蹄用刀拍碎成小粒；葱、姜各 80 克拍碎，加 1200 毫升清水泡成葱姜水。

3 腌制流程：将切好的猪肉粒放生食盆中，加料酒 40 毫升、鸡蛋清 80 克、胡椒粉 2 克、味精 3 克，分三次加入 300 毫升葱姜水，再加盐 15 克搅拌上劲，加入玉米淀粉 110 克，上劲后肉馅儿黏性较大时，下入切好的马蹄、香芹粒，搅拌上劲后备用。

4 配菜要求：金瓜汁用 2500 毫升鸡汤融开备用，另起锅上火加水烧开。

5 工艺流程：成形→蒸制→炖煮→烧汁 + 调味勾芡→浇汁→出锅装盘。

6 烹调成品菜：① 将打好的肉馅儿按 70 克一枚团成团放入盘中（团肉馅时要准备淀粉水，团出的肉团圆润光滑），放入蒸箱中，上汽后蒸 25 分钟取出。② 锅上火烧热，锅中放入葱姜水 900 毫升、料酒 40 毫升、胡椒粉 2 克、盐 5 克，把蒸好的狮子头分别下入开水锅中，打去浮沫，在狮子头上盖一层菜叶，以免狮子头发黑，保证狮子头不会露出水面，小火炖 50 分钟。③ 锅上火烧热，放入水 800 毫升及金瓜汁搅拌均匀，开锅后放入胡椒粉 2 克，盐 30 克，味精 5 克，再次烧开后用 160 克水淀粉勾薄芡，淋入明油 100 毫升，盛入餐盘中。将炖熟的狮子头放金汁的盒中即可。

7 成品菜装盘（盒）：菜品采用“盛入法”装入盒中，排列整齐。成品重量：5050 克。

| 要领提示 | 猪肉改刀时先切片，再切条后切粒。加工时，肉粒不能过细；马蹄先拍散、斩细，两种原料的大小相同最佳，避免成菜后口感不软糯。

| 操作重点 | ①调拌肉馅时，一定要搅打上劲，葱、姜水要分三次加入并充分搅拌，也可用摔的方法上劲。拌至有黏性，利于成型，加入第三次葱姜水时，要根据肉馅儿黏性决定水量，肉馅儿不能过稀，过稀不好成型。②炖肉圆时不能用大火，微火保持锅中水面儿没有水花，可将肉圆用白菜叶盖上，也可在肉圆成形后捞至盒中，用蒸烤箱蒸 60 分钟，效果更佳。

| 成菜标准 | ①色泽：汤汁金黄；②芡汁：薄芡；③味型：咸鲜适中，汤汁中有金瓜香味；④质感：软糯可口，入口即化。

| 举一反三 | 换汁，可做金汤鲈鱼。

菜品名称

京酱肉丝

营养师点评

京酱肉丝是老北京菜，咸甜适中，酱香浓郁，风味独特。此菜蛋白质含量比较丰富，钙和铁含量也比较丰富。滑嫩细腻的肉丝比较易于咀嚼，有利于消化吸收，是一款适合老年人佐食的菜肴。

营养成分

（每 100 克营养素参考值）

能量：162.3 卡

蛋白质：11.0 克

脂肪：6.9 克

碳水化合物：13.9 克

维生素 A: 35.7 毫克

维生素 C：0.5 毫克

钙：18.3 毫克

钾：185 毫克

钠：597.1 毫克

铁：2.3 毫克

原料组成

主料

净瘦肉 2500 克

辅料

净葱 800 克、净豆皮 1000 克

调料

盐 30 克、鸡粉 10 克、胡椒粉 10 克、玉米淀粉 80 克、白糖 110 克、料酒 130 毫升、香油 30 毫升、甜面酱 500 克、鸡蛋 2 个、姜 120 克、植物油 100 毫升、开水 300 毫升

加工制作流程

1 初加工：将猪瘦肉洗净；葱去根、洗净。

2 原料成形：猪瘦肉切长5厘米、姜去皮，洗净。宽0.5厘米见方的丝；葱去尾、去头，切长5厘米细丝；豆皮切5厘米见方的片，姜切末。

3 腌制流程：猪肉丝加入料酒30毫升、盐15克、白糖10克、胡椒粉5克、鸡蛋2个、玉米淀粉80克搅拌均匀，腌制10分钟。

4 配菜要求：肉丝、葱丝、豆皮、调料分别放入器皿中备用。

5 工艺流程：炙锅→烹制食材→调味→出锅装盘。

6 烹调成品菜：① 把豆皮放入万能蒸烤箱，选择蒸的模式，温度100℃，湿度100%，蒸2分钟。② 锅上火烧热，加入植物油，油温烧至五成热时，放入肉丝滑散，滑熟后捞出控油备用。③ 锅上火烧热，放入植物油100毫升，煸香姜末120克，加入料酒100毫升、甜面酱500克、盐15克、白糖100克、鸡粉10克、胡椒粉5克，倒入开水300毫升大火烧开，放入肉丝翻炒均匀，淋入香油30毫升即可。④ 在盘底垫一层葱丝，将肉丝盛在葱丝上，豆皮摆放在肉丝旁边即可。

7 成品菜装盘（盒）：菜品采用“盛入法”装入盒中，呈自然堆落状。成品重量：3540克。

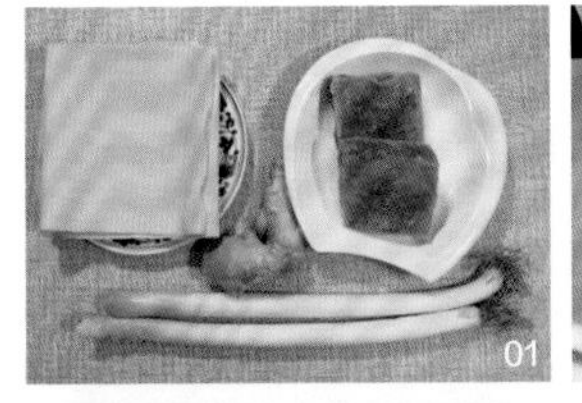
01

02

03

04

05

06

07

08

09

10

11

12

13

14

| 要领提示 | 调制酱汁时，不需要加太多盐，因为甜面酱中含有大量盐分。

| 操作重点 | 烹煮酱汁的水不宜过多，否则肉丝下锅后会因酱汁过稀，无法被酱汁包裹，味道也会比较淡。

| 成菜标准 | ①色泽：酱红色；②芡汁：薄汁薄芡；③味型：咸甜；④质感：肉丝滑嫩；

| 举一反三 | 京酱鸭片、京酱牛肉丝、京酱藕丝。

菜品名称

鸡酱银丝肉丸

营养师点评

鸡酱银丝肉丸是一道中西融合菜，好吃好看，营养非常丰富。此菜热量较高，蛋白质不足，脂肪含量高，维生素A和钾比较丰富，质地软烂，易于咀嚼，是一款适宜佐食下饭的菜肴，最好与粗粮类的主食搭配食用，更有利于脂肪的燃烧。同时适量增加一些蔬菜佐食，以提高维生素和膳食纤维的摄入。

营养成分

（每100克营养素参考值）

能量：302.1卡

蛋白质：7.7克

脂肪：21.3克

碳水化合物：19.8克

维生素A: 39.2微克

维生素C：4.2毫克

钙：18.2毫克

钾：154.1毫克

钠：329.6毫克

铁：2.2毫克

原料组成

主料

猪肉馅3000克

辅料

粉丝1000克、胡萝卜500克、白萝卜500克

调料

料酒50毫升、胡椒粉10克、味精15克、盐30克、白糖45克、蚝油60克、鸡蛋清180克、生粉135克、料油120毫升、青红椒米各30克、葱姜蒜各30克、泰国鸡酱500克、水300毫升

加工制作流程

1 初加工：白萝卜、胡萝卜去皮、洗净，粉丝泡发、洗净，葱、姜、蒜去皮洗净备用。

2 原料成形：胡萝卜、白萝卜切丁；葱、姜、蒜切末。

3 腌制流程：肉馅中加入料酒 50 毫升、胡椒粉 10 克、 味精 5 克、盐 20 克、白糖 10 克、蚝油 30 克、萝卜丝、白萝卜丁搅拌均匀，再加入鸡蛋清 180 克、生粉 135 克、料油 20 毫升抓匀，腌制 10 分钟。

4 配菜要求：白萝卜、调好的肉馅、粉丝、胡萝卜、调料分别装在器皿里备用。

5 艺流程：食材腌制→食材制作→烹饪熟化食材→装盘。

6 烹调成品菜：① 热锅放水，水开后放入白萝卜、胡萝卜，烫一下捞出，挤干水分，与肉馅拌匀。② 把肉馅挤成丸子，放入万能蒸烤箱中，选择蒸的模式，温度 100℃，湿度 100%，蒸 25 分钟；粉丝中加入料油 50 毫升、盐 10 克及青、红椒米各 30 克，拌匀蒸 5 分钟，装盘。③锅中放油，放入葱、姜、蒜各 30 克煸香，加入蚝油 30 克、泰国鸡酱 500 克，白糖 35 克，味精 10 克、水 300 毫升熬制成汁，淋料油 50 毫升。④取出蒸好的粉丝铺在盘底，将蒸好的丸子取出码在粉丝上，淋上调制好的汤汁即可。

7 成品菜装盘（盒）：菜品采用“盛入法”装入盒中，摆放整齐即可。成品重量为 5000 克。

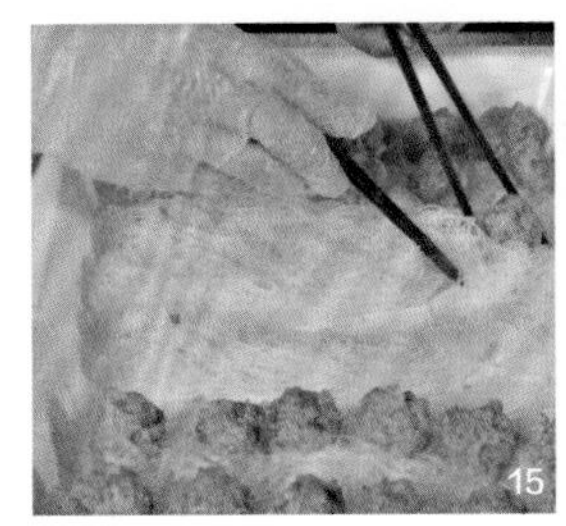

| 要领提示 | 粉丝泡发时，用热水烫一下，马上用凉水泡凉，否则影响口感。

| 操作重点 | 萝卜丝焯水时，烫一下即可，一定要攥干水分。

| 成菜标准 | ①色泽：色泽红绿相间；②芡汁：薄芡汁；③味型：咸鲜甜辣；④质感：肉丸软糯，粉丝顺滑，汁浓味美。

菜品名称

极品水煮肉

营养师点评

极品水煮肉是一道比较有名的川菜，这道菜在传统的水煮肉的基础上进行了创新，将油菜垫底变为蛋羹垫底。菜肴肉质滑嫩，羹质滑口，蛋白质含量较高，低脂肪，富含维生素A及微量元素钾和钙。此菜质地熟烂易于咀嚼与消化吸收。选用此菜要配一些蔬菜类菜肴，以补充维生素和膳食纤维。

营养成分

（每100克营养素参考值）

能量：132.2卡

蛋白质：14.2克

脂肪：6.5克

碳水化合物：3.9克

维生素A: 57.6微克

维生素C：0.4毫克

钙：21.8毫克

钾：243.5毫克

钠：378.5毫克

铁：1.9毫克

原料组成

主料

里脊肉3000克

辅料

鸡蛋液110克、豆浆750毫升

调料

盐20克、胡椒粉5克、料酒160毫升、老抽20毫升、郫县豆瓣酱150克、火锅底料250克、玉米淀粉140克、葱花70克、姜末15克、干辣椒段20克、蒜末50克、花椒10克、小香葱50克、高汤

加工制作流程

1 初加工：黄豆泡胀，里脊肉洗净。

2 原料成形：里脊肉切3.5厘米长、2厘米宽的片，黄豆打成豆浆，加热备用。

3 腌制流程：里脊肉中放入盐5克、胡椒粉2克、料酒100毫升、鸡蛋液110克抓拌均匀，加入玉米淀粉140克抓匀上浆、封油，腌5分钟备用。

4 配菜要求：主料、辅料、调料分别装在器皿中备用。

5 工艺流程：蒸制食材→调汁→烹制食材→后调味→浇汁→出锅装盘。

6 烹调成品菜：① 把1000克鸡蛋打入器皿中，快速打散，慢慢加入热豆浆搅拌均匀，再加入盐5克、胡椒粉2克搅拌均匀。② 蒸盘底刷一层油，将蛋液倒入盘中，用保鲜膜封口（扎眼），放入万能蒸烤箱中，选择蒸的模式，温度100℃，湿度100%，蒸20分钟后取出。③ 锅上火烧热，倒入植物油，放入花椒5克、干辣椒10克爆香，放入葱花20克、姜末15克炒香，加入郫县豆瓣酱150克炒出红油，再下入火锅底料250克，小火炒制，烹入料酒60毫升，加入高汤，转小火熬制，打去残渣，放入老抽20毫升上色，加入盐10克，胡椒粉1克调味，分散下入肉片水滑，滑熟后盛出，均匀地浇在蒸制好的鸡蛋羹上。④ 将辣椒段10克、花椒5克、蒜末50克撒在肉片上。锅上火，热锅凉油，倒入植物油，将油烧热后泼在肉片上，最后撒入葱花50克即可。

7 成品菜装盘（盒）：菜品采用“盛入法”装入盒中，呈自然堆落状。成品重量为3810克。

| 要领提示 | 火锅底料要充分炒出香味，制作蛋羹时鸡蛋和豆浆要打匀，豆浆要慢慢加入。
| 操作重点 | 豆浆要提前过滤，烹饪过程中要少油。
| 成菜标准 | ①色泽：红亮；②芡汁：汁宽，自然芡；③味型：咸鲜微辣；④质感：里脊爽口滑嫩。
| 举一反三 | 水煮牛肉、水煮鸡肉。

菜品名称

腊肉炒年糕

营养师点评

腊肉炒年糕是一道特色美食，年糕软糯，腊肉下饭。此菜总热量较高，脂肪超标。此菜质地干爽且软糯，适合牙口好的老年人食用，增加一些绿叶菜和粗粮类的主食搭配食用，更有利于脂肪的燃烧。

营养成分

（每100克营养素参考值）

能量：362.4 卡

蛋白质：8.6 克

脂肪：28.8 克

碳水化合物：17.1 克

维生素 A: 1.1 微克

维生素 C：12.9 毫克

钙：126.4 毫克

钾：208.6 毫克

钠：404.2 毫克

铁：0.9 毫克

原料组成

主料

腊肉 1500 克、年糕 1800 克

辅料

青椒、红椒各 400 克

调料

盐 3 克、白糖 15 克、味精 4 克、料酒 40 毫升、料油 160 毫升、鸡汁 30 毫升、蚝油 90 克、葱 5 克、姜 10 克、水淀粉 20 毫升（生粉 10 克 + 水 10 毫升）、料油 170 毫升

加工制作流程

1 初加工：青椒、红椒去蒂，洗净；腊肉去皮。

2 原料成形：年糕切3厘米见方的块，腊肉切3厘米见方的块，红椒切3厘米的菱形片。

3 腌制流程：无

4 配菜要求：年糕、腊肉、红椒、调料分别放在器皿中备用。

5 工艺流程：炙锅→烧水→焯食材→烹制熟化食材→出锅装盘。

6 烹调成品菜：① 腊肉片、年糕片中分别加入料油30毫升拌匀分别放入蒸盘中，放入万能蒸烤箱，选择蒸的模式，温度100℃、湿度100%，蒸8分钟后取出；青椒与红椒加入盐3克、料油90毫升、白糖15克、味精1克搅拌均匀，放入万能蒸烤箱中，蒸的模式为温度100℃、湿度100%，蒸1分钟后取出。② 锅上火烧热，倒入料油40毫升，油热后加葱5克、姜10克煸香，倒料酒40毫升，再将腊肉倒入翻炒均匀，加蚝

油90克、年糕1800克、味精3毫升、鸡汁30毫升、水50毫升，翻炒均匀，最后加入青椒、红椒各200毫升，水淀粉20毫升（生粉10克+水10毫升）勾薄芡，淋入料油10毫升，出锅即可。

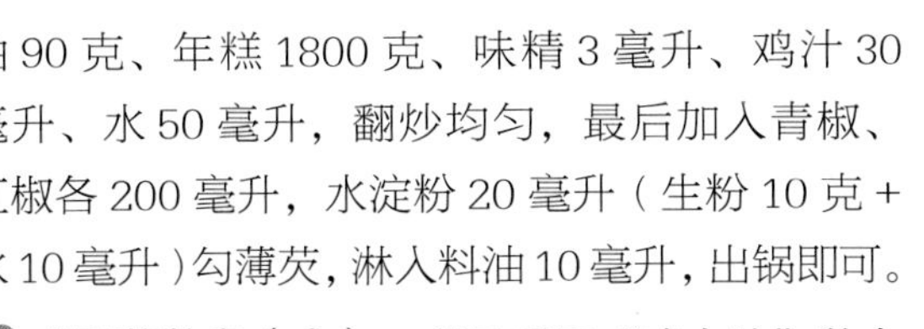

7 成品菜装盘（盒）：菜品采用"盛入法"装入盒中，呈自然堆落状。成品重量：3740克。

| 要领提示 | 切配时大小要均匀。
| 操作重点 | 腊肉在烹调之前最好蒸一下，这样烹制好的菜肴口味好，腊肉本身带有咸味，所以炒菜时要减少盐的用量，年糕在蒸之前一定要拌油。
| 成菜标准 | ①色泽：红白相间；②芡汁：薄芡汁；③味型：咸鲜香，腊味突出；④质感：年糕软糯可口。
| 举一反三 | 腊味荷兰豆、腊味青笋。

菜品名称

腊肠炒西芹

营养师点评

这是一道家常小炒，好吃下饭，营养非常丰富。此菜总热量不高，蛋白质不足，脂肪含量略高，膳食纤维和钙比较丰富，钠的含量偏高。因西芹与腊肠都比较硬，因此需要细嚼慢咽。

营养成分

（每100克营养素参考值）

能量：174.7 卡

蛋白质：4.5 克

脂肪：13.9 克

碳水化合物：7.6 克

维生素 A: 32.0 微克

维生素 C：3.7 毫克

钙：32.2 毫克

钾：51.1 毫克

钠：860.6 毫克

铁：0.9 毫克

原料组成

主料

西芹 3500 克

辅料

腊肠 1000 克、胡萝卜 500 克

调料

植物油 300 毫升、葱油 90 毫升、葱 50 克、姜 50 克、蒜 50 克、盐 55 克、白糖 10 克、味精 15 克、水淀粉 300 毫升（生粉 100 克 + 水 200 毫升）、水 5000 毫升

加工制作流程

1 初加工：西芹摘叶、洗净，胡萝卜去皮、洗净，葱、姜、蒜去皮，洗净备用。

2 原料成形：西芹改刀切成 1 厘米厚、3 厘米长的抹刀片；胡萝卜改刀切成 3 厘米见方的菱形片；腊肠切成 2 厘米宽、3 厘米长的椭圆片。葱、姜、蒜切末。

3 腌制流程：无

4 配菜要求：西芹、腊肠、胡萝卜、调料分别装在器皿里备用。

5 工艺流程：炙锅烧水→食材焯水→烹饪熟化食材→装盘。

6 烹调成品菜：① 锅上火烧热，锅中放入水 5000 毫升、盐 20 克、味精 5 克、植物油 100 毫升，水开后放入腊肠，开锅后捞出，备用；继续放入西芹，开锅后再放入胡萝卜，水开后捞出，过凉，控水备用。② 锅上火烧热，锅中倒入植物油 200 毫升，再放入腊肠，中小火煸炒出香味（微微卷曲），

放入葱、姜、蒜煸香，加入西芹、胡萝卜翻炒均匀，加入盐 35 克、白糖 10 克、味精 10 克，翻炒均匀，加入水淀粉 300 毫升勾芡，淋入葱油 90 毫升，出锅装盘。

7 成品菜装盘（盒）：菜品采用“盛入法”装入盒中，呈自然堆落即可。成品重量：4000 克。

| 要领提示 | 西芹切配时一定要把筋削去，否则影响口感。
| 操作重点 | 腊肠要小火煸炒出油，西芹大火翻炒快速出锅。
| 成菜标准 | ①色泽：色泽红绿相间；②芡汁：薄芡汁；③味型：咸鲜香；④质感：西芹清香脆爽，腊肠干香。
| 举一反三 | 腊味芥蓝。

扫一扫，看视频

菜品名称

木须肉

营养师点评

木须肉原名木樨肉，是一道常见的传统特色名菜。此菜香味浓厚，咸香爽口。因主副原料品类多，营养互补性强，蛋白质丰富，含有膳食纤维和多种矿物质。菜肴质地软烂，易于咀嚼与吸收，适合老年人食用。

营养成分
（每100克营养素参考值）
能量：164.8卡
蛋白质：13.3克
脂肪：10.0克
碳水化合物：5.5克
维生素A: 54.5微克
维生素C：2.0毫克
钙：36.9毫克
钾：240.9毫克
钠：445.4毫克
铁：3.0毫克

原料组成

主料
猪净瘦肉3000克

辅料
净鸡蛋液400克、干黄花菜400克、净黄瓜800克、净木耳400克

调料
植物油300毫升、盐40克、生抽40毫升、料酒80毫升、鲜汤500毫升、玉米淀粉50克、葱50克、姜25克、水2000毫升、水淀粉60克（生粉30克＋水30毫升）、蛋液120克、老抽35毫升、香油50毫升

加工制作流程

1 初加工：将猪通脊肉洗净、备用，干黄花菜、干木耳泡发，黄瓜去皮洗净。

2 原料成形：将猪瘦肉切成0.2厘米厚的柳叶片；鸡蛋打入盆中打散搅成蛋液；黄瓜切成菱形片；泡发的黄花菜去根，洗干净，切两段；泡发的木耳去根，洗干净，切片；葱、姜择洗干净，分别切末，备用。

3 腌制流程：将切好的里脊片放入盆中，加入盐10克、料酒40毫升搅拌均匀，加入蛋液120克再次抓匀，然后加入玉米淀粉50克抓均上浆，最后倒入植物油200毫升，封油腌制10分钟，备用。

4 配菜要求：将腌好的肉片、打散的鸡蛋液、黄瓜、黄花、木耳及调料分别放入器皿中备用。

5 工艺流程：炙锅→肉片滑油→摊鸡蛋→木耳焯水→烹制食材→调味→出锅装盘。

6 烹调成品菜：① 锅上火烧热，热锅凉油，加入植物油，油温四成热时，放入浆好的肉片慢慢搅动，待肉片变色后捞出，控油；待油温再次升至四成热时，下入黄瓜过油，盛出控油，备用；锅内留少许底油，烧热，倒入搅好的蛋液400克炒熟出锅备用。② 锅上火烧热，加入水2000毫升，放入盐5克，木耳片和黄花分别焯水，捞出控水备用。③锅上火烧热，倒入植物油100毫升，下入姜末25克、葱末50克，小火煸香，依次倒入生抽40毫升、老抽35毫升、料酒40毫升、鲜汤500毫升调味，然后依次下入滑熟的肉片、黄花、木耳及炒好的鸡蛋，加入盐25克、水淀粉60克勾芡，放入黄瓜片翻炒均匀，淋入香油50克，出锅装盘即可。

7 成品菜装盘（盒）：菜品采用“盛入法”装入盒中，呈自然堆落状。成品重量：4760克。

| 要领提示 | 滑肉片时要掌握好油温，木耳需焯水。

| 操作重点 | 肉片上浆滑油、滑嫩，鸡蛋要炒制色泽金黄且成形。

| 成菜标准 | ①色泽：红黄绿黑分明；②芡汁：薄芡；③味型：咸鲜；④质感：肉片滑嫩、鸡蛋软嫩，黄瓜清爽。

| 举一反三 | 可以把辅料换为胡萝卜、玉兰片（笋片）。

扫一扫，看视频

菜品名称

糯米香菌丸子

营养师点评

糯米香菌丸子是一道可口的家常菜，此菜软糯香浓，热量较高，脂肪和碳水化合物的含量都很高；质地软烂，易于咀嚼，是一款适宜佐食下饭的菜肴，食用时需搭配一些粗粮类的主食，这样更有利于脂肪的燃烧。

营养成分

（每100克营养素参考值）

能量：317.5卡

蛋白质：9.2克

脂肪：18.4克

碳水化合物：28.8克

维生素A:13.6微克

维生素C：2.7毫克

钙：14.6毫克

钾：180.3毫克

钠：373.9毫克

铁：1.5毫克

原料组成

主料

猪肉馅2500克

辅料

糯米1500克、白玉菇500克

调料

料酒60毫升、胡椒粉10克、盐40克、白糖20克、味精10克、蚝油20克、生粉200克、鸡蛋2个、葱末40克、姜末40克、水淀粉150毫升（生粉50克+水100毫升）、青椒丁50克、红椒丁50克

加工制作流程

1 初加工：糯米泡好，白玉菇、葱、姜洗净，备用。

2 原料成形：白玉菇切成碎米，葱、姜切细末。

3 腌制流程：把肉馅放入生食盒中，加入攥干水分的白玉菇，放入葱30克、姜30克、料酒60毫升、胡椒粉5克、盐30克、白糖10克、味精5克、蚝油20克抓匀，加入鸡蛋2个再次拌匀，加入生粉200克，摔打上劲。

4 配菜要求：把调制好的肉馅、白玉菇、糯米以及调料分别装在器皿里备用。

5 艺流程：腌制→裹米摆盘→蒸制食材→装盘→浇汁。

6 烹调成品菜：① 锅上火烧热，锅中放水烧开后，倒入白玉菇焯一下，捞出过凉、控水，备用；将糯米倒入盘中备用。② 将调制好的肉馅挤成丸子均匀地裹上一层糯米，整齐地摆放在盘中，放入万能蒸烤箱中，蒸的模式为温度100℃，湿度100%，蒸30分钟后取出。③ 锅上火烧热，加入葱10克、姜10克煸香，再加入清水大火烧开，捞出葱姜，加入胡椒粉5克、白糖10克、盐10克、味精5克、青红椒丁50克、水淀粉150克勾芡，淋入明油，点缀青、红椒丁，将调好的汁浇在丸子上即可。

7 成品菜装盘（盒）：菜品采用“码放法”装入盒中，整齐划一。成品重量：3500克。

|要领提示|丸子挤的时候大小要均匀。

|操作重点|葱姜爆锅后填完清水要把配料捞出来，否则汤汁不清亮。

|成菜标准|①色泽：色泽洁白明亮；②芡汁：薄芡汁；③味型：咸鲜香；④质感：糯米香甜，肉丸软糯。

|举一反三|糯米蒸排骨。

扫一扫，看视频

菜品名称

肉段烧茄子

营养师点评

肉段烧茄子是一道北方家常小炒，香酥软糯、好吃下饭，营养非常丰富。此菜总热量不高，蛋白质不足，脂肪含量不超标，膳食纤维和钙含量比较丰富，钠含量偏高，菜肴质地熟烂，易于咀嚼。

营养成分

（每100克营养素参考值）

能量：136.1卡
蛋白质：4.2克
脂肪：9.1克
碳水化合物：9.2克
维生素A: 29.3微克
维生素C：13.6毫克
钙：20.6毫克
钾：162.2毫克
钠：629.1毫克
铁：1.1毫克

原料组成

主料

茄子3000克

辅料

猪里脊肉1000克、胡萝卜500克、青椒500克

调料

植物油500毫升、葱50克、姜50克、蒜50克、盐70克、白糖90克、蚝油150克、白醋65毫升、生粉10克、玉米淀粉200克、老抽50毫升、味精15克、水淀粉300克（生粉100克＋水200毫升）、葱油280毫升、清水2400毫升

加工制作流程

1 初加工：青椒去籽、去蒂；茄子、胡萝卜去皮、洗净；猪里脊洗净；葱、姜、蒜、去皮，洗净备用。

2 原料成形：猪里脊切 1 厘米厚、3 厘米长的条；茄子切 2 厘米厚、3 厘米长的条；胡萝卜、青椒切 1 厘米宽、3 厘米长的条；葱、姜、蒜切末。

3 腌制流程：把切好的猪里脊肉放入生食盒中，加入生粉抓匀，倒入清水 400 毫升，搅拌均匀；茄子上拍一层玉米淀粉 200 克要拍匀备用。

4 配菜要求：猪里脊肉、茄子、青椒、胡萝卜、调料分别摆放在器皿里。

5 工艺流程：炙锅烧油→炸制食材→烹饪熟化食材→装盘。

6 烹调成品菜：① 锅上火烧热，锅中倒入植物油，因要炸三次，第一次待油温六成热时下入腌好的里脊肉段，炸成黄色，捞出控油。第二次待油温七成热时，放入炸好的里脊肉片复炸至金黄色捞出，控油备用。同时放入拍好粉的茄子，炸成金黄色，捞出控油备用。第三次将青椒、胡萝卜汆油出锅。② 锅上火烧热，锅中倒入底油，放入葱、姜、蒜末煸香，加入蚝油 150 克，老抽 50 毫升、清水 2000 毫升、白糖 90 克，盐 70 克，味精 15 克、白醋 65 毫升大火烧开，用水淀粉 300 克勾芡，淋入葱油 280 毫升，倒入肉段、茄子、胡萝卜、青椒翻炒均匀，出锅装盘。

7 成品菜装盘（盒）：菜品采用“盛入法”装入盒中，呈自然堆落状。成品重量：6000 克。

| 要领提示 | 茄子切配时一定要均匀，否则影响炸制。

| 操作重点 | 茄子炸制时要薄薄拍上一层玉米淀粉。

| 成菜标准 | ①色泽：红绿相间；②芡汁：薄芡汁；③味型：咸鲜香；④质感：软烂。

| 举一反三 | 溜肉段、溜两样。

扫一扫，看视频

菜品名称

烧五珍狮子头

营养师点评

烧五珍狮子头的灵感来源于淮扬菜蟹粉狮子头、八珍狮子头，此菜由猪肉和五种素菜烹制而成，吃起来口感很有层次。这道菜含有蛋白质丰富，脂肪略高，质地熟烂，易于咀嚼与易于吸收，适于体质瘦弱的老人食用。体重偏重、血脂偏高的老人需要控制摄入量。

营养成分

（每100克营养素参考值）

能量：268.4 卡

蛋白质：10.0 克

脂肪：23.2 克

碳水化合物：4.9 克

维生素 A: 25.2 微克

维生素 C：1.0 毫克

钙：11.4 毫克

钾：161.2 毫克

钠：639.1 毫克

铁：1.3 毫克

原料组成

主料

猪五花肉 3500 克

辅料

马蹄、西芹、水发香菇、胡萝卜、金瓜各 200 克

调料

盐 40 克、味精 15 克、生抽 90 毫升、老抽 45 毫升、蚝油 105 克、料酒 110 毫升、胡椒粉 10 克、葱 90 克、姜 150 克、鸡蛋 2 个、白糖 20 克、汤 4000 毫升、大料 5 克、桂皮 5 克、水 1000 毫升、植物油 150 毫升、水淀粉 100 毫升（生粉 50 克 + 水 50 毫升）

加工制作流程

1 初加工：五花肉洗净、去皮，马蹄去皮、洗净，西芹去根、去叶，香菇去蒂，胡萝卜去皮，金瓜去皮、去籽，洗净备用。

2 原料成形：将五花肉切成 0.2 厘米的小丁，并用刀排斩两遍，主要是为增加肉质的黏力；取葱 80 克切段、取姜 140 克切段，加入 1000 毫升水浸泡；马蹄拍碎斩成小粒；西芹焯水过凉后切成小丁；香菇切成小丁；胡萝卜切成丝后焯水，过凉；金瓜切成小丁备用。

3 腌制流程：把猪肉丁放入生食盒里，分三次放入葱姜水 200 毫升，按照一个方向搅拌均匀，依次加入料酒 35 毫升、蚝油 40 克、盐 20 克、生抽 25 毫升、味精 10 克、胡椒粉 5 克、鸡蛋 2 个拌匀，摔打上劲，放入马蹄、西芹、香菇、胡萝卜、金瓜丁向同一方向搅拌均匀上劲，最后放入 40 毫升水淀粉（生粉 20 克 + 水 20 毫升）搅匀备用。

4 配菜要求：调好的肉馅、调料分别摆放在器皿中备用。

5 工艺流程：炙锅→调汁→浇汁→蒸制→出锅装盘。

6 烹调成品菜：① 锅上火烧热，倒入植物油，油温烧至五成热时，每次取 75 克肉馅，手上沾水淀粉，左右摔打团成丸子后下锅炸至成型。② 锅中留底油 150 毫升，下入大料 5 克，桂皮 5 克，葱、姜片各 10 克，炒香后放入汤 4000 毫升大火烧开，加入生抽 55 毫升、老抽 40 毫升、料酒 75 毫升、蚝油 65 克、胡椒粉 5 克、白糖 15 克、盐 20 克，开锅后捞出大料、桂皮、葱、姜，下入狮子头，用大火烧开再转小火烧 10 分钟即可。③ 将狮子头装入盘中，放入蒸烤箱蒸 1 个小时，蒸好后盛出摆入盘中。④ 锅上后烧热，倒入汤汁，将杂物滤净，加入味精 5 克，老抽 5 毫升，生抽 10 毫升，白糖 5 克，倒入水淀粉 60 毫升（生淀粉 30 克 + 水 30 毫升）勾芡，最后将芡汁均匀地浇在狮子头上即可。

7 成品菜装盘（盒）：菜品采用“盛入法”装入盒中，呈自然堆落状。成品重量：5200 克。

要领提示	肉馅调制过程中，葱姜水不能一次放入太多，要少量分次放入，防止肉馅太稀，特别加五种素丁后一定朝一个方向搅拌摔打上劲。
操作重点	①丸子大小要均匀，油温不能太低，同时也不能过高。油温过高会将素菜丁炸煳，失去清香味。②蒸制时间要满 1 个小时。
成菜标准	①色泽：浅红；②芡汁：薄芡；③味型：咸鲜；④质感：软糯。
举一反三	五珍可换为海鲜，比如加海参、虾仁等。

菜品名称

猪肉菜卷

营养师点评

此菜总热量较高，蛋白质含量不充足，脂肪偏高，质地熟烂易于咀嚼与消化吸收，是一道适合老年人秋冬季食用的菜肴。选用此菜要有一些精粗搭配的主食，以便促进脂肪的燃烧。

营养成分

（每 100 克营养素参考值）

能量：229.3 卡

蛋白质：8.3 克

脂肪：19.9 克

碳水化合物：4.1 克

维生素 A: 36.3 微克

维生素 C：7.1 毫克

钙：20.3 毫克

钾：173.2 毫克

钠：814.1 毫克

铁：1.3 毫克

原料组成

主料

猪肉馅 2000 克、白菜叶 600 克

辅料

胡萝卜 200 克、水发香菇 200 克、莴笋 300 克

调料

料酒 90 毫升 、盐 60 克、 生抽 20 毫升、味精 15 克、 鸡蛋 100 克、白糖 20 克、胡椒粉 30 克、葱 50 克、姜 50 克、蚝油 30 克、水 400 毫升、水淀粉 50 克

加工制作流程

1 初加工：将白菜叶洗净；胡萝卜、莴笋洗净、去皮；水发香菇去蒂，葱、姜去皮。

2 原料成形：将香菇、莴笋、胡萝卜切成丝，葱、姜切末。

3 腌制流程：将猪肉馅放入生盆中，加入料酒50毫升、盐20克、生抽20毫升、味精5克、鸡蛋100克、白糖10克、胡椒粉15克、葱30克、姜30克，向一个方向搅拌上劲后备用。

4 配菜要求：将主料、辅料、调料分别摆放器皿中备用。

5 工艺流程：焯食材→挤丸子→裹菜卷→蒸菜卷→调汁→浇汁→出锅装盘。

6 烹调成品菜：① 锅内放水，加入盐20克，味精5克，料酒20毫升，花生油少许，水开后放胡萝卜丝、将香菇丝焯水后捞出过凉，沥干水分备用。② 将焯水的菜叶捞出，沥干水分后，铺在案板上，将调好的肉馅儿挤成丸子，放在菜叶上，将胡萝卜丝、莴笋丝、香菇丝夹放在肉馅上。将白菜叶卷成卷，多余的菜帮切下，摆在蒸盘上码放整齐，用万能蒸烤箱蒸的模式，温度160℃，湿度100%，蒸12分钟后取出。③ 炒锅上火，放入植物油，下入葱、姜、蒜各20克炒香，放入蚝油30克、料酒20毫升、水400毫升、盐20克、味精5克、白糖10克、胡椒粉15克大火烧开后，用50毫升水淀粉勾芡，淋明油，再将芡汁均匀地淋在菜卷上即可。

7 成品菜装盘（盒）：菜品采用“排放法”装入盒中，自然堆落状。成品重量：3000克。

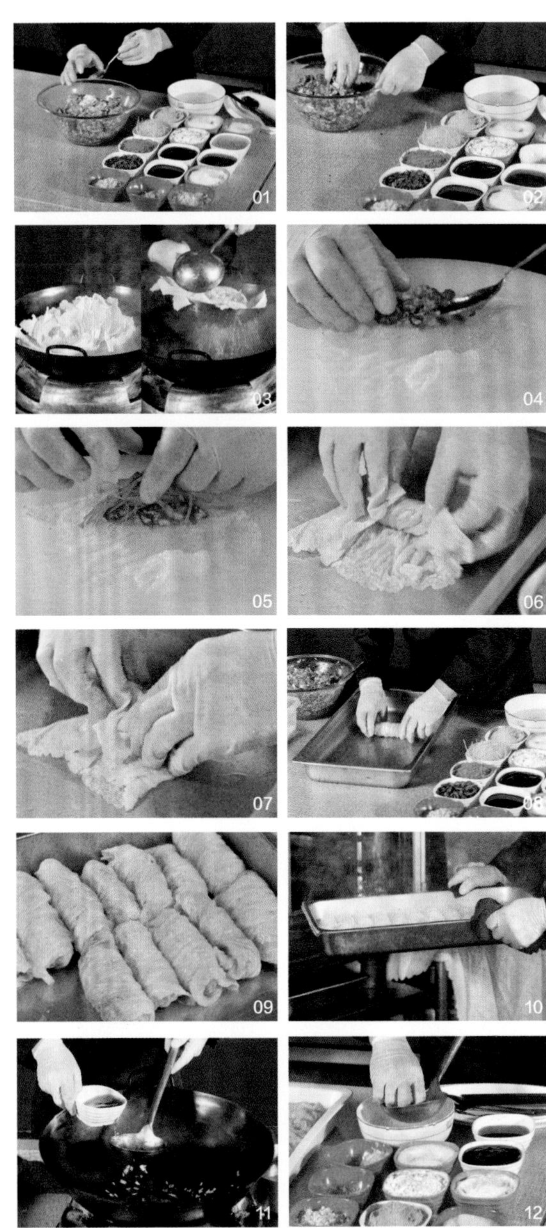

| 要领提示 | 选白菜叶用有绿色的叶，把三丝放在白菜叶中间。
| 操作重点 | 在操作前要把菜叶加工一下，太大的要切下去，菜帮部分要用刀片片一下，去掉厚帮，这样卷出大小一致。
| 成菜标准 | ①色泽：白绿相间；②芡汁：无；③味型：咸鲜；④质感：菜叶软烂、肉馅香糯。
| 举一反三 | 可用小白菜云白菜做皮，可用鸡肉做馅儿，也可用鸡蛋粉条做馅儿。

扫一扫，看视频

菜品名称

酸菜白肉

营养师点评

酸菜白肉是一道典型的东北菜，汤浓肉烂，肥而不腻，酸菜入味。此菜质地软烂，膳食纤维比较丰富，是汤菜兼有的一款菜肴，易于咀嚼，且十分下饭。

营养成分

（每100克营养素参考值）

能量：201.0 卡

蛋白质：5.7 克

脂肪：12.8 克

碳水化合物：15.6 克

维生素 A：11.8 微克

维生素 C：1.4 毫克

钙：28.9 毫克

钾：115.5 毫克

钠：150.6 毫克

铁：1.6 毫克

原料组成

主料

净猪五花肉 2500 克

辅料

净酸菜 2400 克、红薯粉 1100 克

调料

盐 2 克、味精 10 克、胡椒粉 7 克、韭菜花 150 克、辣椒油 90 克、腐乳汁 100 毫升、料酒 100 毫升、葱 100 克、姜 80 克、蒜蓉 20 克、生抽 70 毫升、小米辣 20 克、白醋 60 毫升、水 5000 毫升、大料 5 克、植物油 20 毫升

加工制作流程

1 初加工：五花肉洗净，锅上火烧热，锅中加水，放入五花肉（水没过五花肉），加入大料5克，料酒20毫升，葱、姜各50克，将五花肉煮七成熟，用温水清洗干净；酸菜洗净，切条；红薯粉用凉水泡发。

2 原料成形：五花肉切成4毫米厚的大片；葱、姜切片。

3 腌制流程：无

4 配菜要求：将准备好的五花肉、酸菜、红薯粉、调料分别摆放在器皿中备用。

5 工艺流程：炙锅→烹制食材→调味→出锅装盘。

6 烹调成品菜：① 锅上火烧热，锅中加水5000

毫升、姜片30克、葱片50克、料酒80毫升、味精10克再放入切好的五花肉，先放入酸菜，用大火烧煮30分钟，捞出五花肉切片；再放入红薯粉1100克、白醋60毫升、胡椒粉7克、盐2克继续炖煮5分钟，将酸菜、粉条盛入盘中备用。② 把五花肉片摆放到煮好的酸菜粉条上。③ 制汁：将蒜蓉20克、小米辣20克、生抽70毫升放入调料碗中。锅上火烧热，放入植物油20毫升烧热，倒入调料碗中。④ 酸菜白肉配韭菜花150克、腐乳汁100毫升、调好的蒜蓉汁、辣椒油90毫升，食用时味道更佳。

7 成品菜装盘（盒）：菜品采用“码放法”装入盒中，整齐划一。成品重量：6040克。

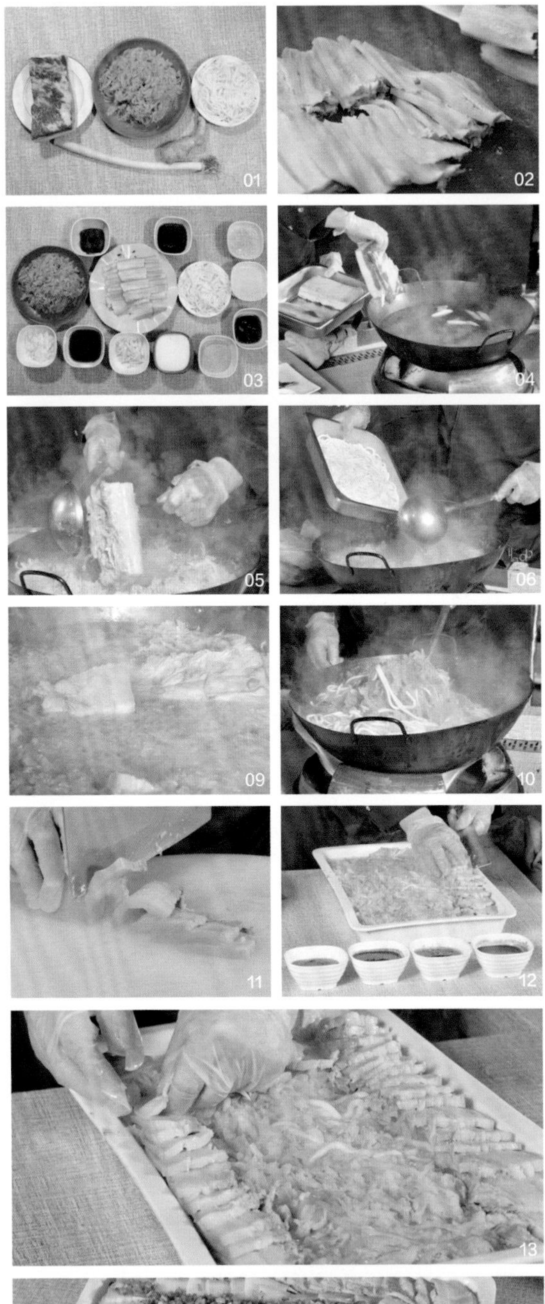

|要领提示| 五花肉要选五花三层的，要去掉猪皮上的毛，可以用火枪烧一下，再刮净。
|操作重点| 五花肉要冷水下锅煮熟，煮熟后要刀工切配，码放均匀，最后可以配不同的蘸汁。
|成菜标准| ①色泽：白绿相间；②芡汁：无；③味型：咸鲜酸香，汤汁浓郁；④质感：软烂。
|举一反三| 酸菜血肠、酸菜炖肉。

扫一扫，看视频

菜品名称

生敲肉片

营养师点评

生敲肉片是江浙地区的一道传统地方菜，肉片滑嫩，味道可口。此款菜肴荤素搭配合理，蛋白质丰富，脂肪不超标，质地软烂易于咀嚼与消化吸收，是一款适宜老年人食用的菜肴。

营养成分

（每100克营养素参考值）

能量：140.5 卡

蛋白质：10.4 克

脂肪：5.1 克

碳水化合物：13.2 克

维生素 A:36.6 微克

维生素 C：2.1 毫克

钙：18.8 毫克

钾：186.4 毫克

钠：323.7 毫克

铁：2.3 毫克

原料组成

主料

净猪里脊肉 1500 克

辅料

净鸡蛋 500 克、净水发木耳 500 克、净西红柿 500 克

调料

盐 25 克、味精 5 克、胡椒粉 5 克、料酒 60 毫升、香油 20 毫升、葱 20 克、姜 20 克、玉米淀粉 500 克

加工制作流程

1 初加工： 猪里脊肉洗净；鸡蛋打入碗里搅匀；水发木耳洗净；西红柿洗净。

2 原料成形： 将里脊肉顶刀切成厚 0.5 厘米的片；西红柿切成厚 0.5 厘米的片；葱、姜切米。

3 腌制流程： 将玉米淀粉 500 克放在案板上，放上一片肉，两面都沾上淀粉，用擀面杖将肉片敲薄成大片后，改刀。

4 配菜要求： 将肉片、西红柿、木耳、鸡蛋液、调料分别放在器皿中备用。

5 工艺流程： 滑肉片→制作蛋皮→烹制熟化食材→出锅装盘。

6 烹调成品菜： ① 炒锅上火，可用一块肉皮擦锅，淋上一勺打匀的蛋液，然后慢慢转锅，制成蛋皮后，

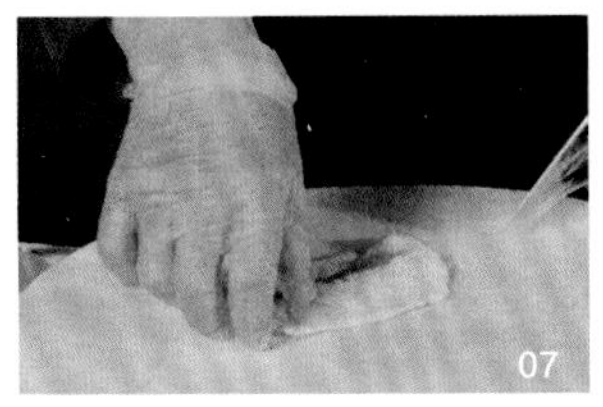

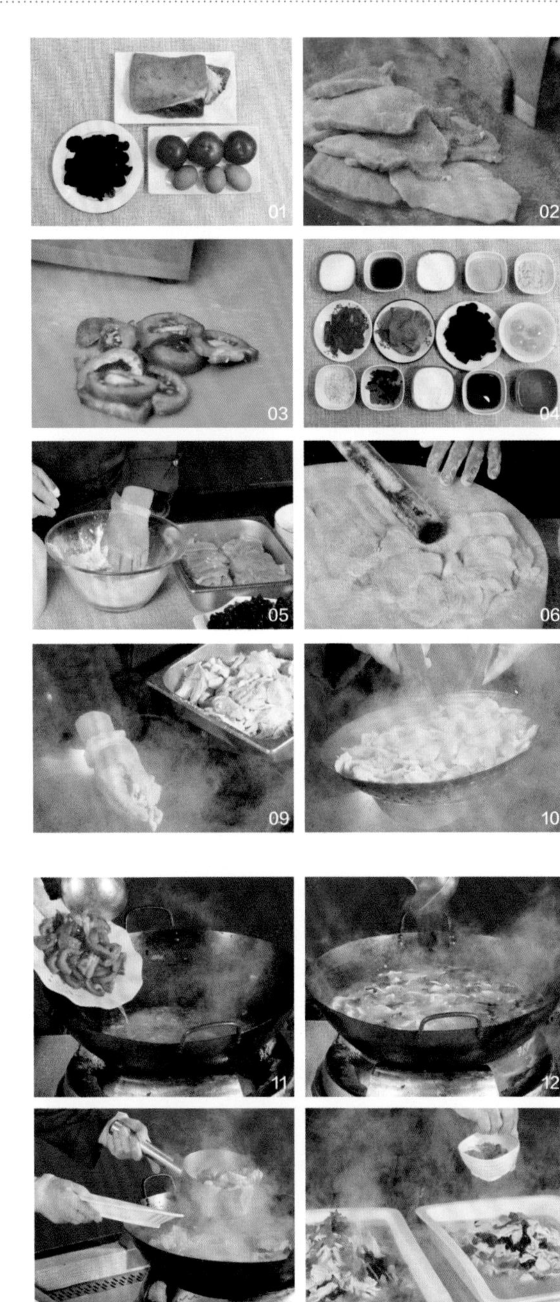

再将蛋皮改刀成菱形片。将里脊肉片两面沾玉米淀粉，用擀面杖敲成大片，再改刀成 2.5 厘米的条状，也可改成菱形片。② 锅上火烧热放入水，水开后下入肉片滑至断生，捞出后用热水浸泡，使肉更嫩。③ 另起锅烧热加入底油，倒入姜米、葱花煸香，下西红柿炒软后加水，下入木耳，加入料酒 60 毫升、胡椒粉 5 克、盐 25 克、味精 5 克，大火烧开后，再下入肉片、鸡蛋皮、淋入香油 20 毫升即可。

7 成品菜装盘（盒）： 菜品采用“盛入法”装入盒中，呈自然堆落状。成品重量：6000 克。

| 要领提示 | 肉片沾粉，敲的时候要薄一点，不能太厚，肉片大时可以改刀成条或者菱形片。
| 操作重点 | 汆水时，要掌握好水温，汤汁要宽，如果料多可以分两个步骤操作，先汆肉片，再单独炝锅，这样可以保证最后成品汤清肉嫩。
| 成菜标准 | ①色泽：红黄黑绿相间；②芡汁：清汤宽汁；③味型：咸鲜；④质感：软嫩可口。
| 举一反三 | 生敲鱼片、生敲虾。

扫一扫，看视频

菜品名称

酸菜扣肉

营养师点评

酸菜扣肉是北方的一道家常菜，肥而不腻，鲜香四溢。此菜总热量较高，脂肪超量，蛋白质含量不足，含有多种维生素和矿物质，质地软烂，易于咀嚼，是一款适宜佐食下饭的菜肴，进餐中可摄入一些粗粮类主食，有利于脂肪的燃烧，还要适当在其他食物中摄入一些优质蛋白质。

营养成分

（每100克营养素参考值）

能量：241.6 卡

蛋白质：6.2 克

脂肪：21.3 克

碳水化合物：6.4 克

维生素 A: 4.6 微克

维生素 C：0.4 毫克

钙：17.6 毫克

钾：124.8 毫克

钠：517.5 毫克

铁：1.4 毫克

原料组成

主料

五花肉 3000 克

辅料

净东北酸菜 1500 克、青红椒末适量

调料

植物油 900 毫升、葱花 40 克、姜片 50 克、蒜片 30 克、料酒 260 毫升、味精 20 克、生抽 130 毫升、米粉 340 克、大料 10 克、水 1500 毫升、老抽 95 毫升、水淀粉 60 毫升（生粉 30 克 + 水 30 毫升）、海鲜酱 150 毫升、蚝油 200 克、柱候酱 125 克、沙茶酱 45 克、白糖 30 克、桂皮 20 克、香叶 3 克

加工制作流程

1 初加工：将五花肉燙皮、洗净，放入冷水中，加葱、姜各 20 克，料酒 60 克，大火烧开后改小火，煮 25 分钟捞出。将冷却好的五花肉片上的水擦干，用牙签多扎些眼，然后刷老抽 20 毫升，晾 1 小时后，放入油锅中炸至深红色捞出，备用。酸菜洗净。

2 原料成形：将炸好的五花肉切成片；酸菜切细丝，再顶刀切末，挤干水分。

3 腌制流程：无

4 配菜要求：将五花肉片、酸菜及调料分别摆放在器皿中备用。

5 工艺流程：油炸→刀工成型→腌制→蒸制→成品。

6 烹调成品菜：① 锅上火烧热，锅中倒入植物油 500 毫升，加入大料 5 克，下入酸菜慢炒，再加入料酒 50 毫升、生抽 50 毫升、老抽 25 毫升、米粉 100 克、味精 10 克、蚝油 50 克炒香，盛出备用。② 盆中依次加入蚝油 150 克、沙茶酱 45 克、海鲜酱 150 克、柱候酱 125 克、生抽 80 毫升、老抽 40 毫升、料酒 150 毫升、味精 10 克、白糖 25 克、米粉 240 克搅拌均匀，制成酱汁。③ 锅上火烧热，锅中放入植物油 300 毫升，放入大料 5 克、桂皮 20 克、香叶 3 克炒香，倒入制好的酱汁中，再倒入肉片搅拌均匀。④ 码盘：两片肉中间夹上酸菜摆盘，肉上面撒葱花 20 克、姜片 30 克、蒜片 30 克封上保鲜膜，上万能蒸烤箱，选择蒸的模式，温度 100℃，湿度 100%，蒸 60 分钟取出，捡出葱姜小料，把盘中的汤汁倒入锅中，加入 1500 毫升水，依次加入老抽 10 毫升、白糖 5 克，勾入水淀粉 60 克，淋入明油 100 毫升，倒入装好盘的肉片上，撒上青红椒末即可。

7 成品菜装盘（盒）：菜品采用“盛入法”装入盒中，呈自然堆落状。成品重量：4640 克。

| 要领提示 | 五花肉不能煮得太熟，八成熟较好。

| 操作重点 | 将肉切成夹刀片，不要太薄，但也不能太厚，酸菜与米粉的比例为 5∶1。

| 成菜标准 | ①色泽：枣红色；②芡汁：溜汁；③味型：咸鲜，微酸；④质感：肉质软糯，酸菜、米粉鲜香；

| 举一反三 | 梅菜扣肉、酸菜炖肉。

菜品名称

酸菜炒粉条

营养师点评

酸菜炒粉条是一道东北家常小炒，也叫渍菜粉，总热量较高，蛋白质不足，脂肪含量略高，富含碳水化合物，膳食纤维比较丰富，质地熟烂，易于咀嚼，是适宜老年人食用的一款菜肴。

营养成分

（每100克营养素参考值）

能量：203.6卡

蛋白质：1.8克

脂肪：11.4克

碳水化合物：23.2克

维生素A: 3.6微克

维生素C：1.2毫克

钙：37.4毫克

钾：82.5毫克

钠：369.2毫克

铁：1.8毫克

原料组成

主料

酸菜3000克

辅料

粉条1500克、五花肉500克

调料

葱油570毫升、葱50克、姜50克、蒜50克、盐35克、味精10克、老抽30毫升、鸡粉15克、白醋35毫升、水600毫升

加工制作流程

1 初加工：五花肉去皮，洗净；酸菜开袋洗净，粉条泡发；葱、姜、蒜去皮，洗净备用。

2 原料成形：粉条切成 8 厘米长的段，五花肉切 0.5 厘米见方的丝。葱、姜、蒜切末。

3 腌制流程：无

4 配菜要求：酸菜、粉条、五花肉、调料分别摆放在器皿里备用。

5 工艺流程：炙锅烧水→烹饪熟化食材→装盘。

6 烹调成品菜：锅上火烧热，锅中放入葱油 500 毫升，放入五花肉煸炒出香味（吐油），在五花肉刚刚出油时，加入姜末 50 克、蒜末 50 克、葱末 50 克煸香，再加入老抽 10 毫升，倒入酸菜翻炒均匀，炒香酸菜后，加入水 600 毫升、盐 25 克、味精 10 克、鸡粉 10 克、粉条、老抽 20 毫升，继续翻炒均匀后，加入盐 10 克、鸡粉 5 克、白醋 35 毫升，淋入葱油 70 毫升出锅，装盘并撒上葱花。

7 成品菜装盘（盒）：菜品采用“盛入法”装入盒中，摆放整齐即可。成品重量：5300 克。

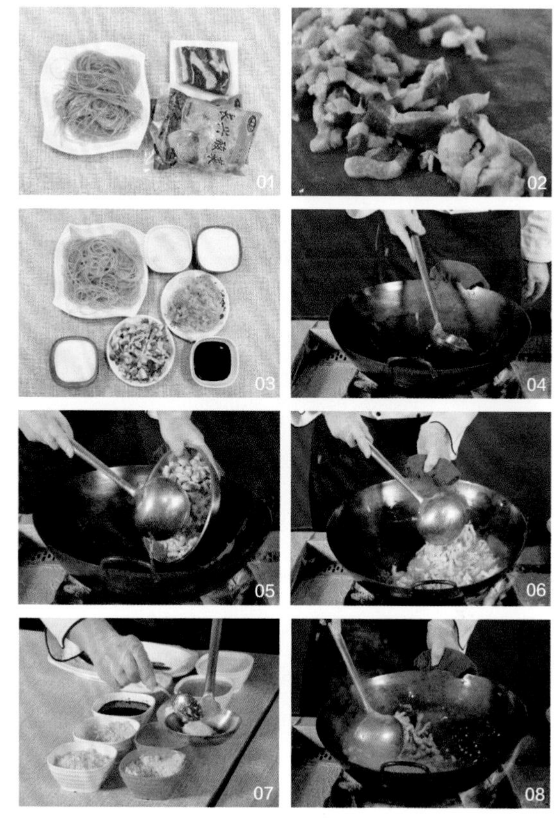

| 要领提示 | 粉条一定要提前一小时泡发，这样才会饱满筋道。

| 操作重点 | 五花肉丁一定要煸炒出油，酸菜汤汁要收净。

| 成菜标准 | ①色泽：红黄分明；②芡汁：无；③味型：咸鲜香；④质感：酸菜爽口，粉条爽滑。

| 举一反三 | 芹菜炒粉条、蚂蚁上树。

扫一扫，看视频

菜品名称

坛肉焖三干菜

营养师点评

坛肉焖三干是一道传统的北方炖菜，坛肉软烂，香而不腻，三干口感香糯入味，营养十分丰富。此菜热量较高，脂肪偏高，含有多种维生素和矿物质，质地软烂，易于咀嚼，是一款适宜佐食下饭且在冬秋季食用的菜肴。进餐时与一些粗粮类的主食搭配，更有利于脂肪的燃烧。

营养成分

（每100克营养素参考值）

能量：273.5卡

蛋白质：7.8克

脂肪：23.3克

碳水化合物：8.3克

维生素A: 10.4微克

维生素C：4.7毫克

钙：16.2毫克

钾：175.7毫克

钠：304.9毫克

铁：1.3毫克

原料组成

主料

五花肉3000克

辅料

豆角干1000克、土豆干500克、茄子干500克

调料

葱50克、姜50克、蒜50克、植物油500毫升、盐20克、味精15克、白糖155克、蚝油150克、老抽25毫升、水淀粉300毫升（生粉100克+水200毫升）、清水2000毫升、八角10克、桂皮10克

加工制作流程

1 初加工： 豆角干、茄子干、土豆干洗净后泡发。

2 原料成形： 五花肉切成 2 厘米见方的块，葱、姜切 0.5 厘米见方的片，蒜切末。

3 腌制流程： 无

4 配菜要求： 将五花肉、豆角干、土豆干、茄子干、调料分别放在器皿中备用。

5 工艺流程： 炙锅→烧油→做红烧肉→半熟时放入三干→出锅装盘

6 烹调成品菜： ① 锅上火烧热，锅中加入水，放入五花肉块，焯水后捞出，备用。② 锅上火烧热，锅中放入植物油 300 毫升，倒入白糖 155 克炒糖色，锅中糖色呈枣红色时，加入五花肉翻炒均匀，煸炒出油后，加入老抽 15 毫升、清水 2000 毫升、土豆干 1000 克、盐 10 克、味精 5 克、蚝油 100 克、八角 10 克、桂皮 10 克、葱与姜各 40 克，大火烧开后放入高压锅中，上汽压 8 分钟。③ 将茄子干、豆角干中加入植物油 200 毫升，蚝油 50 克，盐 10 克，味精 5 克，葱、姜各 10 克抓匀后放在盘中，送到万能蒸烤箱中，选择蒸的模式，温度 100℃，湿度 100%，蒸 15 分钟后，取出铺在盘底备用。④ 将五花肉、土豆干倒入锅中，加入老抽 10 毫升、味精 5 克，水淀粉 300 克勾芡盛出，倒在盘中撒上蒜末即可。

7 成品菜装盘（盒）： 菜品采用“盛入法”装入盒中，呈自然堆落状。成品重量：5500 克。

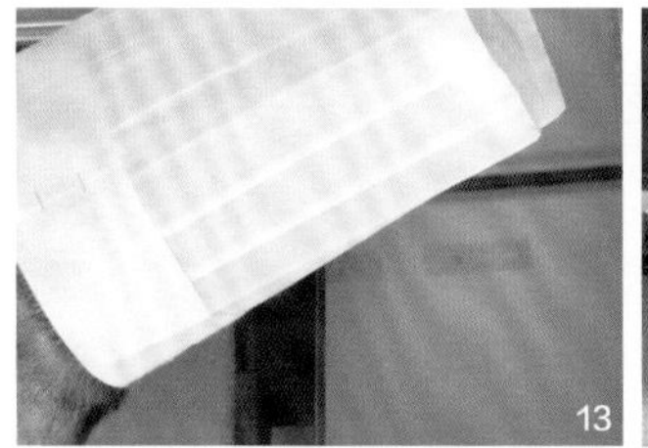

| 要领提示 | 三干在焖制前一定要提前洗净、泡好，这样更易入味。

| 操作重点 | 三干一定要在红烧肉烧制一半时放入，焖制时间长更易入味。

| 成菜标准 | ①色泽：色泽红亮；②芡汁：薄芡汁；③味型：咸香；④质感：软糯可口。

| 举一反三 | 坛肉焖鹌鹑蛋、坛肉焖豆结、坛肉焖什锦。

菜品名称

小炒肉

营养师点评

小炒肉是湖南一道非常有名家常菜，香辣十足，味道醇厚。此款菜肴总热量较高，蛋白质含量不足，脂肪含量偏高，但维生素A含量比较丰富，钙和钾含量也比较充足。质地熟烂，易于咀嚼与消化吸收，是一款适合老人食用的菜肴。

营养成分

（每100克营养素参考值）

能量：222.1卡

蛋白质：8.9克

脂肪：18.6克

碳水化合物：4.7克

维生素A: 53.4微克

维生素C：14.5毫克

钙：21.3毫克

钾：160.1毫克

钠：419.8毫克

铁：1.6毫克

原料组成

主料

五花肉2400克

辅料

杭椒800克、美人椒400克、洋葱400克

调料

盐15克、味精4克、白糖30克、蚝油50克、豆豉80克、料酒50毫升、郫县豆瓣酱160克、一品鲜酱油60毫升、葱20克、姜20克、蒜20克、料油50毫升、植物油250毫升

加工制作流程

1 初加工：五花肉洗净；杭椒、美人椒去蒂、洗净；洋葱去皮、去蒂、洗净；葱、姜、蒜去皮洗净。

2 原料成形 将五花肉切成0.2厘米厚薄片，杭椒、美人椒、洋葱切成4厘米菱形块，葱、姜、蒜切末。

3 腌制流程：五花肉中放入一品鲜酱油10毫升、料酒20毫升搅拌均匀，腌制10分钟。

4 配菜要求：将准备好的五花肉片、杭椒、美人椒、洋葱调料分别放在器皿中备用。

5 工艺流程：炒制辅料→烹制食材→调味→出锅装盘。

6 烹调成品菜：① 锅上火烧热，热锅凉油，倒入植物油200毫升，放入盐15克、杭椒400克、美人椒800克、洋葱400克一块翻炒，煸出水气，倒入盘中备用。② 锅上火烧热，热锅凉油，倒入植物油50毫升，放入五花肉，煸出水汽，放入葱20克、姜20克、蒜20克炒出香味。再放入豆豉80克、郫县豆瓣酱160克、炒出红油后，加料酒50毫升、蚝油50克、一品鲜酱油50毫升翻炒均匀，放入杭椒、美人椒、洋葱继续翻炒，最后加白糖30克、味精4克调味，点入料油50毫升即可出锅。

7 成品菜装盘（盒）：菜品采用“盛入法”装入盒中，呈自然堆落状。成品重量：4230克。

01

02

03

04

05

06

07

08

09

10

11

12

13

| 要领提示 | 切五花肉片时薄厚要均匀。

| 操作重点 | 炒制五花肉片时不宜放太多油，五花肉本身出油。

| 成菜标准 | ①色泽：红绿相间，色彩分明；②芡汁：无；③味型：香辣，肥而不腻；④质感：滑嫩。

| 举一反三 | 回锅肉、小炒黄牛肉。

扫一扫，看视频

菜品名称

香芋丸子

营养师点评

香芋丸子是一道家常菜，荤素搭配合理，蛋白质丰富，脂肪含量略高，维生素 A 和钙的含量丰富，质地软烂，易于咀嚼和吸收，适宜佐食。

营养成分
（每 100 克营养素参考值）

能量：139.5 卡
蛋白质：9.1 克
脂肪：5.4 克
碳水化合物：13.7 克
维生素 A: 57.9 微克
维生素 C：2.2 毫克
钙：80.9 毫克
钾：150.9 毫克
钠：702.2 毫克
铁：2.1 毫克

原料组成

主料

净芋头 1500 克

辅料

净肉末 500 克
净海米 500 克
净香菇 500 克
净胡萝卜 500 克

调料

五香粉 5 克 、糯米粉 390 克、鸡蛋液 222 克、味精 5 克、盐 3 克、香葱末 50 克、生抽 25 毫升、蚝油 25 克、胡椒粉 5 克

加工制作流程

1 初加工：香芋去皮，清洗干净；海米洗净；香菇去蒂、洗净；胡萝卜去皮，洗净；香葱洗净、去根。

2 原料成形：香芋擦细丝；海米切末；香菇切丁；胡萝卜切丁；香葱切末。

3 腌制流程：将肉馅放在生食盒中，依次加入盐3克、味精5克、胡椒粉5克、五香粉5克、鸡蛋液222克，顺时针搅拌均匀，再加入蚝油25克、生抽25克、海米碎、香芋丝、香菇丁、胡萝卜丁适量，糯米粉390克，拌匀抓至黏稠，团成丸子。

4 配菜要求：香芋丸子，以及调料分别摆放在器皿中。

5 投料顺序：蒸香芋丝→调制肉馅→蒸制丸子→出锅装盘。

6 烹调成品菜：① 香芋丝放入蒸盘中，选择蒸模式为温度100℃，湿度100%，蒸8分钟。② 把团好的丸子放在蒸盘上，放入万能蒸箱中，蒸的模式为温度100℃，湿度100%，蒸25分钟即可。③ 将蒸熟的丸子装入熟食盒里，放上香葱末即可。

7 成品菜装盘（盒）：菜品采用“码放法”装入盒中，整齐划一。成品重量：4050克。

| 要领提示 | 香芋要擦丝，海米要去咸味。
| 操作重点 | 丸子的大小要均匀一致，保证熟化程度一样。
| 成菜标准 | ①色泽：红绿相间；②芡汁：无；③味型：咸鲜；④质感：软糯可口。
| 举一反三 | 鸡肉丸子、萝卜丸子。

菜品名称

银芽里脊丝

营养师点评

银芽里脊丝是北方的一道家常菜，清脆滑嫩。此菜总热量不高，低脂肪，钠钾平衡，但蛋白质含量高。菜肴质地熟烂，易于咀嚼与消化吸收，是一款适合老人食用的菜肴。

营养成分

（每100克营养素参考值）

能量：104.6卡

蛋白质：12.4克

脂肪：5.1克

碳水化合物：2.1克

维生素A: 0.5微克

维生素C：3.5毫克

钙：9.8毫克

钾：204.5毫克

钠：191.1毫克

铁：1.1毫克

原料组成

主料

猪里脊肉3500克

辅料

绿豆芽2000克、红椒100克

调料

盐20克、味精15克、胡椒粉2克、白糖5克、料酒70毫升、香油30毫升、蛋清2个、玉米淀粉60克、葱花20克、姜末30克、蒜末30克、植物油2320毫升、葱油100毫升、水100毫升

加工制作流程

1 初加工：猪里脊肉洗净，绿豆芽洗净，红椒洗净。

2 原料成形：猪里脊肉切丝，用清水泡出血水；绿豆芽去根、去头，洗净，沥干水分；红椒去蒂、去籽，洗净后切丝。

3 腌制流程：① 将里脊丝倒入生食盒中，放入盐 5 克、料酒 70 毫升、胡椒粉 1 克、味精 3 克、蛋清 2 个、水 100 毫升、玉米淀粉 60 克搅拌均匀后，封植物油 200 毫升，腌制 10 分钟备用。② 银芽放入蒸盘中，加入葱油 100 毫升、盐 5 克、味精 2 克、搅拌均匀，放入万能蒸烤箱，选择蒸的模式，温度 100℃，湿度 100%，蒸 1 分钟后取出，控水备用。

4 配菜要求：将里脊丝、豆芽、红椒丝及调料分别装在器皿中备用。

5 工艺流程：炙锅→滑肉丝→烹制食材→调味→出锅装盘。

6 烹调成品菜：① 锅上火烧热，放入植物油 2000 毫升，油温烧至四成热时，下入肉丝打散，滑熟，捞出控油。② 锅上火烧热，放入植物油 100 毫升，加入葱花 20 克、姜末 30 克、蒜末 30 克小火煸香，再放入肉丝、银芽后加入味精 10 克、盐 10 克、胡椒粉 1 克、白糖 5 克，翻炒均匀，淋入香油 30 毫升出锅即可。③ 锅上火烧热，锅中倒入植物油 20 毫升，放入红椒丝煸熟。将煸熟的红椒丝撒在装好的肉丝银芽上即可。

7 成品菜装盘（盒）：菜品采用“盛入法”装入盒中，呈自然堆落。成品重量：2810 克。

| 要领提示 | 豆芽去头、去尾，留中间；肉丝需切均匀，用清水泡去血水，这样做出的肉丝软白。

| 操作重点 | 肉丝滑油时油温要控制在 120 度以下，滑出的肉丝才会滑嫩。

| 成菜标准 | ①色泽：红白相间；②芡汁：无；③味型：咸鲜；④质感：肉丝软嫩，银芽脆爽。

| 举一反三 | 银芽鸡丝、银芽鸭丝。

菜品名称

炸猪排

营养师点评

炸猪排是一道家常菜，可根据个人口味搭配不同的食材和蘸料。此菜总热量比较高，蛋白质含量较高，脂肪含量较低。外酥里嫩，需要细嚼慢咽才易于消化吸收。食用时需要搭配蔬菜，以补充维生素和膳食纤维。

营养成分

（每100克营养素参考值）

能量：167.9卡

蛋白质：13.4克

脂肪：5.5克

碳水化合物：15.9克

维生素A：16.1微克

维生素C：0.3毫克

钙：20.6毫克

钾：225.4毫克

钠：174.1毫克

铁：1.4毫克

原料组成

主料

猪里脊肉3100克

辅料

金瓜1000克

调料

面包糠100克、鸡蛋400克、面粉500克、料酒90毫升、盐15克、味精5克、胡椒粉5克、蒜蓉酱100克（番茄酱100克、盐水＋蒜）、葱姜水1100毫升（葱30克＋姜30克＋水1040毫升）、蒜瓣50克、香菜50克

加工制作流程

1 初加工：将猪里脊肉洗净；金瓜去皮，洗净。

2 原料成形：猪里脊肉切 10 厘米长、12 厘米宽、1 厘米厚的大片；金瓜切成 0.5 厘米厚、6 厘米长的片。

3 腌制流程：里脊片斩松，用葱姜水 1100 毫升、盐 15 克、味精 5 克、胡椒粉 5 克、料酒 90 毫升抓均拌匀，腌制 10 分钟。

4 配菜要求：蒜瓣和香菜用料理机打碎，加盐水备用；番茄酱加蒜蓉酱搅拌均匀备用。

5 工艺流程：蒸制食材→裹粉→炸制食材→出锅装盘。

6 烹调成品菜：① 将金瓜放入生食盒中，送入万能蒸烤箱，选择蒸的模式，温度 100℃，湿度 100%，蒸 8 分钟后取出。② 将里脊片两面沾上面粉、蛋液后，沾上面包糠，备用。③ 锅上火烧热，放入植物油。油温四成热时，下入裹好面包糠的里脊片炸至定型；待油温升到五成热时，再复炸，炸成金黄色，捞出控油。④ 把蒸好的金瓜先沾上面粉，再裹上蛋液 100 克，最后沾上面包糠 100 克，放入油锅中，油温五成热时放入锅中炸至定型，捞出控油。⑤ 炸好的金瓜放入盘底，将里脊片切成条码在金瓜上即可。可配上香菜蘸酱、番茄蒜蓉蘸酱。

7 成品菜装盘（盒）：菜品采用“码放法”装入盒中，摆放整齐。成品重量 3000 克。

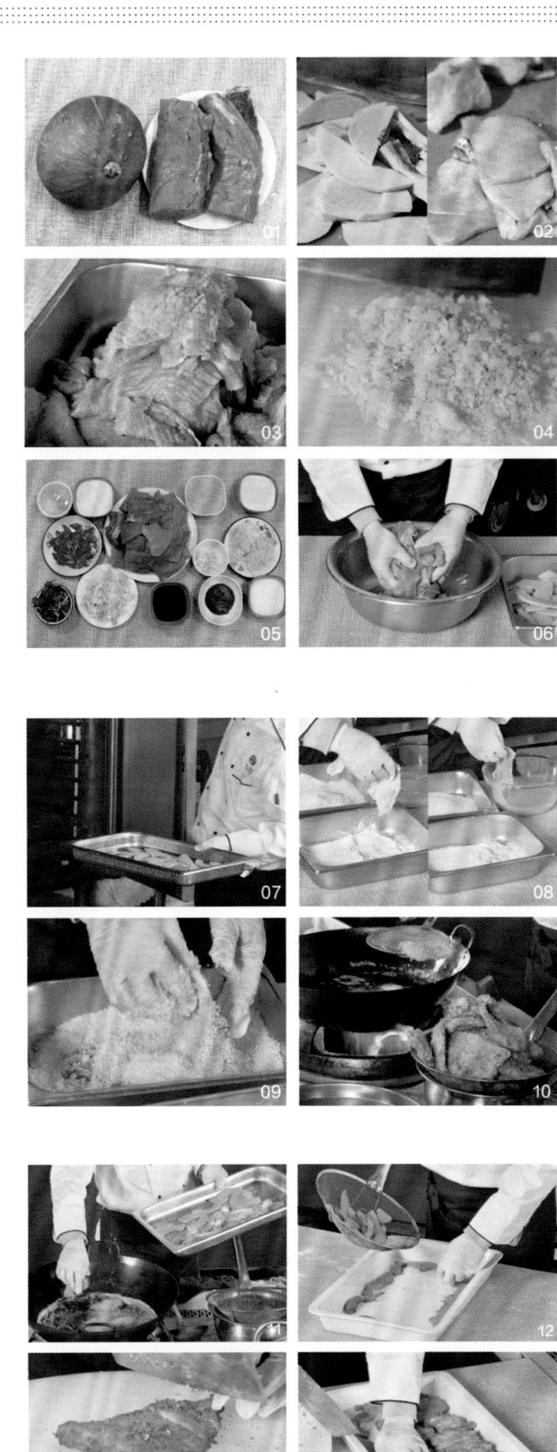

| 要领提示 | 里脊肉要除去白色筋膜。
| 操作重点 | 里脊肉切好后一定要用刀背斩松。
| 成菜标准 | ①色泽：金黄；②芡汁：无；③味型：咸鲜；④质感：外酥里嫩。
| 举一反三 | 炸鸡排、炸羊排、炸牛排。

菜品名称

杂粮丸子

营养师点评

杂粮丸子是以杂粮、肉馅为主料制成的一道创新菜，肉和粗粮搭配使营养均衡，既含有蛋白质，又包含丰富的纤维素。此菜总热量较高，蛋白质含量不足，脂肪超标，维生素 A 和钙、钾比较丰富，菜肴质地软烂，易于咀嚼。

营养成分

（每100克营养素参考值）

能量：236.9 卡

蛋白质：7.2 克

脂肪：19.6 克

碳水化合物：7.8 克

维生素 A：71.2 微克

维生素 C：3.8 毫克

钙：21.3 毫克

钾：147.7 毫克

钠：350.8 毫克

铁：1.3 毫克

原料组成

主料

猪前尖肉 2500 克

辅料

红腰豆 200 克、玉米粒 200 克、毛豆仁 200 克、土豆 400 克、胡萝卜 300 克、鸡蛋 300 克

调料

盐 7 克、鸡粉 2 克、胡椒粉 3 克、料酒 30 毫升、鸡蛋液 300 克、玉米淀粉 200 克、蚝油 300 克、十三香 3 克、葱花 50 克、姜末 50 克

加工制作流程

1 初加工：土豆、胡萝卜去皮、洗净，猪前尖肉洗净。

2 原料成形：把猪前尖肉去皮，打成肉馅；土豆、胡萝卜切 1.5 厘米的丁；大葱、姜切末备用；鸡蛋打散。

3 腌制流程：将肉馅放入生食盒中，加入姜末和葱花各 50 克、盐 5 克、鸡粉 1 克、十三香 3 克、蚝油 200 克、胡椒粉 3 克、料酒 30 毫升，将肉馅朝一个方向搅拌均匀，再加入水继续搅拌，放入焯水后的杂粮，再次加盐 2 克、鸡粉 1 克、蚝油 100 克搅拌均匀，上劲后放入鸡蛋液 300 克继续搅拌，最后加入玉米淀粉 200 克搅拌上劲。

4 配菜要求：主料、辅料、调料分别装在器皿中备用。

5 工艺流程：焯食材→蒸制食材→出锅装盘。

6 烹调成品菜：① 锅中放水烧开，放入红腰豆、胡萝卜丁、玉米粒、毛豆仁、土豆丁焯水捞出，用凉水过凉，控干水分，加入肉馅中拌匀。② 取一蒸盘，盘底刷油，把将腌制好的肉馅团成每个 125 克的丸子放入盘中，送入万能蒸烤箱，选择蒸的模式，温度 100℃，湿度 100%，蒸制 40 分钟。③ 从蒸烤箱中取出装盘即可。

7 成品菜装盘（盒）：菜品采用“盛入法”装入盒中，呈自然堆落状。成品重量：4930 克。

| 要领提示 | 肉馅一定要搅拌上劲，以防丸子不成形，杂粮要提前焯水。

| 操作重点 | 玉米淀粉要分次加入，这样效果会更好。

| 成菜标准 | ①色泽：色泽艳丽；②芡汁：无；③味型：咸鲜；④质感：香嫩可口。

| 举一反三 | 可以用牛肉、羊肉、鱼肉做丸子。

牛羊肉篇

扫一扫，看视频

菜品名称

扒牛肉条

营养师点评

扒牛肉条是由牛肋肉做成的一道名菜，属于鲁菜系，但在清真菜系中运用得比较普遍。此道菜牛肉酥烂，形状美观，味道鲜美适口。此菜总热量不高，优质蛋白质含量丰富，脂肪含量不高，碳水化合物含量较高，含钾量高。此菜质地熟烂，易于咀嚼，易于消化吸收，补益性强。

营养成分

（每100克营养素参考值）

能量：117.1 卡

蛋白质：11.2 克

脂肪：3.9 克

碳水化合物：9.3 克

维生素 A: 4.3 微克

维生素 C：5.1 毫克

钙：15.4 毫克

钠：354.2 毫克

钾：253.3 毫克

铁：1.8 毫克

原料组成

主料

牛肋条肉 3000 克

辅料

土豆 2000 克、油菜 500 克

调料

盐 30 克、白糖 15 克、味精 10 克、料酒 100 毫升、十三香 15 克、老抽 40 毫升、料油 50 毫升、大料 5 克、桂皮 5 克、甜面酱 30 克、蚝油 30 克、水淀粉 450 克(生粉 150 克 + 水 300 毫升)、葱 50 克、姜 50 克、蒜 50 克、水 1000 毫升

加工制作流程

1 初加工：把牛肉洗净；菠菜去老叶，洗净；土豆洗净，去皮。

2 原料成形：将牛肋条用高压锅压 20 分钟，晾凉后再切成 0.4 厘米厚的片；土豆切成 1 厘米厚的片；葱姜蒜切段。

3 腌制流程：无

4 配菜要求：将牛肉、土豆、调料分别放在器皿中备用。

5 工艺流程：蒸土豆→蒸牛肉→装盘→浇汁。

6 烹调成品菜：① 土豆中加入盐 5 克、白糖 5 克、料酒 50 毫升、十三香 5 克、老抽 20 毫升、料油 50 毫升拌匀后放在蒸盘中，放入万能蒸烤箱中，选择蒸的模式，温度 100 度，湿度 100%，蒸 15 分钟，取出。② 另起锅加入植物油，加入大料、

桂皮、葱、姜、蒜煸香，加入老抽 20 毫升，水 1000 毫升、甜面酱 30 克、蚝油 20 克、十三香 10 克。炒 5 分钟后，将调料捞出，加入料酒 50 毫升、白糖 10 克、盐 20 克、味精 5 克、水淀粉 450 克勾薄芡浇在牛肉上，汁要没过牛肉，放入万能蒸烤箱中，选择蒸的模式，温度 100 度，湿度 100%，蒸 30 分钟后取出。③ 将土豆取出铺在盘底，将牛肉取出，倒出汤汁，铺在土豆上。锅中倒入蒸牛肉的汤汁，加入盐 5 克、味精 5 克、蚝油 10 克，加入水淀粉勾芡，淋入明油，将汤汁浇在牛肉上。④ 菠菜焯水后捞出，晾凉，逐颗码放在盘子周边。

7 成品菜装盘（盒）：菜品采用“盛入法”装入盒中，自然堆落状。成品重量：5000 克。

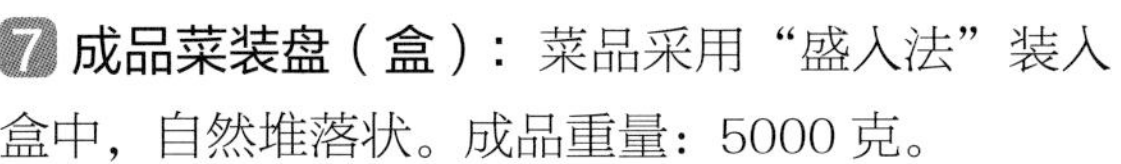

| 要领提示 | 牛肋肉最好煮熟后冷却时在牛肉上面放重物压密实，以便改刀。

| 操作重点 | 用万能蒸烤箱蒸制 30 分钟以上。

| 成菜标准 | ①色泽：红绿相间；②芡汁：宽汁亮芡；③味型：咸甜；④质感：软烂可口，老少皆宜。

| 举一反三 | 扒猪脸、扒羊肉条。

扫一扫，看视频

菜品名称

葱爆羊肉

营养师点评

葱爆羊肉属于老北京的传统菜，羊肉滑嫩，大葱鲜香。此菜富含丰富的优质蛋白质，脂肪可满足一餐要求，羊肉有较好的补益作用，并含有一定量的左旋肉碱，可以促进脂肪燃烧，避免肥胖，是补益性较好的菜肴。

营养成分

（每100克营养素参考值）

能量：151.7卡

蛋白质：13.2克

脂肪：9.8克

碳水化合物：2.7克

维生素A：13.6毫克

维生素C：0.8微克

钙：21.9毫克

钾：250.1毫克

钠：271.0毫克

铁：2.8毫克

原料组成

主料

羊腿肉3500克

辅料

大葱1500克

调料

植物油400毫升、姜20克、香油50毫升、生抽50毫升、老抽20毫升、蛋液240克、白糖6克、味精10克、盐10克、白胡椒粉10克、料酒40毫升、玉米淀粉60克、蚝油60克、甜面酱30克

加工制作流程

1 初加工：羊腿肉洗净；大葱洗净去根。

2 原料成形：羊腿肉切长 3.5 厘米、厚 0.3 厘米、宽 3 厘米的片；葱切成 3.5 厘米的滚刀块。

3 腌制流程：切好的羊腿肉片加入盐 10 克、味精 5 克、白胡椒粉 10 克、料酒 40 毫升搅拌均匀，加入蛋液 240 克、玉米淀粉 60 克搅拌均匀，封油 200 克，腌制 10 分钟。

4 配菜要求：将切好的羊腿肉片、葱、调料分别摆放器皿中备用。

5 工艺流程：炙锅→炸肉→煸葱→烹制食材→调味→出锅装盘。

6 烹调成品菜：① 锅上火烧热，倒入植物油，油温烧至五成热，下入羊肉打散，炸至变色捞出；

锅留底油 100 毫升，倒入切好的滚刀葱，快速翻炒，加入老抽 5 毫升上色，出锅。② 锅上火烧热，加入植物油 100 毫升，倒入姜末 20 克煸香，倒入炒好的葱段、羊肉翻炒，倒入老抽 15 毫升、甜面酱 30 克、蚝油 60 克、生抽 50 毫升翻炒均匀，加入味精 5 克、白糖 6 克、淋入香油 50 毫升，即可出锅。

7 成品菜装盘（盒）：菜品采用“盛入法”装入盒中，自然堆落状。成品重量：4570 克。

| 要领提示 | 羊肉片切配时大小一定要均匀，否则会影响出品效果。

| 操作重点 | 羊肉滑油时间不宜过长。

| 成菜标准 | ①色泽：色泽红亮；②芡汁：包汁立芡；③味型：鲜咸；④质感：羊肉肉质滑嫩、葱香味突出。

| 举一反三 | 孜然羊肉。

菜品名称

草菇炒牛肉

营养师点评

草菇炒牛肉是一道粤式家常菜，此菜总热量不高，蛋白质、脂肪含量都不是很高，钙含量较高，菜肴质地熟烂易于咀嚼，易于消化吸收，是一款适合老人食用的菜肴。

营养成分

（每100克营养素参考值）

能量：105.2 卡

蛋白质：7.8 克

脂肪：4.7 克

碳水化合物：7.7 克

维生素 A：7.5 微克

维生素 C：8.4 毫克

钙：21.2 毫克

钾：160.3 毫克

钠：634.9 毫克

铁：1.9 毫克

原料组成

主料

牛肉 1500 克、草菇 570 克

辅料

洋葱 1500 克、青椒 100 克、红椒 100 克、鸡蛋 80 克

调料

盐 32 克、味精 8 克、胡椒粉 5 克、白糖 12 克、料酒 50 毫升、水淀粉 150 毫升（生粉 50 克 + 水 100 毫升）、玉米淀粉 100 克、生抽 55 毫升、老抽 66 毫升、蚝油 100 克、葱片 30 克、姜片 50 克、小苏打 5 克、植物油 390 毫升（注：牛肉滑油的量不计在内）

加工制作流程

1 初加工： 牛肉洗净，草菇去根、洗净；红椒去蒂、洗净；青椒去蒂、洗净；洋葱去皮。

2 原料成形： 将牛肉切成 4 厘米见方的块；草菇切 0.5 厘米的厚片；葱、姜切片；青椒、红椒切成 3 厘米的菱形片；洋葱也切成 3 厘米的菱形片。

3 腌制流程： 牛肉中放入小苏打 5 克，浸泡 15 分钟，挤干水分后放入料酒 20 毫升、盐 20 克、味精 1 克、白糖 2 克、胡椒粉 1 克、老抽 14 毫升，抓拌均匀，直至牛肉表面有黏性。放入鸡蛋 80 克，继续搅拌，加入玉米淀粉 100 克，搅拌均匀后封油 20 毫升，腌制 10 分钟备用。

4 配菜要求： 牛肉块、草菇、洋葱、青椒、红椒以及调料分别放入容器中备用。

5 工艺流程： 炒制辅料→焯草菇→滑牛肉→烹制食材→调味→出锅→装盘。

6 烹调成品菜： ① 锅上火烧热，倒入植物油 50 毫升，再放入洋葱煸炒后，加盐 3 克、糖 2 克、味精 2 克、胡椒粉 1 克、生抽 5 毫升、蚝油 10 克、老抽 2 毫升，炒制成熟后，盛出后铺在盘底备用。② 锅中放水，烧开，倒入草菇 570 克，盐 2 克，开锅 1 分钟后捞出草菇，控干水备用。③ 锅上火烧热，倒入植物油，油温五成热时，放入浆好的牛肉滑油，滑熟后捞出，控油备用；倒入青、红椒滑油。滑熟后捞出，撒入盐 2 克搅拌均匀备用。④ 锅上火烧热，倒入植物油 300 毫升，放入姜片 50 克、葱片 30 克，煸出香味，再放入蚝油 90 克、料酒 30 毫升、生抽 50 毫升、老抽 50 毫升、水 900 毫升、放入草菇、牛肉、白糖 8 克、胡椒粉 3 克、味精 5 克、盐 5 克翻炒均匀，放入水淀粉 150 毫升勾芡，继续翻炒均匀后，淋入明油 20 毫升，盛入盘中，盖在洋葱上，最后撒上青红椒即可。

7 成品菜装盘（盒）： 菜品采用“盛入法”装入盒中，自然堆落状。成品重量：4990 克。

| 要领提示 | 豆芽去头，去尾，留中间；肉丝切均匀，用清水泡去血水，这样做出的肉丝软白。

| 操作重点 | 牛肉滑油时油温要控制好。

| 成菜标准 | ①色泽：红绿褐相间；②芡汁：汁芡饱满；③味型：咸鲜；④质感：牛肉滑嫩，草菇鲜香。

| 举一反三 | 草菇滑炒鸡丁、草菇滑炒里脊。

菜品名称

粉蒸牛肉

营养师点评

粉蒸牛肉是川菜中的代表菜，鲜嫩醇香。此菜蛋白质和碳水化合物含量丰富，脂肪不超标，质地软烂易于咀嚼，易于消化吸收，是一款补益性强，适宜老年人食用的菜肴。食用时应适当搭配一些蔬菜以弥补膳食纤维的不足。

营养成分

（每100克营养素参考值）

能量：139.7卡

蛋白质：10.0克

脂肪：2.6克

碳水化合物：20.0克

维生素A: 3.9微克

维生素C：3.3微克

钙：110.3微克

钾：286.6毫克

钠：292.5毫克

铁：3.2毫克

原料组成

主料

净瘦牛肉2400克

辅料

金瓜1500克、米粉1000克、荷叶饼270克

调料

盐4克、胡椒粉6克、白糖55克、料酒50毫升、小苏打2克、东古一品鲜76毫升、郫县豆瓣酱100克、蚝油140克、花椒面1克、豆豉100克、十三香2克、葱15克、姜15克、蒜80克、青尖椒丁与红尖椒丁共120克、植物油170毫升、水2500毫升

加工制作流程

1 初加工：牛肉用凉水 2500 毫升浸泡 15~20 分钟去除血水，放入小苏打 2 克。

2 原料成形：将泡好的牛肉切成长 4 厘米、宽 2.5 厘米、厚 0.3 厘米的片，金瓜切宽 5 厘米、长 3 厘米、厚 0.5 厘米长的条。

3 腌制流程：将切好的牛肉清洗 2 遍，挤干水分，放入葱 15 克、姜 15 克、料酒 50 毫升、郫县豆瓣酱 100 克、蚝油 140 克、花椒面 1 克、白糖 35 克、胡椒粉 6 克、东古一品鲜 76 毫升、十三香 2 克、水、豆豉 50 克、米粉 700 克搅拌均匀打上劲，封油 100 毫升，腌制 10 分钟备用。金瓜放入容器中放入油 20 毫升、盐 4 克、白糖 20 克搅拌均匀后，放入米粉 300 克继续搅拌均匀，腌制 10 分钟。

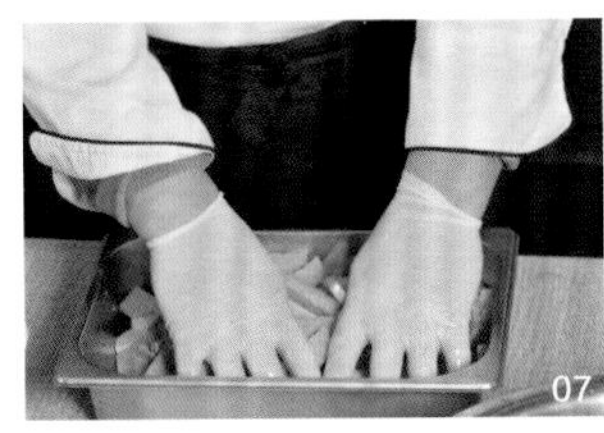

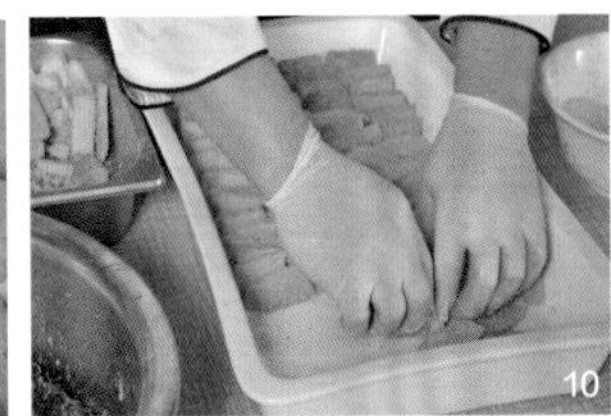

4 配菜要求：把腌制好的牛肉、金瓜、调料分别放在器皿中备用。

5 工艺流程：蒸制食材→浇汁→出锅装盘。

6 烹调成品：① 把腌好的金瓜条铺在蒸盘底部，把腌制好的牛肉松散地摆在金瓜上，封上保鲜膜（2 层），扎眼放气，放入万能蒸烤箱中，选择蒸的模式，温度 120℃，湿度 100%，蒸制 50 分钟。荷叶饼蒸 1 分钟取出。② 锅上火烧热，锅中放入植物油 50 毫升，放入蒜末 80 克，煸出蒜香味，放入青红尖椒丁 120 克、豆豉 50 克煸香后倒在粉蒸肉上，将荷叶饼摆放在粉蒸肉周围即可。

7 成品菜装盘（盒）：菜品采用“摆入法”装入盒中，自然堆落状。成品重量：5630 克。

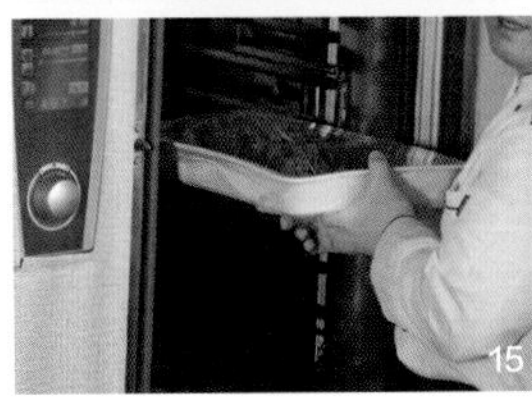

| 要领提示 | 要选择质嫩筋少的牛肉，用凉水浸泡去除血水。

| 操作重点 | 码放时应松散码放，蒸的时间不能低于 50 分钟，蒸的时候一定要用保鲜膜封上，防止进水。

| 成菜标准 | ①色泽：黄红相间；②芡汁：无；③味型：麻辣；④质感：鲜嫩可口。

| 举一反三 | 粉蒸排骨、粉蒸鸡块、粉蒸肉。

菜品名称

黄焖羊肉

营养师点评

黄焖羊肉是一道经典的清真菜，此菜口味香酥，肥而不腻，荤素搭配合理，蛋白质丰富，脂肪不超标，质地软烂易于咀嚼，易于消化吸收，是一道适宜佐食的菜肴。选择此菜时，再适当搭配一些素菜，增加膳食纤维的摄入。

营养成分

（每100克营养素参考值）

能量：164.6卡

蛋白质：12.2克

脂肪：8.8克

碳水化合物：9.2克

维生素A: 57.1微克

维生素C：12.3毫克

钙：15.5毫克

钾：146.3毫克

钠：621.8毫克

铁：2.2毫克

原料组成

主料

羊里脊3500克

辅料

青椒250克、红椒250克、胡萝卜1000克、白萝卜100克

调料

植物油100毫升、葱50克、姜50克、蒜50克、盐70克、白糖40克、味精35克、蚝油80克、老抽5毫升、生抽30毫升、料酒55毫升、玉米淀粉260克、面粉130克、清水1000毫升、水淀粉150毫升（水100毫升+50克淀粉）

加工制作流程

1 初加工：羊肉洗净，青、红椒去籽、去蒂，胡萝卜去皮、洗净。

2 原料成形：羊肉切 1 厘米宽、3 厘米长的条，胡萝卜切 2.5 厘米见方的滚刀块，青、红椒切末，葱、姜、蒜切末。

3 腌制流程：胡萝卜中加入盐 15 克、味精 5 克；羊肉中加入盐 20 克、味精 20 克、料酒 35 毫升、蚝油 30 克、面粉 130 克、玉米淀粉 260 克、植物油 100 毫升抓匀。

4 配菜要求：羊肉、胡萝卜、青红椒、调料分别装在器皿里备用。

5 工艺流程：炙锅放油→食材处理→烹饪熟化食材→装盘。

6 烹调成品菜：① 把胡萝卜放入蒸烤箱，选择蒸的模式，温度 100℃，湿度 100%，蒸熟后铺在盘底即可。② 锅上火烧热，倒入植物油，油温六成热时，将羊肉炸至金黄色捞出。待油温再次升高至 180℃时，复炸一遍捞出羊肉，放入青、红椒末滑油，5 秒后捞出。③ 锅中放少许油，葱、姜、蒜末各 50 克爆香，放入清水 1000 毫升，放入生抽 30 毫升，蚝油 50 克，白糖 35 克，盐 25 克，味精 5 克，料酒 20 毫升，老抽 5 毫升，水烧开后倒入羊肉中，放入万能蒸烤箱，选择蒸的模式，温度 100℃，湿度 100%，蒸制 30 分钟。④ 将羊肉盛出，码在盘中，蒸羊肉的汤汁倒入锅中，加入盐 10 克，白糖 5 克，味精 5 克，倒入水淀粉 150 毫升（水 100 毫升 +50 克淀粉）淋上明油，将汤汁浇在羊肉上，撒上青、红椒米粒即可。

7 成品菜装盘（盒）：菜品采用“盛入法”装入盒中，自然堆落状。成品重量：4400 克。

| 要领提示 | 羊肉切配一定要均匀。

| 操作重点 | 炸制时一定要复炸 1 次，保证口感，复炸时油温一定要高。

| 成菜标准 | ①色泽：红绿相间；②芡汁：宽汁；③味型：香辣；④味型：鲜香嫩滑、肥而不腻。

| 举一反三 | 红焖猪肉、红焖牛肉。

菜品名称

菌菇水煮牛肉

营养师点评

菌菇水煮牛肉是用牛柳制作的一道传统名菜，属于川菜系，此菜中牛肉滑嫩，菌香爽滑。牛肉营养丰富，其蛋白质含量很高，而且含有较多的矿物质。此菜总热量不高，脂肪含量不高，钙和钠的含量偏高。菜肴质地熟烂，易于咀嚼。

营养成分

（每100克营养素参考值）

能量：117.9 卡

蛋白质：12.7 克

脂肪：1.4 克

碳水化合物：13.6 克

维生素 A: 8.9 微克

维生素 C：2.5 毫克

钙：34.1 毫克

钾：168.5 毫克

钠：1049.8 毫克

铁：4.2 毫克

原料组成

主料

牛柳 2600 克

辅料

香芹 450 克、青蒜 450 克 、泡发木耳 260 克

调料

葱末 50 克、姜末 95 克、蒜末 95 克、生抽 115 毫升、料酒 100 毫升、盐 55 克、白糖 20 克、干辣椒 20 克、花椒 100 克、豆瓣酱 350 克、水淀粉 500 克、（250 毫升水 +250 克淀粉）火锅底料 114 克、刀口椒 60 克、芝麻 30 克、味精 30 克、胡椒粉 13 克、香菜 20 克、鸡蛋 2 个、水 3050 毫升、植物油 400 毫升

加工制作流程

1 初加工：牛柳洗净；香芹去叶洗净；青蒜去根洗净；泡发的木耳洗净。

2 原料成形：将牛肉切成 4 厘米见方的片，香芹切 4 厘米长的条，青蒜切 4 厘米长的段。

3 腌制流程：牛肉放入生食盒中，加入料酒 50 毫升、生抽 50 毫升、盐 5 克、胡椒粉 3 克抓至黏稠，加入水 50 毫升、鸡蛋 2 个继续抓匀，加入水淀粉 180 克抓匀，封油，腌制 10 分钟。

4 配菜要求：牛柳、青蒜、木耳、香芹、调料分别放在器皿中备用。

5 工艺流程：焯食材→烹制辅料→烹制主料→调味→浇油→出锅装盘。

6 烹调成品菜：① 锅中加水烧热，放入盐 5 克、白糖 5 克、味精 2 克搅拌均匀，放入木耳焯水，水开后捞出备用。② 锅上火烧热，热锅凉油，放入植物油 100 毫升，放入干辣椒段 5 克、葱末 5 克、姜末 10 克，煸出香味，放入芹菜，青蒜翻炒均匀，放入木耳快速翻炒，放入盐 8 克、白糖 5 克、味精 10 克、胡椒粉 5 克翻炒均匀后盛出，铺在盘底。③ 锅上火烧热，放入植物油 200 毫升，放入干辣椒段 5 克、花椒 50 克煸出香味，放入葱末 20 克、姜末 40 克、蒜末 45 克，放入豆瓣酱 350 克炒出香味，放入火锅底料 114 克煸透煸熟，放入料酒 50 毫升、生抽 65 毫升、水 3000 毫升，味精 18 克、白糖 10 克、盐 37 克、胡椒粉 5 克，大火烧开转小火煮 3 分钟，捞出残渣，分散放入牛肉水滑，放入刀口椒 30 克，最后放入水淀粉 320 克勾芡，盛出均匀地浇在配菜上，再撒一层刀口椒 30 克、姜末 45 克、蒜末 50 克、葱末 25 克、芝麻 30 克。④ 将锅烧热，放入植物油 100 毫升，烧制七成热，放入花椒 50 克炸香，捞出花椒，放入干辣椒段 10 克炸香，浇在肉表面，滋出香味，最后撒入香菜 20 克即可。

7 成品菜装盘（盒）：菜品采用“盛入法”装入盒中，自然堆落状。成品重量：2540 克。

| 要领提示 | 豆瓣酱要煸出香味。

| 操作重点 | 牛肉水滑时，水温要保证在 90 度以上。

| 成菜标准 | ①色泽：红绿相间；②芡汁：宽汁宽芡；③味型：麻辣鲜香；④味型：牛肉爽口滑嫩。

| 举一反三 | 水煮鸡肉。

菜品名称

苏坡牛肉

营养师点评

苏坡牛肉由新鲜的卷心菜、土豆、西红柿配牛肉煮制而成，其味鲜美。此菜富含蛋白质、脂肪以及维生素A、维生素C、钾、钠、铁、钙。牛肉有补血补气之功效，非常适合体质虚弱的老人在冬秋季食用。

营养成分

（每100克营养素参考值）

能量：174.8卡

蛋白质：8.1克

脂肪：14.7克

碳水化合物：2.4克

维生素A：20.4微克

维生素C：8.9毫克

钙：11.9毫克

钾：84.4毫克

钠：498.2毫克

铁：0.9毫克

原料组成

主料

牛腩3000克

辅料

番茄2000克、圆白菜700克、木耳500克、压制牛肉配料（胡萝卜100克、香菜50克）

调料

番茄酱30克、蛋奶20克、水2000毫升、鸡汁50毫升、料酒90毫升、黄油40克、生姜100克、大料2颗、香叶4片、盐60克、味精10克、葱80克、白胡椒粉13克、黑胡椒6克

加工制作流程

1 初加工：牛腩泡净血水；番茄清洗干净，顶部划十字刀，用开水烫去外皮；圆白菜洗净去根；木耳洗净去根。

2 原料成形：牛腩切成 2 厘米见方的块；番茄切成 3 厘米见方的块；圆白菜手撕 4 厘米见方的片；木耳撕成 2 厘米见方的朵；制葱姜水：取葱 30 克、姜 30 克放入 100 毫升水中浸泡，制成葱姜水 160 毫升。

3 腌制流程：无

4 配菜要求：把切好的牛腩、番茄、圆白菜、木耳、调料放分别在器皿中备用。

5 工艺流程：炙锅→牛肉焯水→压制牛肉→烹制→调味→出锅装盘。

6 烹调成品菜：① 锅上火烧热，锅中放入凉水，放入牛腩 3000 克，姜片 20 克，料酒 50 毫升大火烧开撇去浮沫，小火炖煮 3 分钟，捞出牛腩，温水清洗干净控水备用。② 高压锅中放入水 2000 毫升，放入香叶 4 片、大料 2 颗、葱 30 克、姜 30 克、胡萝卜 100 克、香菜 50 克、牛腩，上气后压制25分钟。③ 锅上火烧热，放入黄油40克、姜 20 克、葱 20 克、黑胡椒 6 克、番茄酱 30 克炒出香气，放入番茄 2000 克、白胡椒粉 13 克、盐60 克、料酒40 毫升、蛋奶20 克、鸡汁50 毫升、味精 10 克，放入压制好的牛腩块、原汤、木耳，小火炖煮 1 分钟即可出锅。

7 成品菜装盘（盒）：菜品采用“盛入法”装入盒中，自然堆落状。成品重量：5700 克。

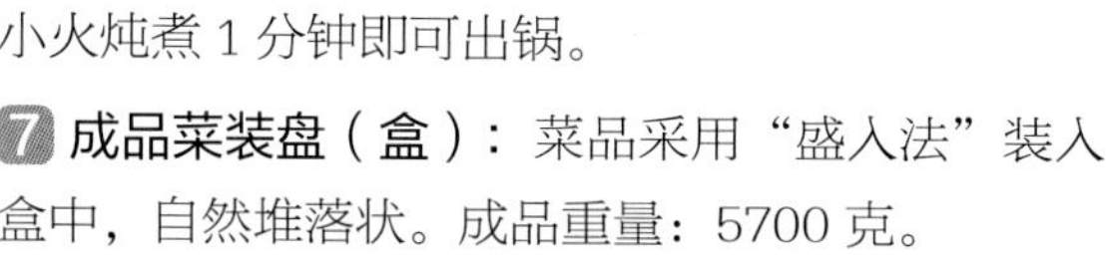

| 要领提示 | 牛腩泡净血水，除去牛肉本身酸味，牛肉焯水时一定要凉水下锅，温水清洗。
| 操作重点 | 炖煮牛腩时一定要软烂，否则会反生，影响口感。
| 成菜标准 | ①色泽：红润；②芡汁：宽汁；③味型：番茄味，略带奶香；④味型：汤浓味鲜，牛肉软烂。
| 举一反三 | 小炒牛肉、土豆炖牛肉、爆炒牛肉。

菜品名称

土豆烧牛腩

营养师点评

土豆烧牛腩是一道家常菜，肉香多汁，营养十分丰富。此菜荤素搭配合理，蛋白质含量丰富，脂肪含量略高，质地软烂易于咀嚼，易于消化吸收，是一款适宜老年人佐食的菜肴。

营养成分

（每100克营养素参考值）

能量：184.0卡

蛋白质：8.6克

脂肪：12.4克

碳水化合物：9.4克

维生素A：29.5微克

维生素C：6.5毫克

钙：8.8毫克

钾：159.4毫克

钠：477.8毫克

铁：0.7毫克

原料组成

主料

牛腩2500克

辅料

土豆2000克、胡萝卜500克、菠萝200克

调料

葱50克、姜50克、大料5克、桂皮5克、香叶5克、陈皮5克、盐40克、白糖30克、味精10克、料酒200毫升、老抽15毫升、蚝油240克、水淀粉300克（生粉100克+水200毫升）、牛肉汤1500毫升、植物油300毫升、水3500毫升

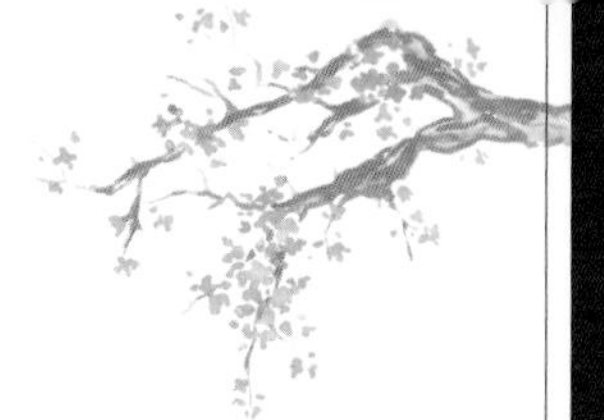

加工制作流程

1 初加工：土豆、胡萝卜削皮洗净备用，牛腩洗净备用，葱姜去皮洗净备用。

2 原料成形：将牛腩切成 4 厘米见方的块，土豆、胡萝卜切成 3 厘米见方的块。葱、姜切 2 厘米见方的菱形片。

3 腌制流程：无

4 配菜要求：把土豆、牛肉、胡萝卜、调料分别放在器皿里备用。

5 工艺流程：烧水→放牛肉→压牛肉→炸土豆→烹制熟化食材→出锅装盘。

6 烹调成品菜：① 锅上火烧热，锅中倒入清水、料酒 200 毫升，把牛肉焯水，撇去浮沫，捞出清洗干净。放入高压锅中，倒入水 3500 毫升，放入陈皮 5 克、姜 30 克、葱 30 克、大料 5 克、桂皮 5 克、香叶 5 克、菠萝 200 克，上汽后压 20 分钟。② 锅上火烧热，锅中放入植物油，油温六成时，把土豆炸至浅黄色，放入胡萝卜炸 30 秒捞出控油备用。③ 锅上火烧热，倒入植物油 300 毫升，放入葱姜各 20 克爆香，然后放入蚝油 240 克、老抽 15 毫升，牛肉汤 1500 毫升、盐 40 克、白糖 30 克、味精 10 克、牛腩、土豆、胡萝卜煨 5 分钟，水淀粉 300 克勾芡，淋明油出锅装盘即可。

7 成品菜装盘（盒）：菜品采用“盛入法”装入盒中，自然堆落。成品重量：6500 克。

| 要领提示 | 生牛腩不要切太小的块，因为熟化后缩水严重。
| 操作重点 | 牛腩最好用高压锅压熟，汤汁不浓，这样出品好看。
| 成菜标准 | ①色泽：色泽红亮；②芡汁：中厚芡；③味型：咸鲜香；④味型：土豆香糯、牛肉软烂。
| 举一反三 | 牛腩炖萝卜、牛腩炖番茄。

菜品名称

西芹牛肉

营养师点评

西芹牛肉是一道快手家常菜，是由滑炒牛肉演变而来。黑椒味浓，味道鲜美，营养价值非常高。此菜荤素搭配，蛋白质含量丰富，脂肪含量略高，含有多种维生素、铁、钙、膳食纤维，爽脆软烂，比较适合老年人食用。粗壮的西芹需要抽净筋，防止塞牙或不易咀嚼。

营养成分

（每100克营养素参考值）

能量：168.0卡

蛋白质：7.4克

脂肪：12.9克

碳水化合物：5.4克

维生素A：4.7微克

维生素C：6.3毫克

钙：18.5毫克

钾：72.3毫克

钠：392.8毫克

铁：0.8毫克

原料组成

主料

牛肉2000克

辅料

西芹1500克、洋葱1000克、红椒150克

调料

盐10克、味精1克、鸡蛋2个、玉米淀粉100克、老抽80毫升、生抽20毫升、蚝油130克、番茄酱70克、葱20克、姜20克、蒜末20克、料酒70毫升、黑胡椒20克、腌肉粉10克、葱油200毫升、水30毫升、植物油200毫升

加工制作流程

1 初加工：牛肉洗净，西芹去根，洗净；洋葱去皮，洗净；红椒去蒂，洗净；葱、姜、蒜去皮，洗净。

2 原料成形：将牛肉切成宽 1 厘米见方、长 6 厘米的丝；芹菜切成长 6 厘米的段；洋葱切成宽 0.5 厘米的丝；红椒切成长 6 厘米长的丝；葱、姜、蒜切片。

3 腌制流程：在切好的牛肉丝中放入腌肉粉 10 克、料酒 30 克、老抽 30 克、蚝油 30 克、鸡蛋 2 个；分次加入 30 毫升水抓制均匀，放入玉米淀粉 100 克抓匀，腌制 10 分钟；将牛肉倒入盘中，放入葱油 100 毫升、味精 1 克、盐 10 克腌制。

4 配菜要求：把腌制好的牛肉丝，西芹、洋葱、调料分别放在器皿里备用。

5 工艺流程：蒸制食材→烹制食材→调味→出锅装盘。

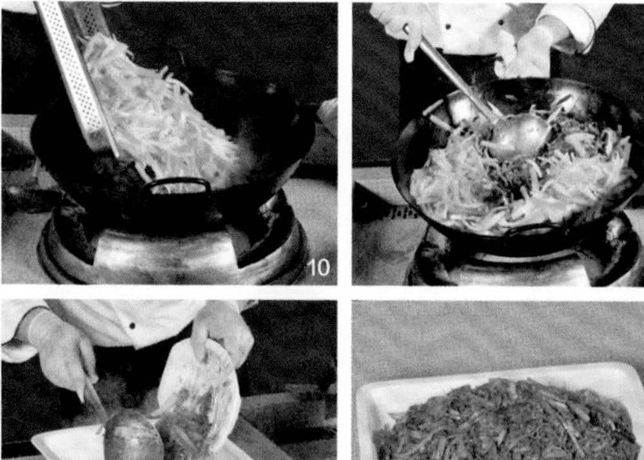

6 烹调成品菜：① 把洋葱、芹菜摆放烤盘中，放进万能蒸烤箱选择蒸的模式，温度 100℃，湿度 100%，蒸制 2 分钟后取出备用。② 锅上火烧热，热锅凉油，倒入植物油 200 毫升，放入姜 20 克、蒜 20 克、葱 20 克、黑胡椒 20 克煸香，放入番茄酱 70 克、蚝油 100 克、料酒 40 毫升、生抽 20 毫升，倒入牛肉翻炒 2 分钟，加入红椒丝，放入蒸制好的芹菜，洋葱翻炒均匀，加入老抽 50 毫升调色，撒入葱油 100 毫升，出锅即可。

7 成品菜装盘（盒）：菜品采用“盛入法”装入盒中，自然堆落状。成品重量：5200 克。

| 要领提示 | 牛肉要横刀切，腌制时要搅拌均匀，这样便于入味。

| 操作重点 | 炒制肉丝时间不要过长，以防肉丝变老。

| 成菜标准 | ①色泽：红绿相间；②芡汁：薄芡；③味型：黑椒味；④质感：牛肉软嫩、芹菜脆爽。

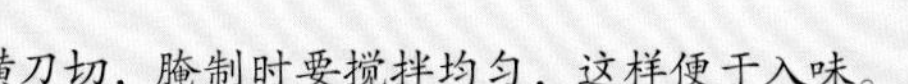

| 举一反三 | 西芹鸡丝、西芹虾仁、西芹腊肉。

菜品名称

西红柿炖牛腩

营养师点评

西红柿炖牛腩是一道非常典型的家常菜，开胃爽口。此菜蛋白质含量不高，脂肪含量偏高，总热量较高，含有多种维生素和矿物质，质地软烂，易于咀嚼，是一道适宜老年人佐食下饭的菜肴，特别是与一些粗粮类的主食搭配食用更有利于脂肪的燃烧。

营养成分

（每100克营养素参考值）

能量：263.2 卡

蛋白质：8.1 克

脂肪：24.5 克

碳水化合物：2.5 克

维生素 A: 11.3 微克

维生素 C：5.2 毫克

钙：7.0 毫克

钾：97.4 毫克

钠：215.2 毫克

铁：0.7 毫克

原料组成

主料

牛腩 3000 克

辅料

西红柿 2400 克、香葱 200 克

调料

盐 33 克、味精 14 克、番茄酱 200 克、白糖 13 克、香叶 3 克、大料 7 克、葱段 30 克、姜片 20 克、小茴香 5 克、桂皮 20 克、料酒 80 毫升、水淀粉 120 克（水 60 克 + 生粉 60 毫升）、水 1000 毫升、植物油 800 毫升

加工制作流程

1 初加工：牛腩洗净用清水浸泡出血水，西红柿洗净，小香葱去根洗净。

2 原料成形：牛腩切 2 厘米见方的块，西红柿切滚刀块，小香葱切末。

3 加工流程：锅上火，锅中放入凉水，把切好的牛腩块放入锅中，以水没过肉为准，放入料酒 30 毫升，大火烧开，打去浮沫后煮三分钟，捞出控干。

4 配菜要求：把牛腩、西红柿、香葱、调料分别装在器皿中备用。

5 工艺流程：焯水牛肉→压制牛肉→出锅装盘。

6 烹调成品菜：① 锅上火烧热，热锅凉油，倒入植物油 500 毫升，放入大料 7 克、桂皮 20 克、小茴香 5 克炒香，倒入水 1000 毫升、香叶 3 克，开锅煮 10 分钟，加入盐 23 克、味精 9 克，捞出料渣，倒入高压锅中，加入料酒 50 毫升、姜片 20 克、焯水的牛肉、葱段 30 克，上汽压 40 分钟。② 锅上火烧热，热锅凉油，倒入植物油 300 毫升，加入番茄酱 200 克炒香，炒出红油，倒入压好的牛肉和汤，依次下入西红柿、白糖 13 克、盐 10 克、味精 5 克烧开，勾入水淀粉 120 克，盛出装盘，撒上香葱末即可出品。

7 成品菜装盘（盒）：菜品采用“盛入法”装入盒中，自然堆落状。成品重量：5290 克。

| 要领提示 | 牛肉一定要用凉水泡去血水。

| 操作重点 | 炖牛肉时一定要凉水下锅。

| 成菜标准 | ①色泽：红绿相间；②芡汁：汤汁饱满；③味型：番茄味回甜；④质感：牛肉软烂。

| 举一反三 | 土豆炖牛腩、萝卜炖牛腩。

菜品名称

羊腩焖萝卜

营养师点评

羊腩焖萝卜是一道北方常做的炖菜，汤鲜肉美，荤素搭配合理，蛋白质丰富，脂肪不超标，质地软烂易于咀嚼，易于消化吸收，钙和钾含量比较丰富，是一道适宜佐食的菜肴。

营养成分

（每 100 克营养素参考值）

能量：135.8 卡

蛋白质：9.1 克

脂肪：9.9 克

碳水化合物：2.6 克

维生素 A：33.3 微克

维生素 C：7.5 毫克

钙：25.5 毫克

钾：242.2 毫克

钠：623.9 毫克

铁：2.0 毫克

原料组成

主料

羊腩 2500 克

辅料

白萝卜 2000 克、胡萝卜 500 克、香菜 20 克

调料

植物油 500 毫升、葱 50 克、姜 50 克、盐 80 克、味精 30 克、胡椒粉 40 克、大料 10 克、清水 2000 毫升、料酒 300 毫升

加工制作流程

1 初加工：白萝卜、胡萝卜、削皮洗净、香菜去根洗净备用。

2 原料成形：羊腩、白萝卜、胡萝卜切成3厘米见方的块。

3 腌制流程：白萝卜、胡萝卜混在一起，加入盐15克、味精10克、胡椒粉10克，抓匀腌制备用。

4 配菜要求：羊腩、白萝卜、胡萝卜，调料分别装在器皿里备用。

5 工艺流程：煮熟羊肉→放入配料烹制→烹饪熟化食材→装盘。

6 烹调成品菜：①将白萝卜、胡萝卜放入万能蒸烤箱中，选择蒸的模式，温度100℃，湿度100%，蒸15分钟后取出。②锅上火烧热，锅中放入水，加入料酒100毫升、胡椒粉10克，放入羊肉焯水，将焯好的羊肉捞出洗净控水，放入高压锅焯水中，加入葱、姜各40克、盐50克，味精10克、胡椒粉10克、料酒200毫升、清水2000毫升，大料10克上汽后压15分钟捞出备用。③锅上火烧热，锅中放入植物油，放入葱姜各10克、压好的羊肉、压羊肉的汤、白萝卜、胡萝卜、盐15克、味精10克、胡椒粉10克，焖至入味出锅装盘，撒上香菜即可。

7 成品菜装盘（盒）：菜品采用“盛入法”装入盒中，自然堆落。成品重量：5500克。

| 要领提示 | 羊腩切配时大小一定要均匀。

| 操作重点 | 羊腩汤汁不宜过多，否则无法焖至入味。

| 成菜标准 | ①色泽：色泽奶白，香菜翠绿；②芡汁：汤汁饱满；③味型：咸鲜香；④味型：羊肉软嫩、萝卜松糯。

| 举一反三 | 牛肉炖萝卜、羊肉焖冬瓜。

鸡鸭肉篇

菜品名称

板栗烧鸡

营养师点评

板栗烧鸡是一道传统鲁菜，汁浓醇厚、色泽红亮。此菜蛋白质、脂肪、碳水化合物含量都比较丰富，热量较高，还富含维生素 C、维生素 A，钙、铁和钾的含量也较高，非常适合老人秋冬季食用。

营养成分

（每 100 克营养素参考值）

能量：168.1 卡

蛋白质：11.6 克

脂肪：8.4 克

碳水化合物：11.5 克

维生素 A: 43.0 微克

维生素 C：5.3 毫克

钙：9.5 毫克

钾：225.9 毫克

钠：492.1 毫克

铁：1.6 毫克

原料组成

主料

净鸡腿肉 3000 克

辅料

净板栗肉 1000 克

净香菇 500 克

胡萝卜 500 克

调料

绍兴黄酒 100 毫升、植物油 200 毫升、香油 70 毫升、姜片 50 克、冰糖老抽 60 毫升、蚝油 120 克、一品鲜酱油 50 毫升、盐 25 克、冰糖 105 克、大料 3 克、胡椒粉 4 克、家乐鸡汁 30 克、水淀粉 300 毫升（生粉 100 克 + 水 200 毫升）、水 1500 毫升、葱段 50 克

加工制作流程

1 初加工：鸡腿肉洗净；板栗洗净、沥干；香菇去根、洗净、沥干；胡萝卜去皮、洗净；葱、姜去皮，洗净。

2 原料成形：将鸡腿肉切成3厘米的见方块；香菇切成厚0.5厘米的片；胡萝卜切成3厘米滚刀块；姜切成1厘米长的薄片；葱切段。

3 腌制流程：将鸡腿肉放入盆中，放入葱20克、姜片20克、盐5克、胡椒粉2克、绍兴黄酒50毫升、冰糖老抽10毫升，腌制10分钟。

4 配菜要求：将鸡腿块、板栗、香菇片、胡萝卜以及调料分别摆放在器皿中。

5 投料顺序：炙锅→板栗焯水→烹制食材→调味→出锅装盘。

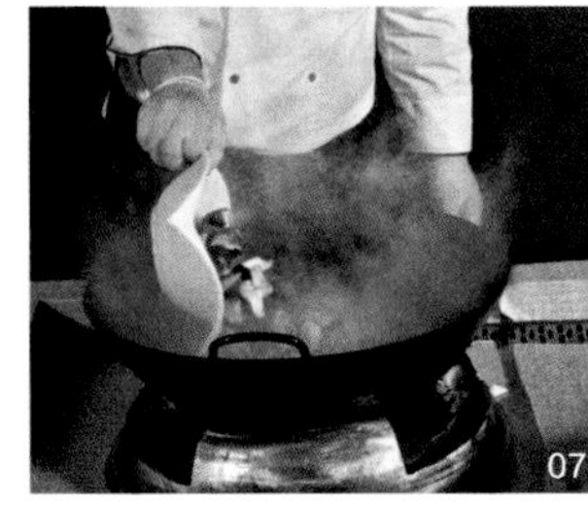

6 烹调成品菜：① 锅上火烧热，加水烧开，放入板栗、香菇、胡萝卜焯水3分钟（香菇焯水，水开捞出即可）。② 锅上火烧热，放入植物油，油温五成热，放入鸡腿肉打撒，滑熟，倒入漏勺控油。③ 锅上火烧热，放入植物油200毫升，放入冰糖100克炒出糖色，放入大料3克、姜片30克、葱段30克和鸡腿肉，再放入绍兴黄酒50毫升、老抽50毫升、蚝油120克、一品鲜酱油50毫升、加入香菇、板栗、胡萝卜、开水1500毫升，大火烧开，小火炖15~20分钟。用盐20克、胡椒粉2克、鸡汁30克、冰糖5克调味，用水淀粉300毫升（生粉100克＋水200毫升）勾芡，淋入香油70毫升即可。

7 成品菜装盘（盒）：菜品采用“盛入法”装入盒中，自然堆落状。成品重量：4840克。

|要领提示| 鸡腿大小均匀，香菇切片均匀。

|操作重点| 板栗焯水时间不低于5分钟，炒制糖色时油温不宜过高，小火慢炒。

|成菜标准| ①色泽：色泽红亮；②芡汁：薄汁亮芡；③味型：咸鲜；④质感：鸡肉软嫩、板栗软糯。

|举一反三| 板栗东坡肉、板栗排骨、板栗烧鸭。

菜品名称

橙香鸡柳

营养师点评

橙香鸡柳是一道甜品菜，好吃开胃。此菜蛋白质和碳水化合物含量丰富，脂肪不超标，钾含量较高。质地软烂易于咀嚼和消化吸收。

营养成分

（每 100 克营养素参考值）

能量：126.5 卡

蛋白质：11.9 克

脂肪：0.9 克

碳水化合物：17.5 克

维生素 A: 3.5 微克

维生素 C：2.8 毫克

钙：7.2 毫克

钾：195.7 毫克

钠：165.9 毫克

铁：0.8 毫克

原料组成

主料

鸡胸 3000 克

辅料

角瓜 1000 克

苹果 1000 克

调料

浓缩橙汁 260 毫升、盐 20 克、糖 200 克、味精 10 克、玉米淀粉 350 克、生粉 350 克、水 300 毫升

加工制作流程

1 初加工：角瓜洗净；苹果去核、洗净；葱、姜、蒜去皮、洗净、备用。

2 原料成形：鸡胸切成 1 厘米粗、3 厘米长的条，角瓜切 0.5 厘米厚的抹刀片，苹果切 1 厘米粗、3 厘米长的条。

3 腌制流程：鸡柳中放入生粉 350 克，玉米淀粉 350 克，水 300 毫升抓匀封油，备用。

4 配菜要求：鸡胸、角瓜、苹果及调料分别装在器皿里。

5 投料顺序：炙锅烧水→角瓜焯水→炙锅烧油→炸制食材→烹饪熟化食材→装盘。

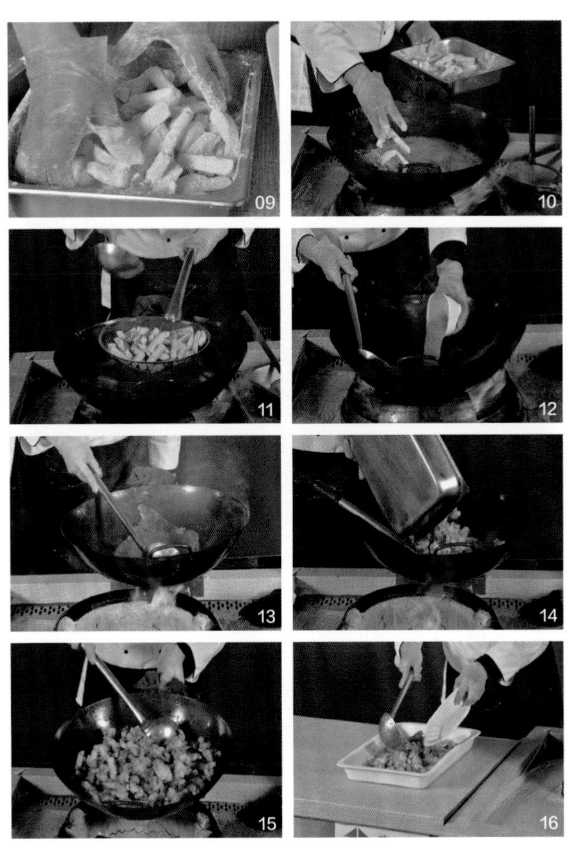

6 烹调成品菜：① 热锅放水，水开后放入角瓜，水开后捞出、过凉。锅中放油，倒入角瓜，再加盐 10 克、糖 5 克、味精 5 克、翻炒均匀后勾薄芡、淋明油，盛出，铺在盘底。② 锅烧热放油，油温六成热时，放入鸡胸，炸制金黄熟透、捞出，待油升温至七成热时，苹果片拍粉，炸制金黄色捞出、备用。③ 热锅放油，放入橙汁 260 毫升、白糖 195 克、盐 10 克、味精 5 克，熬至黏稠，倒入鸡柳、苹果翻炒均匀，淋明油，出锅倒入盘中。

7 成品菜装盘（盒）：菜品采用“摆入法”装入盒中，摆放整齐即可。成品重量：4100 克。

| 要领提示 | 鸡胸肉切配要均匀，否则炸制时熟化，不均匀影响口感。

| 操作重点 | 橙汁要熬制黏稠，翻炒均匀，快速出锅。

| 成菜标准 | ①色泽：色泽橙黄；②芡汁：薄芡汁；③味型：小甜酸；④质感：鸡柳香酥，苹果脆香，橙香味美。

| 举一反三 | 橙香排骨、橙香牛柳。

菜品名称

豆豉蒸滑鸡

营养师点评

豆豉蒸滑鸡是一道粤菜特色美食，制作简单，具有补血益气、暖胃、强筋骨的功效。此菜总热量不高，蛋白质充足，脂肪含量低，膳食纤维比较丰富，钠的含量偏高，菜肴质地熟烂，易于咀嚼。

营养成分

（每100克营养素参考值）

能量：131.6卡

蛋白质：13.0克

脂肪：6.3克

碳水化合物：5.7克

维生素A: 13.5微克

维生素C：11.0毫克

钙：7.3毫克

钾：195.4毫克

钠：405.2毫克

铁：2.2毫克

原料组成

主料

鸡腿肉3500克

辅料

香菇1000克

红椒200克

青椒300克

调料

葱、姜各50克、豉香酱（六位仙）350克、豉香油（六位仙）200毫升、豆豉酱350克、料酒80毫升、白糖10克、味精5克、胡椒粉10克、二锅头白酒50毫升、生粉200克

加工制作流程

1 初加工：鸡腿肉洗净；香菇、红椒、青椒去蒂，洗净；葱、姜洗净，备用。

2 原料成形：鸡腿肉切2厘米宽、4厘米长的条；香菇切抹刀片；青椒、红椒切1厘米见方的丁；葱、姜切片。

3 腌制流程：把鸡腿肉攥干水分，放入料酒50毫升，二锅头白酒50毫升，胡椒粉10克，葱、姜片各50克，白糖10克，味精5克，搅拌均匀后，打入少许的清水顺一个方向搅拌上劲，放入豆豉酱350克和生粉200克，搅拌均匀，腌制2小时。

4 配菜要求：把腌好的鸡肉、香菇、青椒、红椒装在器皿中备用。

5 工艺流程：搅拌→装盘→放入蒸箱→蒸熟食材→出锅装盘。

6 烹调成品菜：① 锅中倒入清水烧开，下入香菇。水开后，倒出，用凉水泡凉，攥干水分备用。锅中放入植物油，油温160℃，下入青椒、红椒丁，马上捞出，控油、备用。② 把香菇跟鸡肉加入六味仙豉香油100毫升、料酒30毫升搅拌均匀，倒入装菜的器皿中，放入蒸箱，蒸的模式调为温度100℃，湿度100%，蒸25分钟。蒸好后把菜品中多余的汤汁倒出，放入豉香油100毫升和青椒、红椒丁搅拌均匀，装盘即可。

7 成品菜装盘（盒）：菜品采用“盛入法”装入盒中，自然堆落状。成品重量：3500克。

| 要领提示 | 鸡肉一定要腌制2个小时以上，否则底味不足。

| 操作重点 | 豉香油一定要最后放，提香增味，出品色泽也好看。

| 成菜标准 | ①色泽：色泽黑红色，配菜红绿相间，搭配合理；②芡汁：无；③味型：豉香咸鲜；④质感：鸡肉多汁嫩滑，香菇爽滑入味。

| 举一反三 | 豉香排骨、豉香鸭翅、豉香牛肉。

扫一扫，看视频

菜品名称

芙蓉鸡片

营养师点评

芙蓉鸡片是一道鲁菜名菜，入口滑嫩，老少皆宜。此菜总热量不高，高蛋白，低脂肪，质地熟烂且易于咀嚼和消化吸收，是补益性较强的菜肴。选用此菜最好补充一些蔬菜，补充维生素和膳食纤维。

营养成分

（每 100 克营养素参考值）

能量：99.4 卡

蛋白质：10.2 克

脂肪：4.7 克

碳水化合物：4.0 克

维生素 A: 4.8 微克

维生素 C：3.0 毫克

钙：13.7 毫克

钾：150.6 毫克

钠：285.4 毫克

铁：1.1 毫克

原料组成

主料

净鸡胸肉 1000 克

净鸡蛋清 1500 克

辅料

净青、红椒各 50 克

牛奶 400 毫升

调料

盐 25 克、高汤 1000 毫升、葱姜水 500 毫升（葱 40 克、姜 70 克、水 500 毫升）、猪油 60 克、蛋清 50 克、玉米水淀粉 100 毫升（玉米淀粉 50 克 + 水 50 毫升）、水淀粉 80 毫升（生粉 40 克 + 水 40 毫升）、白胡椒粉 5 克、味精 5 克、料酒 20 毫升、白糖 5 克、植物油 2000 毫升

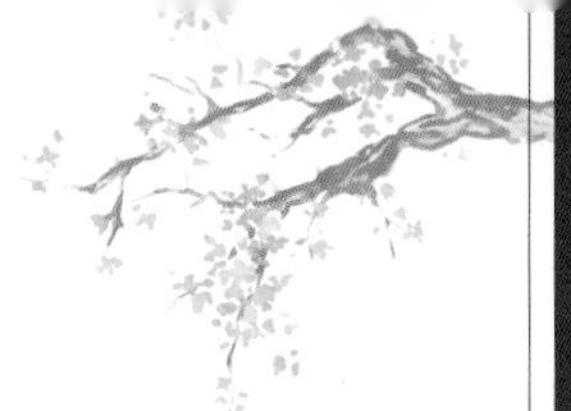

加工制作流程

1 初加工：鸡胸肉洗净，去筋、去膜；青、红椒洗净，去籽。

2 原料成形：将鸡肉切成柳叶片儿；青、红椒切成小菱形片；葱、姜拍松，泡水。

3 腌制流程：鸡肉片放入生食盒中，加入盐 5 克、料酒 20 毫升、白胡椒粉 1 克抓匀，加两个蛋清约 50 克，玉米水淀粉 20 毫升搅拌均匀，封葱油 100 毫升，腌制备用；将鸡蛋清打均匀后，加入牛奶 400 毫升、盐 5 克、玉米水淀粉 80 毫升（玉米淀粉 40 克 + 水 40 毫升）、白糖 2 克搅拌均匀，打均匀即可。

4 配菜要求：将鸡胸肉，蛋清、青椒、红椒、牛奶，以及调料分别放入器皿中。

5 投料顺序：水滑鸡片→炒蛋清→烹制食材→调味→出锅、装盘。

6 烹调成品菜：① 锅上火烧热，放高汤 1000 毫升烧开，水开转小火，将腌制好的鸡片分散放入锅中，不用搅动，水温保持 80℃—90℃，水滑 15 分钟后捞出，备用。② 锅上火烧热，放入植物油 2000 毫升，油温三成热时，倒入拌好的鸡蛋清，在锅中轻轻推动，成型自然浮起后捞出，并用热水冲净浮油。③ 锅上火烧热，放入猪油 60 克，放入青、红椒煸炒，再加入葱姜水 500 毫升，烧开后依次放入白胡椒粉 4 克、白糖 3 克、盐 15 克，味精 5 克、下入鸡片儿烧开，倒入水淀粉 80 毫升勾薄芡，再放入蛋清，炒匀后淋入明油即可。

7 成品菜装盘（盒）：菜品采用“盛入法”装入盒中，自然堆落状。成品重量：3260 克。

| 要领提示 | 鸡片要提前去净筋膜，薄厚均匀，上浆饱满；可以用小苏打腌制，确保鸡肉熟后软嫩。蛋白要热锅凉油下锅，蛋液下锅后要轻轻推动，这样炒出的蛋清白嫩。

| 操作重点 | 蛋白炒熟沥干油后，要用热水冲一下，或用热水泡一下，捞出沥干水分，目的是去掉蛋白的油质。

| 成菜标准 | ①色泽：红白绿相间；②芡汁：薄汁薄芡；③味型：咸鲜；④质感：软嫩可口，老少皆宜。

| 举一反三 | 芙蓉鱼片、芙蓉里脊。

菜品名称

瓜汁鸡鱼米

营养师点评

这是一位大师在幼儿团餐培训中想出来的，很多孩子家长对孩子吃鸡肉有意见，他就用鸡米、鱼米、南瓜结合在一起做出这道菜，受到孩子的欢迎。把这道菜植入到老年营养餐中也非常适合老年人的口味。选用禽类和鱼类为主要原料，蛋白丰富，氨基酸种类更加齐全，脂肪含量低，肉质细嫩，色泽鲜艳，易于咀嚼。

营养成分

（每 100 克营养素参考值）

能量：119.8 卡

蛋白质：13.1 克

脂肪：4.6 克

碳水化合物：6.4 克

维生素 A: 9.6 微克

维生素 C：2.1 毫克

钙：25.6 毫克

钾：253.3 毫克

钠：465.0 毫克

铁：1.4 毫克

原料组成

主料

净鸡胸肉 2000 克

净龙利鱼肉 2000 克

辅料

百净莴笋 1000 克

净红椒 100 克

金瓜 600 克

调料

盐 70 克、胡椒粉 10 克、料酒 40 毫升、猪油 80 克、玉米淀粉 280 克、葱末 40 克、姜末 40 克、味精 3 克、鸡蛋清 160 克（7 个）、汤 3000 毫升（2000 毫升用于打金瓜蓉、1000 毫升做菜）、水淀粉 150 毫升（生粉 75 克 + 水 75 毫升）、水 4000 毫升、植物油 160 毫升

加工制作流程

1 初加工： 生鸡胸肉片儿洗净、去筋膜；鱼片儿提前用水清洗；莴笋去皮；彩虹椒去籽、洗净备用。

2 原料成形： 将鸡肉、鱼片儿分别切成 0.3 厘米长的条儿，再顶刀切 0.5 厘米的鸡鱼米备用。将莴笋切成（0.3 厘米 ×0.4 厘米）米状，红椒、笋丁切法同莴笋，葱、姜各切成米状，分别装在器皿中备用。

3 腌制流程： ① 浆鸡米：鸡米中加入胡椒粉 3 克、料酒 20 毫升、蛋清 80 克搅拌均匀，然后加入玉米淀粉 150 克、盐 20 克打匀上劲，倒入植物油 50 毫升，锁住水分，备用。② 浆鱼米：浆鱼米前用布把鱼米水分充分吸净，加入料酒 20 毫升、胡椒粉 3 克、蛋清 80 克搅打均匀，然后加入盐 20 克、玉米淀粉 130 克打匀上劲，倒入植物油 50 毫升，锁住水分，备用。③ 金瓜 600 克加入 2000 毫升汤粉碎抖成蓉，抖匀备用。

4 配菜要求： 将鸡鱼米、莴笋、红椒丁，以及调料分别放在器皿中。

5 投料顺序： 低温烹调鸡鱼米→烹调食材→调味→出锅装盘。

6 烹调成品菜： ① 锅上火烧热，锅中放入水 4000 毫升，大火烧开后用小火，水温 90℃，将鸡米分散撒在锅里，小火水不能沸腾，用低温烹调，等鸡米变色时捞出，沥干水分，备用。② 另起锅，锅烧热，倒入植物油适量，将莴笋丁进行汆油，捞出、控油备用。③ 锅上火烧热，放入猪油 80 克，下入葱、姜末各 40 克炒香，下入莴笋丁翻炒均匀后，加汤 1000 毫升，放入胡椒粉 4 克、盐 28 克、味精 2 克、金瓜蓉搅拌均匀，加入水淀粉 150 毫升勾薄芡，大火烧开后，下入鸡米、鱼米翻炒均匀，淋入明油 30 毫升，出锅装盒儿即可。④ 锅上火烧热，倒入植物油 30 毫升、红椒、盐 2 克、味精 1 克，翻炒均匀后出锅，撒在鸡鱼米上，即可。

7 成品菜装盘（盒）： 菜品采用“盛入法”装入盒中，自然堆落状。成品重量：6290 克。

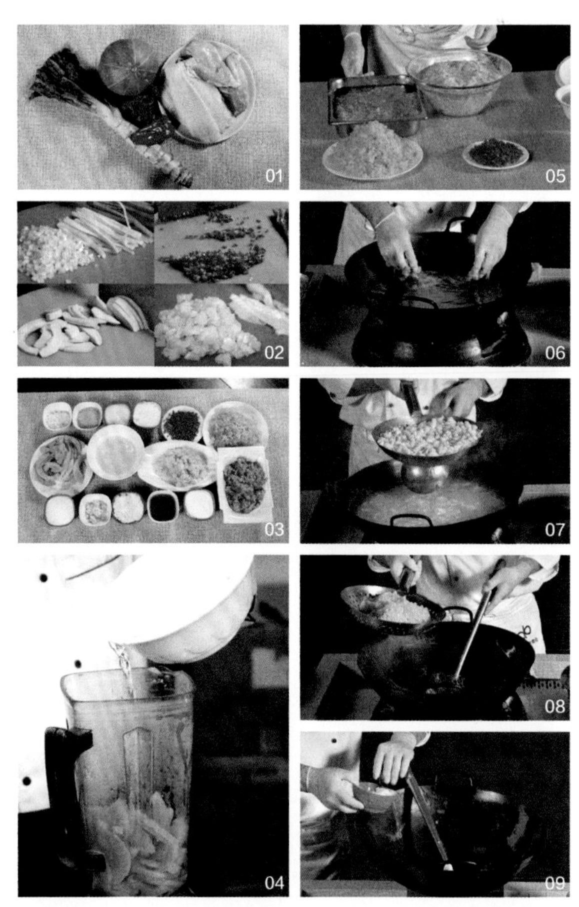

| 要领提示 | ①要求刀功均匀，鸡米、鱼米大小一致。②上浆搅拌均匀浆要略厚一些，防止水滑时脱浆。

| 操作重点 | 这道菜汁芡不能太紧，比三色鱼米汁宽一些。炝锅时注意油温不能太高，葱米不能糊锅。莴笋丁要煸出香味儿。

| 成菜标准 | ①色泽：红白绿相间；②芡汁：薄芡；③味型：咸鲜，瓜味香甜；④质感：软嫩可口，老少皆宜。

| 举一反三 | 换汁，可做鲈鱼。

菜品名称

宫保鸡丁

营养师点评

宫保鸡丁是一道川味典型菜，老少皆宜。此菜热量较高，蛋白质和脂肪丰富，含有多种维生素和矿物质，质地软烂，易于咀嚼，特别是与一些粗粮类的主食搭配食用，更有利于脂肪的燃烧。

营养成分

（每 100 克营养素参考值）

能量：：219.7 卡

蛋白质：13.2 克

脂肪：15.5 克

碳水化合物：6.7 克

维生素 A: 17.1 微克

维生素 C：1.3 毫克

钙：14.3 毫克

钾：213.4 毫克

钠：384.8 毫克

铁：2.0 毫克

原料组成

主料

净去骨鸡腿肉 3500 克

辅料

净黄瓜 800 克

净去皮花生米 500 克

大葱 200 克

调料

植物油 500 毫升、盐 15 克、醋 150 毫升、味精 20 克、白糖 100 克、生抽 60 毫升、老抽 20 毫升、料酒 20 毫升、郫县豆瓣酱 150 克、干辣椒段 5 克、花椒 2 克、玉米淀粉 130 克、水淀粉 60 毫升（生粉 30 克 + 水 30 毫升）、鸡蛋液 105 克、葱 50 克、姜 50 克、蒜 50 克、白胡椒粉 20 克、葱油 20 毫升、高汤 200 毫升、鲜汤 150 毫升

加工制作流程

1 初加工：鸡腿肉洗净；黄瓜洗净、去蒂；大葱去皮、去须、洗净；葱、姜、蒜去皮，洗净。

2 原料成形：鸡肉切 1.5 厘米见方，姜、蒜切片，干辣椒要过一遍水，大葱切 1.5 厘米长的段。

3 腌制流程：将切好的鸡丁放入盆中，依次加入料酒 20 毫升、精盐 10 克、白胡椒粉 10 克、味精 5 克搅拌均匀，搅拌均匀后，放入鸡蛋液 105 克、玉米淀粉 130 克搅拌均匀，淋入植物油 200 毫升封油，腌制 10 分钟左右。

4 配菜要求：将切好的鸡丁、黄瓜丁、花生米、鸡蛋，以及调料分别摆放器皿中。

5 投料顺序：黄瓜蒸制→滑花生米和鸡丁→调汁→烹制食材→出锅装盘。

6 烹调成品菜：① 将黄瓜丁码放在蒸盘中，倒入葱油 20 毫升，放入盐 5 克，味精 2 克搅拌均匀，放入万能蒸烤箱中。蒸的模式为温度 100℃，湿度 100%，沸水 1 分钟，取出，备用。② 锅上火烧热，倒入植物油，放入花生米炸香、炸熟捞出，斩碎备用；待油温五成热时，倒入切好的鸡丁滑油、滑散、滑熟，捞出备用。③ 锅上火烧热，放入植物油 300 毫升，干辣椒段 5 克氽油，把辣椒段捞出后备用；下入花椒 2 克煸香，捞出花椒后，倒入郫县豆瓣酱 150 克，小火煸炒出红油，放入葱片 50 克、姜片 50 克、蒜片 50 克、放入生抽 60 毫升、老抽 20 毫升、醋 150 毫升，放入鲜汤 150 毫升、白糖 100 克、味精 13 克，胡椒粉 10 克，放入滑熟的鸡丁翻炒均匀，在沿锅边烹入高汤 200 毫升，翻炒均匀，勾入水淀粉 60 毫升勾芡，翻炒均匀后，装盆。④ 将炸好的花生米、黄瓜丁撒在鸡丁上，最后撒入辣椒段出品即可。

7 成品菜装盘（盒）：菜品采用“盛入法”装入盒中，自然堆落状。成品重量：5060 克。

要领提示	腌制鸡丁要注意先放调味料，待抓匀后，再加入鸡蛋、淀粉上浆；注意淀粉用量，不能过多，也不能过少。
操作重点	干辣椒要过一遍水，鸡丁、黄瓜切配一定要标准，不然可能造成熟化程度不一样，影响口感。
成菜标准	①色泽：色泽棕红；②芡汁：薄芡；③味型：胡辣荔枝味；④质感：鸡丁滑嫩，花生酥脆，黄瓜清香。
举一反三	宫保鸭丁、宫保茄子。

扫一扫，看视频

菜品名称

红酥鸡

营养师点评

红酥鸡属于淮扬菜，味道浓郁，软嫩可口。此菜热量较高，高蛋白，高脂肪，质地熟烂，易于咀嚼和消化吸收。选用此菜要配一些蔬菜类菜肴，以补充维生素和膳食纤维。

营养成分

（每 100 克营养素参考值）

能量：248.5 卡

蛋白质：13.4 克

脂肪：19.7 克

碳水化合物：4.5 克

维生素 A:24.3 微克

维生素 C：0.5 毫克

钙：13.5 毫克

钾：183.7 毫克

钠：479.7 毫克

铁：1.7 毫克

原料组成

主料

净鸡腿肉 3200 克

净肉馅 2000 克

辅料

净油菜心 500 克

红椒 20 克

调料

盐 53 克、味精 10 克、胡椒粉 4 克、白糖 25 克、料酒 200 毫升、鸡蛋 6 个、水淀粉 250 毫升（生粉 125+ 水 125 毫升）、玉米淀粉 88 克、生抽 5 毫升、老抽 30 毫升、蚝油 65 克、葱末 20 克、姜末 20 克、葱段 40 克、蒜末 100 克、南乳汁 100 克、桂皮 3 克、大料 3 克、植物油 420 毫升

加工制作流程

1 初加工： 鸡腿洗净，油菜洗净，红椒去籽，去蒂，清洗干净。

2 原料成形： 将鸡腿肉去骨，剞刀。

3 腌制流程： 肉馅中放入姜末 20 克、葱末 20 克、生抽 5 毫升、蚝油 15 克、盐 21 克、味精 2 克、料酒 50 毫升、鸡蛋 6 个、胡椒粉 2 克搅拌均匀；将剞刀后的鸡腿肉放在砧板上拍平，撒一层玉米淀粉，约 88 克，放上肉馅，用刀轻轻排松（剞刀）抹平。

4 配菜要求： 鸡腿肉、肉馅、油菜、红椒以及调料分别放在器皿中。

5 投料顺序： 炸鸡腿肉→调汁→烹制食材→蒸制→后调味→出锅装盘。

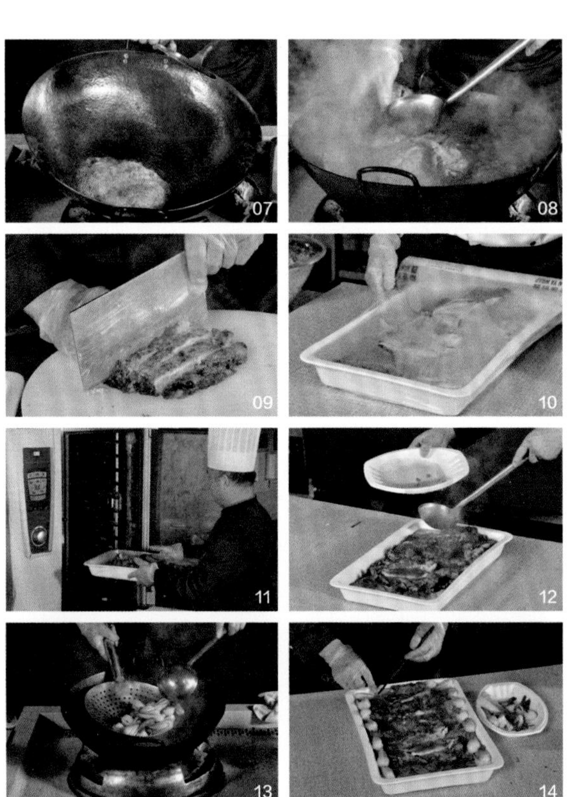

6 烹调成品菜： ① 锅上火烧热，锅中放入植物油 200 毫升，下锅煎鸡腿肉，先皮朝下煎，再翻过来煎，煎至定型。② 锅上火烧热，锅中放入植物油 100 毫升，蒜末 100 克、大料 3 克、桂皮 3 克，煸香，放入葱段 40 克、料酒 150 毫升、老抽 30 毫升、水 2000 毫升，捞出小料，加入盐 30 克、南乳汁 100 克、白糖 25 克、胡椒粉 2 克，味精 6 克、蚝油 50 克，下入鸡腿 3200 克，小火煮 15 分钟。③ 将煮熟的鸡腿肉取出，改刀切大片，放入蒸盘，将蒸盘放入蒸箱中，上汽后蒸 40 分钟。④ 取出煮鸡腿肉的汤汁，用水淀粉 250 毫升（生粉 125+ 水 125 毫升）勾芡，放入红椒 20 克，淋入明油 100 毫升，浇在鸡肉上即可。⑤ 锅中放水烧开，放入油菜，焯熟，倒出过凉。锅再次烧热，放入植物油 20 毫升、盐 2 克，放入油菜，煸炒均匀，放入味精 2 克，再次翻炒出锅，围在鸡肉边上即可。

7 成品菜装盘（盒）： 成品重量：6590 克。

| 要领提示 | 鸡腿肉去骨时，皮不要切破；煎鸡腿肉前，要先剞刀，用刀根斩去筋膜；煎鸡腿肉时，不要煎糊，一定要先煎带皮的一面。

| 操作重点 | 肉馅不能调得太稀，鸡腿肉上放肉馅前先抹一层淀粉，增加鸡腿肉的黏性，让肉馅和鸡腿肉能更好地融合在一起。

| 成菜标准 | ①色泽：红绿相间；②芡汁：薄芡；③味型：咸鲜；④质感：软嫩。

| 举一反三 | 红酥鸭、红酥鹅。

扫一扫，看视频

菜品名称

黑椒鸭腿肉

营养师点评

黑椒鸭腿肉是以鸭腿肉为食材的一道家常菜，蛋白质丰富，脂肪偏高，总热量较高，含有多种维生素和矿物质，质地软烂，易于咀嚼，是一道适宜佐食下饭的菜肴，搭配一些粗粮类的主食更有利于脂肪的燃烧。

营养成分

（每100克营养素参考值）

能量：220.6卡

蛋白质：10.1克

脂肪：17.5克

碳水化合物：5.6克

维生素A: 31.3微克

维生素C：22.1毫克

钙：12.6毫克

钾：185.9毫克

钠：503.6毫克

铁：2.5毫克

原料组成

主料

净鸭腿肉3500克

辅料

青椒500克

红椒500克

洋葱500克

调料

植物油3500毫升、葱20克、姜20克、黑胡椒碎30克、黑胡椒酱290克、盐20克、糖20克、味精15克、清水600毫升、水淀粉300毫升（生粉100克+水200毫升）、料酒80毫升、牛栏山白酒80毫升

加工制作流程

1 初加工：青椒与红椒去籽、去蒂、洗净，洋葱、葱姜、蒜去皮、洗净、备用。

2 原料成形：青、红椒、洋葱切 1 厘米见方的片，葱、姜、蒜切末。

3 腌制流程：把鸭腿肉放盐 10 克，料酒 80 毫升，牛栏山白酒 80 毫升，黑胡椒碎 20 克，味精 10 克，葱 20 克，姜 20 克，拌匀腌制 10 分钟即可。

4 配菜要求：鸭腿肉、青椒、红椒、洋葱，以及调料分别装在器皿里。

5 投料顺序：炙锅放油→食材滑油→烹饪熟化食材→浇汁装盘。

6 烹调成品菜：① 烤盘刷油，将鸭腿肉码放在烤盘上，放入万能蒸烤箱中，蒸的模式为温度 210℃，湿度 30%，烤 15 分钟。② 锅上火烧热，放入植物油，油温四成热时，放入青椒、红椒、洋葱，炸至断生、捞出、备用。③ 锅上火烧热，锅中放入植物油，放入黑胡椒酱 290 克，黑椒碎 10 克，加入清水 600 毫升，盐 10 克，糖 20 克，味精 5 克，放入一半辅料，水淀粉勾芡。④ 将烤好的鸭腿肉取出，切成 1 厘米宽的条，将黑椒汁淋在鸭腿上，撒上另一半辅料即可。

7 成品菜装盘（盒）：菜品采用“盛入法”装入盒中，摆放整齐即可。成品重量：4500 克。

|要领提示|鸭腿肉一定要提前腌制，去腥，码底味。

|操作重点|黑胡椒碎一定要用小火煸出香味后，再放入黑胡椒酱煸炒。

|成菜标准|①色泽：黑红绿相间；②芡汁：薄芡汁；③味型：咸鲜香；④质感：鲜嫩爽滑。

|举一反三|黑椒牛柳。

扫一扫，看视频

菜品名称

鸡肉萝卜丸子

营养师点评

鸡肉萝卜丸子是一道家常菜，荤素搭配合理。蛋白质丰富，低脂肪，高钙、高膳食纤维，软烂清香，易于咀嚼。

营养成分
（每 100 克营养素参考值）
能量：105.6 卡
蛋白质：11.7 克
脂肪：3.3 克
碳水化合物：7.4 克
维生素 A: 10.9 微克
维生素 C：12.5 毫克
钙：22.2 毫克
钾：226.3 毫克
钠：540.8 毫克
铁：0.8 毫克

原料组成

主料
白净鸡胸肉 2500 克

辅料
净白萝卜 2000 克
净青、红尖椒各 250 克

调料
盐 50 克、白胡椒粉 3 克，味精 5 克、料酒 40 毫升、生抽 150 毫升、豉油 130 毫升、 糯米粉 800 克、鸡蛋两个约 110 克、葱丝 30 克、姜丝 30 克

加工制作流程

1 初加工：鸡胸肉洗净、去筋、去膜，用水洗一遍；白萝卜去皮，青、红尖椒去蒂、去籽。

2 原料成形：将鸡胸肉打成蓉，备用；白萝卜擦丝，焯水，过凉；青、红尖椒切丝。

3 腌制流程：① 萝卜丝放入蒸盘中加盐 20 克，杀出水分，抓匀。② 调馅：将鸡蓉放生食盒内，放盐 30 克、味精 5 克、鸡蛋两个、胡椒粉 3 克、料酒 40 毫升、糯米粉 400 克搅匀上劲。③ 将萝卜丝攥干水分放入鸡蓉里搅匀、倒入糯米粉 400 克搅拌均匀。

4 配菜要求：将调好的馅料，以及调料分别摆放在器皿中，备用。

5 投料顺序：挤丸子→浇汁→出锅装盘。

6 烹调成品菜：① 蒸盘刷油，挤丸子，1 个重约 35 克，放入万能蒸烤箱中，蒸的模式为温度 100℃，湿度 100%，蒸 20 分钟，蒸好后摆入盘中。② 将蒸熟的丸子放入盆中，贴盘子边浇入生抽 150 毫升、豉油 130 毫升。③ 将切好的青、红椒丝，葱、姜丝抓匀撒在丸子上，滋热油即可。

7 成品菜装盘（盒）：菜品采用“盛入法”装入盒中，自然堆落状。成品重量：3580 克。

| 要领提示 | 萝卜要擦丝，粗细均匀。

| 操作重点 | 鸡蓉要打上劲后，再加入萝卜丝；蒸丸子时要在盘底上刷一层油，防止黏连。

| 成菜标准 | ①色泽：红白绿相间；②芡汁：无；③味型：咸鲜；④质感：丸子软嫩可口，萝卜清香。

| 举一反三 | 牛肉萝卜丸子、羊肉萝卜丸子。

菜品名称

口蘑烩鸭胗

营养师点评

口蘑烩鸭胗是一道北方传统菜，好吃下饭。菜肴总热量不高，蛋白质丰富，低脂肪；钙和维生素 A 比较丰富，钾含量高，是很少见的钠低钾高的菜肴。菜肴质地酥烂，易于咀嚼，需要增加一些蔬菜以补充维生素和膳食纤维。

营养成分

（每 100 克营养素参考值）

能量：136.8 卡

蛋白质：19.9 克

脂肪：1.5 克

碳水化合物：10.7 克

维生素 A：35.3 微克

维生素 C：1.6 毫克

钙：58.6 毫克

钾：1066.2 毫克

钠：460.9 毫克

铁：7.9 毫克

原料组成

主料

鸭胗 2500 克

辅料

口蘑 1500 克

胡萝卜 500 克

青笋 500 克

调料

蚝油 100 克、生抽 60 毫升、老抽 30 毫升、盐 30 克、糖 10 克、味精 20 克、水淀粉 300 毫升（生粉 100 克 + 水 200 毫升）、葱油 100 毫升

加工制作流程

1 初加工：口蘑洗净，胡萝卜和莴笋去皮、洗净，葱、姜、蒜去皮、洗净、备用。

2 原料成形：鸭胗切成 1 厘米宽、3 厘米长麦穗片，口蘑切 0.5 厘米的片，胡萝卜、青笋切 3 厘米见方的菱形片。

3 腌制流程：无。

4 配菜要求：鸭胗、口蘑、胡萝卜、青笋，以及调料分别装在器皿里。

5 投料顺序：炙锅烧水→食材焯水→炙锅烧油→炸制食材→烹饪熟化食材→装盘。

6 烹调成品菜：① 锅中加水、放盐 10 克，水开后放入口蘑，捞出，过凉；下入鸭胗，水开后捞出，放入高压锅中加入盐 10 克，味精 5 克，上汽压制 8 分钟。② 锅上火烧热，放入植物油，油温四成热时，下入口蘑、青笋、胡萝卜滑油，备用。③ 热锅放油，放入葱、姜、蒜，蚝油 100 克，老抽 30 毫升，生抽 60 毫升，水 1200 毫升烧开。倒入鸭胗、口蘑、青笋、胡萝卜，加入白糖、盐各 10 克、味精 15 克，大火烧开，水淀粉 300 毫升勾芡淋葱油 100 毫升，出锅倒入盘中。

7 成品菜装盘（盒）：菜品采用“摆入法”装入盒中，摆放整齐即可。成品重量：4000 克。

01 02 03 04 05 06 07 08 09 10 11 12 13

| 要领提示 | 鸭胗切配时麦穗刀要深浅一致，否则熟化不均匀，影响口感。

| 操作重点 | 鸭胗一定要用高压锅压熟，有烩菜酥烂的口感。

| 成菜标准 | ①色泽：色泽微红；②芡汁：薄芡汁；③味型：咸香鲜；④质感：口蘑滑嫩，鸭胗酥烂，味美多汁。

| 举一反三 | 一品烩菜、全家福。

扫一扫，看视频

菜品名称

熘鸡脯

营养师点评

“熘鸡脯”是一道北京菜，是仿膳菜的代表作品。据说慈禧太后对此菜情有独钟。菜肴质地柔软鲜嫩，清淡爽口，耐人回味。此菜高蛋白、低脂肪，钙、铁含量较高，富含维生素C和维生素A，质地细嫩，易于咀嚼和吸收。

营养成分

（每100克营养素参考值）

能量：139.4卡

蛋白质：16.8克

脂肪：5.1克

碳水化合物：6.6克

维生素A: 21.7微克

维生素C：7.3毫克

钙：28.1毫克

钾：255.6毫克

钠：512.6毫克

铁：1.2毫克

原料组成

主料

净鸡胸肉4000克

辅料

净油菜1000克

净红椒100克

调料

猪大油200克、盐71克、白胡椒粉10克、料酒35毫升、味精9克、蛋清150克（5个）、玉米淀粉280克、葱姜水1000毫升（葱段50克、姜片50克、开水1000毫升）、水淀粉200毫升（生粉100克+水100毫升）、植物油50毫升、水2000毫升

加工制作流程

1 初加工：将鸡胸肉洗净，去掉筋膜、切片备用；将油菜去老帮，洗净，顶刀切细丝，备用；红椒洗净、去籽，切成 0.3 厘米小丁，备用；葱、姜段各 50 克拍松，洗净，加入 1000 毫升开水浸泡，制成葱姜水，备用。

2 原料成形：将鸡肉沥干水分，用料理机加葱姜水 500 毫升打成鸡蓉，过箩。

3 腌制流程：将过箩的鸡蓉加入蛋清 150 克、白胡椒粉 5 克、料酒 10 毫升，朝一个方向搅拌均匀，然后加入 280 克玉米淀粉、盐 50 克顺时针继续搅拌，最后加入猪油 50 克搅拌上劲，备用。

4 配菜要求：上浆好的鸡蓉、油菜、红椒、开水、调料分别放在器皿中。

5 投料顺序：漏鸡蓉→炝锅、调味→烹制食材→出锅、装盘。

6 烹调成品菜：① 锅上火烧热，加入水 2000 毫升，大火烧开后改小火，水不能起花，将鸡蓉倒入不锈钢漏勺里后，上面用手勺转着压，鸡蓉从漏勺眼往下流，掉入锅内，把锅里水转动起来，一直将鸡蓉漏完，捞出后放入冷水中，备用；油菜焯水、过凉水，备用。② 另起锅烧热，放入 100 克猪油，小火炒化，倒入油菜翻炒，加入葱姜水 500 毫升，依次放入料酒 25 毫升、盐 20 克、味精 8 克、白胡椒粉 5 克搅拌均匀，放入水淀粉 200 毫升勾芡，下入猪油 50 克增香，大火烧开后，下入溜好的鸡脯肉丸，再次开锅后，即可出锅装盆。③ 另起锅烧热，放入 50 毫升植物油，放入红椒丁、盐、味精，快速煸炒出锅。

7 成品菜装盘（盒）：菜品采用“盛入法”装入盆中，呈自然堆落状。成品重量：5440 克。

要领提示	①鸡蓉要去净筋膜，打好的鸡蓉过箩要细。②鸡蓉要打出胶性状态，不能过稀，稀了入锅不能形成颗粒状。
操作重点	①漏鸡蓉时不能离锅太高；②如果时间允许，鸡蓉提前放在冰箱冷藏；③锅里水不能翻花；④要转动锅里的水；⑤炝锅要有炝锅的香味，也就是锅气。
成菜标准	①色泽：白红绿相间；②芡汁：二流芡；③味型：鲜咸；④质感：软、滑、糯。
举一反三	可做熘鱼脯、熘猪里脊；汤汁上也可以有变化，这道菜是仿膳的一道老菜。

菜品名称

木瓜鸡丁

营养师点评

木瓜鸡丁是一道家常菜，鲜香可口。此菜总热量不高，高蛋白，低脂肪，木瓜含有的木瓜酶，使鸡丁非常软嫩，菜肴质地熟烂，易于咀嚼和消化吸收。

营养成分

（每100克营养素参考值）

能量：116.9卡

蛋白质：13.4克

脂肪：4.9克

碳水化合物：4.8克

维生素A: 40.6微克

维生素C：11.2毫克

钙：10.5毫克

钾：238.8毫克

钠：286.6毫克

铁：0.9毫克

原料组成

主料

净鸡胸肉3000克

辅料

木瓜1500克

黄瓜500克

红椒100克

调料

盐35克、白胡椒粉10克、味精10克、料酒60毫升、植物油140毫升、玉米淀粉120克、葱30克 、姜30克、香油80毫升、水淀粉40毫升（生粉20克＋水20毫升）、蛋清70克、水300毫升

加工制作流程

1 初加工：鸡丁去筋、去膜，木瓜去皮、去核，黄瓜去籽、洗净，红椒去蒂、去籽、洗净。

2 原料成形：鸡丁切成 1.5 厘米见方丁，泡水，木瓜切成 1.5 厘米见方丁；黄瓜切成 1.5 厘米见方丁；红椒切成 1.5 厘米见方丁，葱、姜切末。

3 腌制流程：鸡胸肉丁放入生食盒中，加入盐 10 克、料酒 30 毫升、白胡椒粉 5 克、味精 5 克、鸡蛋清 70 克搅拌均匀，放入玉米淀粉 120 克继续拌匀，封油，腌制 10 分钟。

4 配菜要求：将鸡胸肉丁、木瓜丁、黄瓜丁、红椒丁、调料汁分别摆放器皿中。

5 投料顺序：蒸制木瓜→滑鸡丁→烹制食材→煸炒黄瓜→煸炒红椒→出锅、装盘。

6 烹调成品菜：① 将木瓜丁盛在生食盒中，放入万能蒸烤箱。蒸的模式为温度 100℃，湿度 100%，蒸制 2 分钟，取出。② 锅上火烧热，放入植物油，油温四成热时，下入鸡丁，滑熟、捞出、控油。③ 锅上火烧热，放植物油 100 毫升，放入葱、姜小火煸香，倒入鸡丁，加入盐 25 克、味精 5 克、料酒 30 毫升、白胡椒粉 5 克翻炒均匀，加入水 300 毫升大火烧开，水淀粉 40 毫升勾芡，淋入香油 80 毫升，即可出锅。盛在放木瓜丁的盘中。④ 锅上火烧热，放入植物油 20 毫升，加黄瓜煸炒一下，撒在鸡丁上面。⑤ 锅上火烧热，放入植物油 20 毫升，放入红椒丁煸炒，撒在黄瓜丁上面，即可。

7 成品菜装盘（盒）：菜品采用“盛入法”装入盒中，自然堆落状。成品重量：6370 克。

| 要领提示 | 木瓜不能蒸的时间过长，以免不成型；鸡丁上浆要均匀。

| 操作重点 | 鸡丁滑油时油温一定要四成热，不能低；鸡丁下锅后不要马上翻动。

| 成菜标准 | ①色泽：红白绿相间；②芡汁：薄芡；③味型：咸鲜；④质感：鲜嫩可口。

| 举一反三 | 芒果鸡丁、核桃鸡丁。

菜品名称

清炒无骨鸡

营养师点评

清炒无骨鸡是以鸡腿肉为食材的一道家常菜，荤素搭配合理，蛋白质丰富，脂肪不超标，质地软烂，易于咀嚼，易于消化吸收，是一道适宜老年人佐食的菜肴。

营养成分

（每100克营养素参考值）

能量：154.9卡

蛋白质：12.1克

脂肪：8.7克

碳水化合物：6.9克

维生素A：40.7微克

维生素C：1.8毫克

钙：10.3毫克

钾：194.6毫克

钠：632.9毫克

铁：1.5毫克

原料组成

主料

鸡腿肉3500克

辅料

青笋500克

胡萝卜500克

山药500克

调料

葱50克、姜50克、蒜50克、蚝油250克、盐60克、糖10克、味精30克、生粉80克、水淀粉300毫升（生粉100克＋水200毫升）、料酒200毫升、牛栏山白酒150毫升、植物油300毫升、清水800毫升

加工制作流程

1 初加工：青、红椒去籽、去蒂、洗净，洋葱、葱、姜、蒜去皮、洗净、备用。

2 原料成形：鸡腿肉切成1厘米宽、3厘米长的条；青笋、胡萝卜、山药切1厘米宽、3厘米长的条，葱、姜、蒜切末。

3 腌制流程：将鸡腿肉中加入盐10克，料酒200毫升，牛栏山50°白酒150毫升，拌匀腌制10分钟即可。

4 配菜要求：鸡腿肉，青红椒，洋葱，以及调料分别装在器皿里。

5 投料顺序：炙锅放油→食材滑油→烹饪熟化食材→出锅、装盘。

6 烹调成品菜：①锅上火烧热，锅中放水烧开，加入山药焯水，断生后加入青笋、胡萝卜，炒熟后捞出、过凉。②锅上火烧热，放入植物油，鸡腿肉加入生粉80克抓匀，油温六成热，放入鸡腿肉滑熟后捞出、备用。③锅上火烧热，放入植物油300毫升，放入葱、姜、蒜各50克煸香，加入蚝油250克、清水800毫升、盐50克、糖10克、味精30克，放入主、辅料大火翻炒，水淀粉分次勾芡，淋明油，出锅，装盘。

7 成品菜装盘（盒）：菜品采用“盛入法”装入盒中，摆放整齐即可。成品重量：4200克。

|要领提示|鸡肉一定要提前腌制，去腥，码底味。
|操作重点|鸡肉滑油时油温不要超过五成，否则肉质会变老。
|成菜标准|①色泽：色泽清亮；②芡汁：薄芡汁；③味型：咸鲜香；④质感：鲜嫩爽滑。
|举一反三|清烧里脊。

菜品名称

双色鸡肉卷

营养师点评

双色鸡肉卷是一道家常菜，口感软糯，荤素搭配合理，蛋白质丰富，脂肪不超标，质地软烂，易于咀嚼和消化吸收，是一道适宜佐食的菜肴。

营养成分

（每100克营养素参考值）

能量：127.0卡

蛋白质：14.4克

脂肪：2.1克

碳水化合物：12.6克

维生素A：43.2微克

维生素C：2.7毫克

钙：11.7毫克

钾：242.6毫克

钠：297.7毫克

铁：1.0毫克

原料组成

主料

鸡胸肉3000克

辅料

净紫菜40克

豆皮400克

马蹄500克

胡萝卜600克

西芹500克

调料

盐28克、白胡椒粉5克、味精5克、料酒27毫升、蒜末30克、蚝油25克、生抽2毫升、糯米粉550克、芝麻5克、植物油10毫升

加工制作流程

1 初加工：胡萝卜洗净；姜、蒜去皮，洗净；马蹄去皮，洗净，拍碎。

2 原料成形：胡萝卜切片；姜切片；蒜切米；马蹄拍碎、剁细。

3 腌制流程：胡萝卜片蒸熟和瘦肉绞成肉泥；向肉泥中放入盐 28 克、白胡椒粉 5 克、味精 5 克、料酒 27 毫升搅拌均匀，放入糯米粉 550 克，打上劲，加入马蹄、西芹继续搅拌均匀。

4 配菜要求：拌好的肉馅、紫菜、豆皮，以及调料分别摆放在器皿中。

5 投料顺序：蒸制肉卷→切块→调碗汁→出锅、装盘。

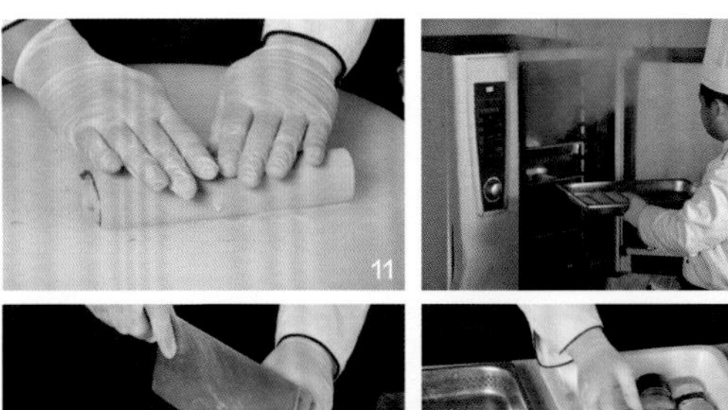

6 烹调成品菜：① 将紫菜或豆皮铺平，抹上肉泥卷上，用水淀粉封口。放入万能蒸烤箱，温度 120℃，湿度 100%，蒸 15 分钟，取出。② 将蒸熟的肉卷用刀放熟食板上切成块，装盒。③ 碗中放入生抽 2 毫升、蚝油 25 克、蒜末 30 克、芝麻 5 克调成蘸汁，再浇上 150℃热油 10 毫升。

7 成品菜装盘（盒）：菜品采用“排入法”装入盒中，自然堆落状。成品重量：4520 克。

| 要领提示 | 肉馅不能调得太稀。

| 操作重点 | 要将肉馅抹均匀，粗细一致，便于成熟。

| 成菜标准 | ①色泽：黄褐色相间；②芡汁：无；③味型：咸鲜适中。蘸汁微辣、蒜香浓郁；④质感：软嫩鲜香。

| 举一反三 | 肉馅可用鸡腿肉、鸭肉。双色鸡腿肉卷、双色鸭肉卷。

菜品名称

三杯鸡

营养师点评

三杯鸡是江西省地方传统名菜，后来流传到台湾地区，成了台菜的代表性菜品。此菜总热量不高，高蛋白，低脂肪，肉香味浓。进餐间搭配一些蔬菜同食，补充维生素和膳食纤维。

营养成分

（每100克营养素参考值）

能量：161.7卡

蛋白质：16.8克

脂肪：8.7克

碳水化合物：3.9克

维生素A：18.7微克

维生素C：3.2毫克

钙：4.6毫克

钾：216.1毫克

钠：371.1毫克

铁：1.8毫克

原料组成

主料

净去骨鸡腿肉2800克

辅料

净红椒70克

罗勒叶165克

调料

盐20克、白胡椒粉8克、白糖10克、料酒30毫升、玉米淀粉50克、老抽40毫升、香油100毫升、三杯汁2170毫升、蒜子180克、姜粒150克

1 初加工： 鸡肉洗净，罗勒叶洗净，红椒去蒂、洗净。

2 原料成形： 去骨鸡腿肉切 2.5 厘米见方块，红椒切丁。

3 腌制流程： 去骨鸡腿肉中加入料酒 30 毫升、老抽 20 毫升、盐 20 克、白糖 10 克、白胡椒粉 8 克、玉米淀粉 50 克拌匀，腌制 10 分钟。

4 配菜要求： 去骨鸡腿肉、罗勒叶、红椒，以及调料分别放在器皿中里。

5 投料顺序： 炸制鸡块→调汁→烹制食材→出锅、装盘。

01

02

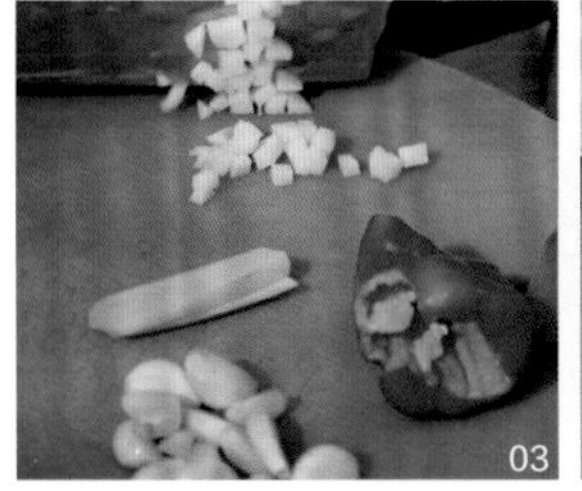
03

04

05 06 07 08 09 10 11 12

6 烹调成品菜： ① 锅上火烧热，倒入植物油 2000 毫升，油温六成热时，倒入腌好的鸡块，炸至金黄色，捞出，控油。② 锅上火烧热，放入植物油 200 毫升，放入姜粒 150 克、蒜子 180 克煸香，加入香油 50 毫升，姜粒和蒜粒表面金黄，倒入三杯汁 2170 毫升（一杯米酒，一杯酱油，一杯麻油）加入老抽 20 毫升，倒入炸好的鸡块，翻炒均匀，大火烧开，小火煨制 8 分钟，再放入香油 50 毫升、罗勒叶，翻炒均匀，出锅即可。

13

14

7 成品菜装盘（盒）： 菜品采用“盛入法”装入盒中。成品重量：3240 克。

| 要领提示 | 鸡块切配大小要均匀。

| 操作重点 | 鸡块滑油时油温不宜过高。

| 成菜标准 | ①色泽：酱红；②芡汁：薄芡；③味型：咸中带甜；④质感：软嫩可口。

| 举一反三 | 三杯鹅、三杯鸭。

菜品名称

松仁仔鸡

营养师点评

松仁仔鸡是一道家常菜，微辣，回味微甜，含有丰富的蛋白质和纤维素。此菜总热量较高，高蛋白，高脂肪，高碳水化合物，钙含量也较高。质地熟烂易于咀嚼，易于消化吸收。选用此菜时要搭配一些蔬菜类菜肴，以补充维生素和膳食纤维。

营养成分

（每100克营养素参考值）

能量：243.1卡

蛋白质：14.5克

脂肪：13.1克

碳水化合物：17.1克

维生素A: 13.6微克

维生素C：3.9毫克

钙：15.3毫克

钾：229.7毫克

钠：420.6毫克

铁：2.8毫克

原料组成

主料

去骨鸡腿肉4000克

辅料

青椒100克

红椒100克

松仁800克

调料

盐20克、味精5克、生抽50毫升、老抽20毫升、白糖10克、玉米淀粉1000克、生粉50克、料酒100毫升、胡椒粉10克、水1500毫升、葱段30克、姜片30克、豆瓣酱200克、泡打粉20克、醋20毫升、植物油100毫升、番茄酱200克、水淀粉150毫升（生粉50克＋水100毫升）

加工制作流程

1 初加工：青椒、红椒去籽、去蒂、洗净。

2 原料成形：把鸡腿肉切 3 厘米长、1.5 厘米宽的条，切长 3 厘米、宽 2 厘米的菱形块。将青椒、红椒切成菱形片。

3 腌制流程：将鸡腿肉用 10 克盐、胡椒粉 5 克、料酒 50 毫升抓匀，腌 10 分钟。

4 配菜要求：将腌制好的鸡腿肉、青椒、红椒、松仁，以及辅料、调料分别装在器皿中备用。

5 投料顺序：炸松仁→炸鸡柳→烹制食材→调味→出锅装盘。

6 烹调成品菜：① 锅烧热，放入植物油，油温四成热，下入松仁炸熟，捞起控干油，备用。② 制糊：碗中放入生粉 50 克、盐 10 克、泡打粉 20 克，加水 500 毫升，搅拌至糨糊状，再加入玉米淀粉 1000 克，倒入植物油 100 毫升搅拌均匀，备用。将调好的糊倒入鸡肉中，搅拌均匀挂好糊。锅中重新倒入油，油温六成热，放入鸡柳，炸制金黄色捞起；放入青、红椒滑油捞出即可。③ 锅上火烧热，倒入植物油、姜片 30 克、葱段 30 克爆香，加入豆瓣酱 200 克炒出红油后倒入番茄酱 200 克、料酒 50 毫升、水 1000 毫升搅拌均匀，再加入老抽 20 毫升、生抽 50 毫升烧开撇去残渣后放入白糖 10 克、胡椒粉 5 克调味，加入水淀粉 150 毫升勾芡，倒入炸好的鸡柳、醋 20 毫升翻炒均匀，撒入青红椒块，翻拌均匀，出锅撒松仁即可。

7 成品菜装盘（盒）：菜品采用“盛入法”装入盒中，呈自然堆落状。成品重量：4140 克。

| 要领提示 | 鸡肉一定要腌制去腥，不然影响味道。

| 操作重点 | 炸鸡柳时油温要六成热，不能过高或过低；鸡柳要切得刀工均匀。

| 成菜标准 | ①色泽：红绿相间；②芡汁：薄芡，自然汁；③味型：咸鲜；④质感：鸡肉外焦里嫩。

| 举一反三 | 黄焖鸡肉、炸鸡柳。

扫一扫，看视频

菜品名称

香菇鸡肉炖粉条

营养师点评

香菇鸡肉粉条是一道大众家常菜，软嫩可口，鲜香四溢。此菜蛋白质、脂肪含量丰富，还富含多种维生素和矿物质，质地细腻熟烂，适宜老年人食用。

营养成分

（每100克营养素参考值）

能量：156.6卡

蛋白质：11.1克

脂肪：10.9克

碳水化合物：3.4克

维生素A: 18.6微克

维生素C：10.1毫克

钙：6.4毫克

钾：153.6毫克

钠：415.9毫克

铁：1.4毫克

原料组成

主料

净鸡腿肉2800克

辅料

净鲜香菇900克

净红薯粉600克

净青美人椒200克

净红美人椒200克

调料

葱片25克、姜片25克、植物油350毫升、盐25克、蚝油100克、生抽40毫升、老抽50毫升、白糖20克、胡椒粉6克、料酒80毫升、味精4克、水2650毫升

加工制作流程

1 初加工：①将鸡腿肉放入适量面粉清洗，控干水分，备用。②香菇去根，洗净控干水分，备用。③粉条洗净，控干水分，剪段备用。④美人椒洗净、去根。

2 原料成形：将鸡腿肉切成 3cm 见方块儿；香菇切成四块儿；粉条用清水泡上，备用；美人椒顶刀切小段。

3 腌制流程：将切好的鸡腿肉盛在生盒中，放入胡椒粉 2 克，料酒 50 毫升，老抽 20 毫升，蚝油 100 克，生抽 20 毫升，搅拌均匀，腌制 20 分钟。

4 配菜要求：将腌制好的鸡肉块儿，青、红尖椒片儿、香菇块、调料分别摆放器皿中。

5 投料顺序：焯水→调味→蒸制→烹制食材→调味→出锅、装盘。

6 烹调成品菜：① 将锅上火烧热，锅中放入水 150 毫升，开锅后将香菇焯水、控干、备用。② 锅上火烧热，放入植物油 200 毫升，下入鸡肉，大火煸炒，炒出水汽后，出锅、备用。③ 锅上火烧热，放入植物油 150 毫升，再加入葱片、姜片各 25 克煸香，放入香菇、鸡块翻炒后，放入胡椒粉 4 克、料酒 30 毫升、生抽 20 毫升、老抽 30 毫升、水 2500 毫升，加入白糖 20 克、盐 25 克大火烧开，改小火炖 30 分钟（可用高压锅压 8 分钟，用高压锅时粉条单烧）。放入粉条 600 克，大火烧开 15 分钟后，将青美人椒 200 克、红美人椒 200 克、味精 4 克，翻炒。出锅装盒即可。

7 成品菜装盘（盒）：菜品采用“盛入法”装入盒中，呈自然堆落状。成品重量：5040 克。

| 要领提示 | 鸡块煸炒时不要过火，香菇也可和鸡块一起炖制。

| 操作重点 | 鸡块要小火炖，这样鸡块不柴，鸡块软烂；如用高压锅压鸡块时，时间不宜太长，8 分钟即可。

| 成菜标准 | ①色泽：色泽红亮；②芡汁：较宽汁；③味型：咸鲜；④质感：滑嫩软糯。

| 举一反三 | 可用鸭肉、鹅肉、猪肉炖香菇粉条。

菜品名称

鱼香鸡丝

营养师点评

鱼香鸡丝是一道川菜系中的家常菜，酸甜微辣，葱、姜、蒜香浓郁。此菜总热量不高，高蛋白，低脂肪。菜肴质地熟烂，易于咀嚼和消化吸收。

营养成分

（每 100 克营养素参考值）

能量：136.3 卡

蛋白质：12.6 克

脂肪：6.0 克

碳水化合物：7.9 克

维生素 A：45.3 微克

维生素 C：2.0 毫克

钙：15.1 毫克

钾：234.8 毫克

钠：243.3 毫克

铁：1.8 毫克

原料组成

主料

净鸡胸肉 3000 克

辅料

净笋丝 700 克

净胡萝卜丝 700 克

净木耳丝 600 克

调料

植物油 2500 毫升、葱末 30 克、姜末 20 克、蒜末 50 克、郫县豆瓣酱 150 克、泡椒酱 150 克、味精 5 克、料酒 170 毫升、鸡蛋 120 克（两个）、胡椒粉 5 克、生抽 30 毫升、糖 170 克、醋 110 毫升、老抽 15 毫升、水淀粉 250 毫升（生粉 120 克＋水 130 毫升）、玉米淀粉 70 克、水 3000 毫升、盐 5 克

加工制作流程

1 初加工：将鸡胸肉用清水漂洗；木耳洗净；笋丝用清水浸泡；胡萝卜去皮、洗净、去根。

2 原料成形：将鸡胸肉切成0.5厘米宽、6厘米长的丝；胡萝卜切6厘米长的丝；木耳切丝；将葱、姜、蒜切成米状。

3 腌制流程：鸡胸肉盛在生食盒中，放入鸡蛋2个、盐5克、料酒100毫升、白胡椒粉2克、味精2克、玉米淀粉70克拌匀，封油100毫升，腌制10分钟，备用。

4 配菜要求：把腌好的鸡丝、胡萝卜丝、木耳丝、笋丝，以及调料分别摆放在器皿中，备用。

5 投料顺序：焯食材→滑食材→烹制食材→调味→出锅、装盘。

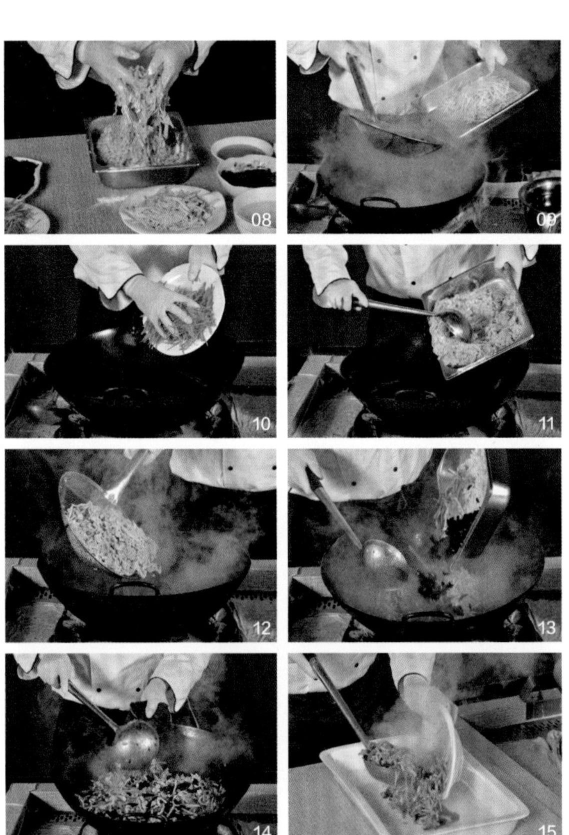

6 烹调成品菜：① 锅上火烧热，锅中放入水2000毫升，放入青笋丝，开锅后捞出；继续放入木耳丝，开锅后捞出。② 锅上火烧热，锅中倒入植物油2000毫升，油温四成热时，放入胡萝卜丝汆油；待油温回升四成热时，倒入肉丝打撒，滑熟捞出，控油后备用。③ 锅上火烧热，放200毫升植物油，豆瓣酱150克、泡椒酱150克，用小火炒出红油，加入葱末30克、姜末20克、蒜末50克煸香，下入料酒70毫升、白糖170克、水1000毫升，沿锅边烹入醋110毫升，加入味精3克、胡椒粉3克、生抽30毫升、老抽15毫升，倒入滑好的鸡丝、木耳丝、胡萝卜丝、笋丝，翻炒均匀，水淀粉250毫升勾芡，淋入明油200毫升，即可出锅。

7 成品菜装盘（盒）：菜品采用“盛入法”装入盒中，呈自然堆落状。成品重量：3840克。

| 要领提示 | 鸡胸肉丝、木耳丝、胡萝卜丝、笋丝要求刀工均匀。
| 操作重点 | 鸡胸肉上浆饱满，淀粉不要过多；炒制豆瓣酱、泡椒酱时，要小火煸炒，炒出红油；胡萝卜丝、笋丝、木耳丝炒制时间不宜过长。
| 成菜标准 | ①色泽：棕红；②芡汁：薄芡；③味型：鱼香酸甜；④质感：鸡肉爽滑，清脆。
| 举一反三 | 鱼香肉丝、鱼香茄子、鱼香豆腐。

扫一扫，看视频

菜品名称

蒸鲜鸡肉香菇

营养师点评

蒸鲜鸡肉香菇是一道家常菜，嫩滑多汁，老少皆宜。此菜含比较丰富的优质蛋白质和充足的脂肪，质地软烂，易于咀嚼和消化吸收。选择此菜最好配一些绿叶菜，以补充维生素和膳食纤维。

营养成分

（每100克营养素参考值）

能量：202.7卡

蛋白质：13.1克

脂肪：15.0克

碳水化合物：3.9克

维生素A:17.9微克

维生素C：11.1毫克

钙：5.4毫克

钾：169.0毫克

钠：174.3毫克

铁：1.6毫克

原料组成

主料

净鲜鸡腿肉3500克

辅料

净泡发香菇800克

净红椒200克

净青椒300克

净豆豉200克、油菜100克

调料

盐55克、味精15克、玉米淀粉55克、葱油120毫升，豆豉80克、料酒5毫升、胡椒粉10克、蚝油65克、白糖20克、清水3500毫升、植物油400毫升、姜末15克、蛋液110克、老抽30毫升、生抽40毫升、水淀粉270毫升（生粉135克＋水135毫升）

加工制作流程

1 初加工：鸡腿肉洗净备用；干香菇用温水泡发；油菜去老叶，洗净备用；红椒、青椒去蒂、洗净、备用；葱、姜洗净，备用。

2 原料成形：鸡腿肉切2厘米宽、4厘米长的条；香菇切抹刀片；青、红椒切1厘米见方的丁；葱、姜切末。

3 腌制流程：把鸡腿肉攥干水分，放入生抽20毫升、盐15克、味精5克、蚝油25克、料酒5毫升、白糖5克拌匀，加入鸡蛋液110克、老抽10毫升、玉米淀粉55克，封油200毫升，腌制20分钟。

4 配菜要求：把腌好的鸡肉与香菇，青椒、红椒装在器皿中备用。

5 投料顺序：炙锅→鸡块滑油→焯香菇→汆青、红椒→混拌食材→调味→蒸制→出锅、装盘。

6 烹调成品菜：① 锅上火烧热，盛入清水1000毫升，大火烧开后，放入盐9克、味精3克，放入香菇焯熟后捞出，过凉，再摆入盘中备用。② 锅上火烧热，放入植物油，油温五成热时，放入鸡腿肉滑油，捞出、控油，盛在香菇上。③ 制汁：锅上火烧热，倒入植物油200毫升，姜末15克、豆豉80克炒香，倒入水1500毫升，加入胡椒粉10克、生抽20毫升、老抽20毫升、白糖15克、蚝油40克、盐25克、味精5克烧开，水淀粉270毫升勾薄芡，浇在鸡肉上，放入万能蒸烤箱，蒸的模式为100℃，蒸20分钟。④ 锅中放水1000毫升烧开，加入盐2克，味精2克，葱油40毫升，开锅后下入油菜，焯熟捞出。锅烧热，放入葱油40毫升、盐2克，将焯好的油菜煸炒出锅，装盘备用；锅中再次加入葱油40毫升，放入盐2克，放入青、红椒丁煸炒、出锅，装盘备用。⑤ 将蒸好的香菇鸡肉倒入盘中，在鸡肉上撒入青、红椒丁，搅拌均匀，盛入盘中，撒入剩余的青红椒丁，码入油菜点缀即可。

7 成品菜装盘（盒）：菜品采用“盛入法”装入盒中，自然堆落状。成品重量：8720克。

要领提示	鸡肉一定要腌制20分钟以上，否则底味不足。
操作重点	蒸制时间不宜过长，蒸制前要将汁提前炒熟，浇在鸡肉上。
成菜标准	①色泽：色泽红亮，配有红绿相间的青椒、红椒丁和油菜；②芡汁：饱满；③味型：豉香咸鲜；④质感：鸡肉嫩滑，爽口。
举一反三	豉香排骨、豉香鸭翅、豉香牛肉。

菜品名称

照烧鸡

营养师点评

照烧鸡是一道日本风味的菜品，软嫩多汁，优质蛋白质含量高，是一款强壮身体，补益性强的菜肴。选择此菜需要增加一些蔬菜类菜肴，以补充维生素和膳食纤维。

营养成分

（每100克营养素参考值）

能量：155.6卡

蛋白质：18.3克

脂肪：6.6克

碳水化合物：5.8克

维生素A:19.9微克

维生素C：1.3毫克

钙：3.1毫克

钾：207.8毫克

钠：225.7毫克

铁：1.9毫克

原料组成

主料

净骨鸡腿肉4000克

辅料

净红甜椒40克

调料

盐10克、玉米淀粉200克、水淀粉100毫升（生粉50克+水50毫升）、白糖5克、蚝油30克、照烧汁700毫升、芝麻7克、蜂蜜40克、一品鲜酱油30毫升、葱15克、姜7克、香葱20克

加工制作流程

1 初加工：鸡腿肉洗净，红甜椒去根、洗净。

2 原料成形：鸡肉去除多余的皮与脂肪，去筋划刀；红甜椒切成丁状、备用。

3 腌制流程：鸡肉上放入生食盒中，加入盐 10 克、白糖 5 克、姜 7 克、葱 15 克、一品鲜酱油 30 毫升、蚝油 30 克、蜂蜜 40 克、芝麻 3 克搅拌均匀后放玉米淀粉 200 克，继续搅拌均匀，封油，腌制 40 分钟。

4 配菜要求：腌制好的鸡腿肉、红椒，以及调料分别放在器皿中。

5 投料顺序：烤制鸡腿→调汁→浇汁→出锅装盘。

6 烹调成品菜：① 烤盘底部刷油，将腌制好的鸡腿肉分别摆放在两个烤盘上，鸡皮向上，放进万能蒸烤箱，烤制 15 分钟（180℃）后，取出备用。② 制汁：照烧汁 700 毫升倒入锅中烧开，放入水淀粉 100 毫升（生粉 50 克 + 水 50 毫升）勾芡，盛出，浇在鸡肉上；撒上红椒 40 克、香葱 20 克、芝麻 4 克即可。

7 成品菜装盘（盒）：菜品采用“盛入法”装入盒中，呈自然堆落状。成品重量：3640 克。

| 要领提示 | 鸡腿去骨，去筋，剞十字花刀，以防鸡肉遇热内缩。

| 操作重点 | 烤制鸡肉时温度不宜低于 180℃，烤制外皮金黄即可。

| 成菜标准 | ①色泽：红绿相间；②芡汁：薄芡；③味型：咸甜，酱香突出；④质感：鸡肉软嫩、香甜可口。

| 举一反三 | 照烧鸡翅、照烧排骨、照烧鸡排。

豆制品篇

扫一扫，看视频

菜品名称

红烧豆腐盒

营养师点评

红烧豆腐盒是一道老少皆宜的美味食品，没有特别强的季节性，四季可食，鲜香软嫩。此菜蛋白质、脂肪含量较高，并含有多种维生素和矿物质，维持钠钾平衡。矿物质中钙、铁含量较高。菜肴质地细嫩，易于咀嚼，比较适合老年人食用。

营养成分

（每 100 克营养素参考值）

能量：159.2 卡

蛋白质：8.6 克

脂肪：9.6 克

碳水化合物：9.6 克

维生素 A: 37.3 微克

维生素 C：5.5 毫克

钙：79.0 毫克

钾：141.6 毫克

钠：375.2 毫克

铁：1.7 毫克

原料组成

主料

净猪肉馅 1000 克

辅料

净北豆腐 3000 克

净油菜 1000 克

调料

葱末 40 克、姜末 30 克、料酒 10 毫升、盐 40 克、味精 20 克、白胡椒粉 5 克、生抽 40 毫升、老抽 20 毫升、白糖 70 克、蚝油 20 克、植物油 280 毫升、玉米淀粉 450 克、全蛋 7 个约 400 克、水淀粉 200 毫升（生粉 100 克 + 水 100 毫升）、水 4000 毫升

加工制作流程

1 初加工：豆腐冲水，油菜去根、洗净。

2 原料成形：将豆腐切成大片；葱、姜、蒜切成米粒大小。

3 腌制流程：把猪肉馅放入生食盆中，加入姜末20克、葱末20克、白胡椒粉3克、生抽20毫升、盐15克、料酒10毫升、蚝油20克、味精5克，搅拌均匀，腌制10分钟。

4 配菜要求：将肉馅、豆腐、油菜以及调料分别摆放在器皿中。

5 投料顺序：豆腐酿馅→拍粉→托蛋液→炸制→蒸制→调汁→浇汁→装盘出锅。

01

02

03

04

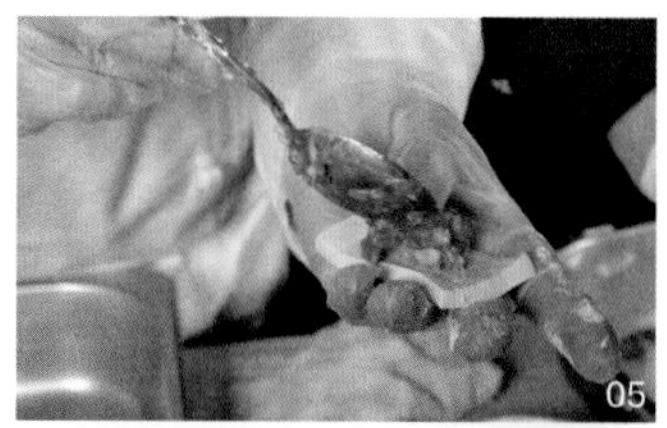

05

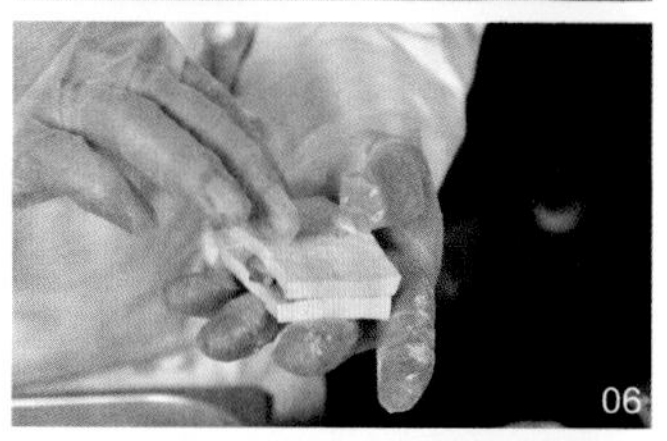

06

07

6 烹调成品菜：① 将一片豆腐片放平，上面放35克肉馅，用另一片豆腐盖住馅，裹上干玉米淀粉，放盘中备用，再将鸡蛋液打匀。② 锅上火，烧热，放入植物油，油温四成热时，将豆腐拍粉托蛋，下入锅中炸制金黄色，定型后捞出控油；每个豆腐盒都按这个模式炸熟，装蒸盘。③ 将盛豆腐的蒸盘放入万能蒸箱中，上汽蒸15分钟后，取出蒸盘备用。④ 调汁流程如下；锅上火，烧热，放入植物油100毫升，下入葱末20克、姜末10克炒香，放入水2000毫升烧开，再放入生抽20毫升、老抽20毫升、糖70克、白胡椒粉2克、盐18克、味精10克，大火烧开。用水淀粉200毫升勾芡，淋入明油100毫升，浇在豆腐上，即可。⑤ 锅上火烧热，锅中加水2000毫升，将油菜焯水，放入盐2克、味精2克、明油30毫升，水开后，捞出油菜备用。⑥ 锅上火，烧热。锅中放入葱油50毫升，下入盐5克，放入焯水后的油菜，加味精3克，摆放在蒸好的豆腐盒四周，即可出品。

7 成品菜装盘（盒）：采用“码放法”装入盒中，豆腐盒整齐划一。成品重量：3740克。

08

09

10

| 要领提示 | 豆腐不能切得太薄，太薄拍粉、挂糊易断。

| 操作重点 | 豆腐炸油时，油温不能低于五成热，以免脱糊。

| 成菜标准 | ①色泽：枣红；②芡汁：紧汁，抱芡；③味型：咸鲜微甜；④质感：豆腐软嫩、鲜香。

| 举一反三 | 可以做锅塌豆腐，豆腐中也可以放入素馅。

菜品名称

荷包豆腐

营养师点评

荷包豆腐是一道传统名菜，属豫菜系，鲜嫩软滑，口味鲜美。此菜热量较高，含有多种维生素和矿物质。豆腐质地软烂，易于咀嚼。进餐时最好与一些粗粮类的主食搭配食用，更有利于燃烧脂肪。

营养成分

（每100克营养素参考值）

能量：271.9卡

蛋白质：7.1克

脂肪：21.5克

碳水化合物：12.5克

维生素A：25.4微克

维生素C：2.8毫克

钙：21.0毫克

钾：162.3毫克

钠：564.1毫克

铁：1.4毫克

原料组成

主料

豆皮860克

辅料

海带丝340克、肉馅2000克、马蹄400克、香菇末100克、油菜300克

调料

盐34克、糖7克、味精7克、胡椒粉6克、料酒80毫升、蚝油173克、普通酱油80毫升、东古一品鲜酱油160毫升、花椒2克、大料1克、姜片15克、葱末73克、蒜片100克、水淀粉440毫升（生粉220克+水220毫升）、老抽26毫升、植物油250毫升、水2000毫升

加工制作流程

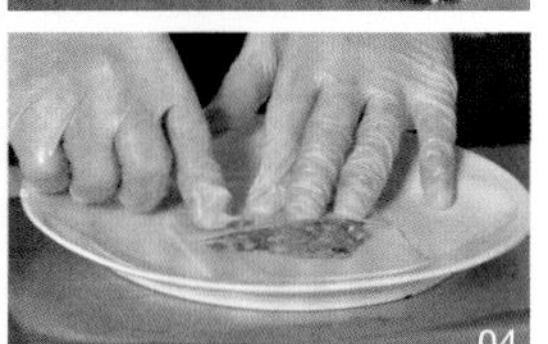
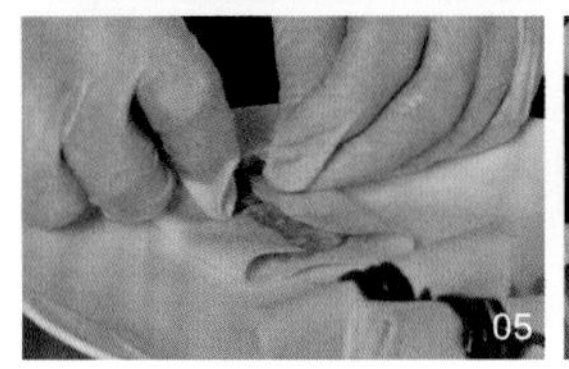
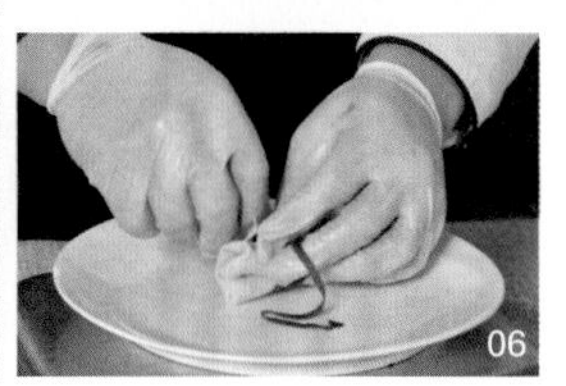

1 初加工：香菇去蒂、洗净；油菜去蒂，清洗干净；海带丝洗净。

2 原料成形：豆皮切 1 厘米见方的片，马蹄敲碎。

3 腌制流程：肉馅放入生食盒中，加入料酒 50 毫升、普通酱油 80 毫升、蚝油 43 克、盐 20 克、糖 3 克、胡椒粉 1 克、葱末 35 克、姜片 5 克、味精 3 克，搅拌均匀后加马蹄末 400 克、香菇末 100 克，继续搅拌均匀，腌制 10 分钟。

4 配菜要求：将豆皮、海带丝、肉馅、马蹄、香菇和调料分别放在器皿中。

5 工艺流程：豆皮绑好肉馅→炸制荷叶豆腐→调汁→浇汁→蒸制食材→调味→出锅装盘。

6 烹调成品菜：① 调好的肉馅放入豆皮里，包裹好，用海带丝绑上，备用。② 锅上火，烧热，锅中放入植物油 2000 毫升。油温六成热时，把裹好的荷叶豆腐放入锅中，炸制定型，捞出控油。③ 调汁：锅上火，烧热，锅中放入植物油 200 毫升，放入花椒 2 克、大料 1 克煸香，葱末 38 克、姜片 10 克、蒜片 100 克煸香，料酒 30 毫升、东古一品鲜酱油 160 毫升、蚝油 130 克、水 2000 毫升大火烧开，加入盐 12 克、糖 2 克、味精 2 克、胡椒粉 5 克，用大火烧开，把汤汁浇在荷叶豆腐上。④ 装盘放入万能蒸烤箱中，蒸制模式为温度 124℃，湿度 100% 。蒸制 20 分钟后，取出。⑤ 把油菜放入容器中，加入植物油 50 毫升、盐 2 克、糖 2 克、味精 2 克，送放入万能蒸烤箱，蒸制模式：温度 124℃，湿度 100%。蒸制 1 分钟，取出。⑥ 荷包豆腐的汤汁倒入锅中，加入老抽 26 毫升上色，用大火烧开，水淀粉 440 毫升（生粉 220 克 + 水 220 毫升）勾薄芡，淋入明油，即可。⑦ 将荷包豆腐摆放在白盒中，油菜摆在周边点缀，浇入汤汁，中间点缀红椒丁即可。

7 成品菜装盘（盒）：菜品采用“码放法”装入盒中。成品重量：3640 克。

| 要领提示 | 豆皮的切配大小要均匀。

| 操作重点 | 每次放的肉馅要一致，保证成品均匀，美观。蒸制时间也不宜过长。

| 成菜标准 | ①色泽：黄绿红相间；②芡汁：薄芡；③味型：咸鲜；④质感：软嫩可口。

| 举一反三 | 荷包鸡蛋。

菜品名称

家常豆腐

营养师点评

家常豆腐是一道川菜中的代表菜，也是脍炙人口的家常菜。操作简单、咸鲜味美、老少皆宜。此菜中蛋白质、钙、铁、B族维生素的含量丰富；豆腐质地软烂，易于咀嚼与吸收。

营养成分

（每100克营养素参考值）

能量：140.0卡

蛋白质：5.5克

脂肪：10.7克

碳水化合物：5.6克

维生素A: 6.5微克

维生素C：11.2毫克

钙：61.4毫克

钾：122.2毫克

钠：245.6毫克

铁：1.9毫克

原料组成

主料

北豆腐4000克

辅料

青椒300克

木耳400克

红椒300克

调料

植物油400毫升、水1900毫升、豆瓣酱130克、豆豉30克、水淀粉150毫升（生粉75克+水75毫升）、葱末25克、姜片15克、蒜末20克、料酒7毫升、味精4克、白糖55克、生抽15毫升、蚝油70克、盐5克

加工制作流程

1 初加工：柿子椒洗净、去蒂，红椒洗净、去蒂，木耳洗净，去根。

2 原料成形：豆腐切 2 厘米长、3.5 厘米宽、0.5 厘米厚的三角；红椒切成菱形块；青椒切成菱形块；木耳掰成小块。

3 腌制流程：无。

4 配菜要求：将切好的豆腐、青椒、红椒、木耳以及调料分别摆放器皿中。

5 投料顺序：炙锅→炸豆腐→焯木耳→调汁→烹制食材→出锅装盘。

01

02

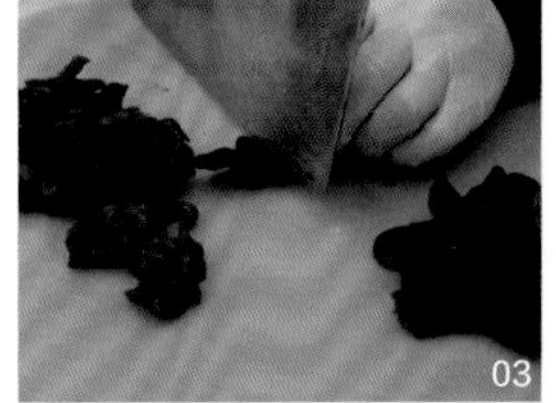
03

04

05

06

07

08

09

6 烹调成品菜：① 锅上火烧热（热锅凉油），倒入植物油，油温五至六成热时倒入豆腐，炸制成金黄色，捞出备用；青、红椒过油，捞出备用。② 锅中加水 1000 毫升，放入盐 5 克，再下入木耳，开锅捞出，备用。③ 锅上火烧热，放入植物油 400 毫升、葱末 25 克、姜片 15 克、蒜末 20 克小火煸香。放入豆瓣酱 130 克、料酒 7 毫升、豆豉 30 克，炒出红油，再倒入生抽 15 毫升、蚝油 70 克、水 900 毫升、糖 55 克、味精 4 克，煮开锅后，放入豆腐炖至入味后，放入木耳、青椒、红椒，水淀粉 150 毫升勾芡，淋入明油即可。

7 成品菜装盘（盒）：菜品采用“盛入法”装入盒中，呈自然堆落状。成品重量：5290 克。

10

11

12

| 要领提示 | 豆腐要切得薄厚均匀，大小一致；炸豆腐油温在五六成热时最好。
| 操作重点 | 调味准确，汁芡均衡。
| 成菜标准 | ①色泽：棕红，绿、红、黑相间；②芡汁：薄芡；③味型：咸鲜微辣；④质感：豆腐软嫩，彩椒、木耳脆嫩。
| 举一反三 | 红烧豆腐、麻婆豆腐。

菜品名称

鸡汤煮干丝

营养师点评

鸡汤煮干丝是根据淮扬菜“大煮干丝”创新的家常菜，好吃下饭。脂肪含量不高，蛋白质略显不足，但钙和维生素 A 含量比较丰富，钠的含量偏高。菜肴质地熟烂，易于咀嚼，制作时最好增加一些含优质蛋白质的食材和蔬菜的摄入。

营养成分

（每 100 克营养素参考值）

能量：146.2 卡

蛋白质：4.9 克

脂肪：7.1 克

碳水化合物：15.5 克

维生素 A: 53.2 微克

维生素 C：0.9 毫克

钙：6.8 毫克

钾：50.1 毫克

钠：667.7 毫克

铁：0.9 毫克

原料组成

主料

豆皮 2500 克

辅料

火腿 500 克

青笋 250 克

胡萝卜 250 克

香菇 500 克

调料

盐 35 克、糖 10 克、味精 20 克、鸡粉 35 克、鸡汤 1500 毫升 、香菜 10 克

加工制作流程

1 初加工：青笋、胡萝卜去皮、洗净，香菇泡发、洗净。

2 原料成形 豆皮切0.2厘米粗的丝，火腿切细丝，青笋、胡萝卜切细丝，香菇切丝。

3 腌制流程：无。

4 配菜要求：豆皮、金华火腿、青笋、胡萝卜、香菇、鸡腿，以及调料分别装在器皿里。

5 投料顺序：炙锅、烧水→食材焯水→烹饪熟化食材→装盘。

6 烹调成品菜：① 热锅烧水，放入主辅料焯水，捞出备用。② 锅烧热后加入鸡汤 1500 毫升、金华火腿、香菇、豆皮、盐 35 克、糖 10 克、鸡粉 35 克、味精 20 克、笋丝、胡萝卜丝熬制 15 分钟，出锅，装盘，撒上香菜即可。

7 成品菜装盘（盒）：菜品采用"盛入法"装入盒中，摆放整齐。成品重量：4500 克。

| 要领提示 | 主辅料切配时一定要细。
| 操作重点 | 操作时注意辅料的煮制时间，把握好火候。
| 成菜标准 | ①色泽：色泽明亮；②芡汁：无；③味型：咸香辣；④质感：鸡汤浓郁，豆皮香鲜多汁。
| 举一反三 | 大煮干丝

菜品名称

兰花玉子豆腐

营养师点评

兰花玉子豆腐是一道南方的宴会菜，造型好看，口味咸鲜。菜肴热量比较高，蛋白质不足，脂肪略超标准，含有多种维生素和矿物质，其中，钙和钠的含量较高。此菜质地软烂，易于咀嚼，进餐时适当增加一些优质蛋白质食物会更好。

营养成分

（每100克营养素参考值）

能量：150.9卡

蛋白质：4.7克

脂肪：12.5克

碳水化合物：4.7克

维生素A: 15.9微克

维生素C：11.4毫克

钙：59.3毫克

钾：123.4毫克

钠：572.7毫克

铁：1.2毫克

原料组成

主料

日本豆腐3000克

辅料

西蓝花1000克

胡萝卜200克

黄瓜200克

瑶柱600克

调料

植物油700毫升、葱油200毫升、葱末50克、姜末50克、蒜末50克、盐65克、糖25克、蚝油50克、老抽5毫升、味精20克、水淀粉300毫升（生粉100克+水200毫升）、水3200毫升

菜品名称·兰花玉子豆腐

加工制作流程

1 初加工：西兰花择叶、去根、洗净；胡萝卜去皮；黄瓜洗净；葱、姜、蒜去皮，洗净备用。

2 原料成形：日本豆腐切成2厘米宽的段，胡萝卜、黄瓜切1厘米见方的丁，葱、姜、蒜切末。

3 腌制流程：无

4 配菜要求：将日本豆腐、西蓝花、瑶柱、黄瓜、胡萝卜，以及调料分别装在器皿里。

5 投料顺序：食材蒸制→装盘→勾汁→浇汁。

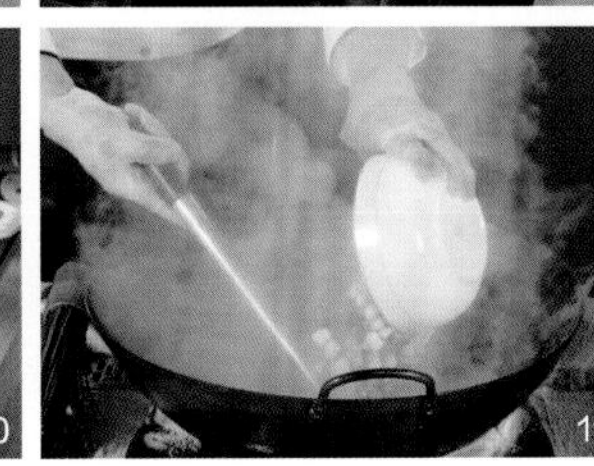
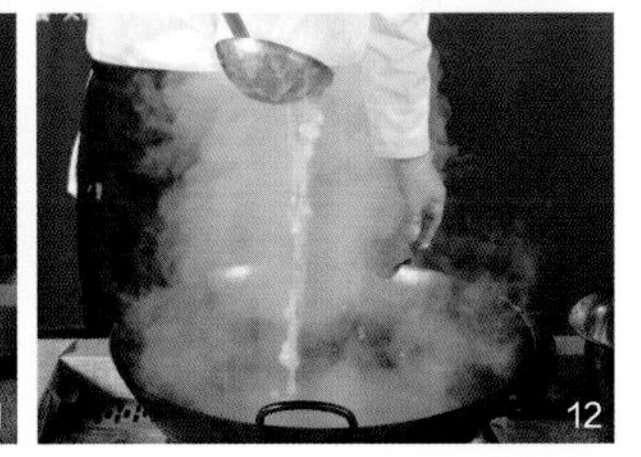

6 烹调成品菜：① 将日本豆腐放入蒸盘中，加盐20克、味精5克、糖10克、植物油200毫升拌匀，放入万能蒸烤箱中。蒸烤箱的模式为温度130℃，湿度100%。蒸10分钟取出，沥干水分，装盘备用。② 锅上火烧热，锅中放水2000毫升，水中加盐15克、味精5克、植物油100毫升，放入瑶柱焯水，快熟时放入黄瓜丁、胡萝卜丁氽熟，捞出过凉。待再次开锅后，放入西蓝花焯熟，捞出过凉。③ 锅上火烧热，倒入植物油200毫升，放入蒜25克煸香，倒入西蓝花，再加盐5克、糖5克、味精5克、水淀粉150毫升勾芡，淋葱油100毫升，倒入盘中。④ 锅上火，烧热，放入植物油200毫升，放入葱、姜各50克、蒜25克煸香，放入蚝油50克、水1200毫升、老抽5毫升、白糖10克、盐25克、味精5克，同时放入瑶柱、胡萝卜、黄瓜，用大火烧开，水淀粉150毫升勾芡关火，淋入葱油100毫升，即可出锅。⑤ 将刚刚调好的汁浇在日本豆腐上，西兰花码在豆腐周围即可。

7 成品菜装盘（盒）：菜品采用"盛入法"装入盒中，呈自然堆落状。成品重量：5500克。

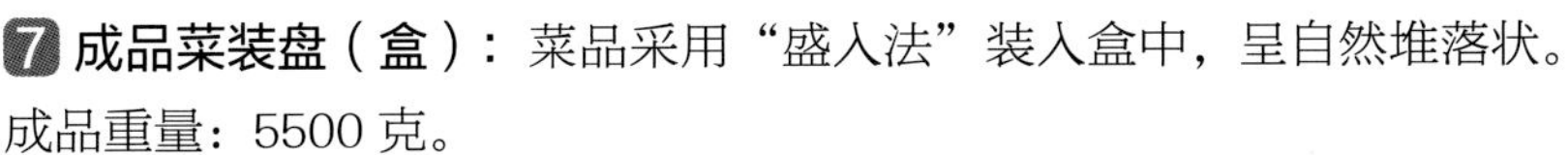

| 要领提示 | 日本豆腐切配时要宽一点，否则豆腐太嫩易碎。
| 操作重点 | 豆腐蒸好装盘时一定要沥干水分，保证汁芡均匀。
| 成菜标准 | ①色泽：色泽红绿相间；②芡汁：薄芡汁；③味型：咸鲜香；④质感：豆腐滑嫩多汁，鲜贝爽滑。
| 举一反三 | 兰花玉子茄子。

扫一扫，看视频

菜品名称

虾仁豆腐

营养师点评

虾仁豆腐是一道色香味俱全的名菜，属于江浙菜。口感鲜嫩，质地软烂，蛋白质和钙含量比较丰富。虾仁、豆腐易于咀嚼与消化吸收，蔬菜略少，需要再增加一些蔬菜补充膳食纤维。

营养成分

（每 100 克营养素参考值）

能量：249.6 卡

蛋白质：14.4 克

脂肪：18.5 克

碳水化合物：6.4 克

维生素 A: 11.8 微克

维生素 C：5.6 毫克

钙：158.5 毫克

钾：208.4 毫克

钠：1157.8 毫克

铁：3.6 毫克

原料组成

主料

净北豆腐 3000 克

辅料

净虾仁 860 克

净青豆 500 克

净红椒 250 克

调料

盐 60 克、味精 7 克、白胡椒粉 6 克、水淀粉 300 毫升（生粉 150 克 + 水 150 毫升）、玉米淀粉 40 克、料酒 120 毫升、葱 30 克、姜 30 克、水 5000 毫升、汤汁 1000 毫升、植物油 720 毫升

加工制作流程

1 初加工：虾仁洗净；红椒去蒂，洗净。

2 原料成形：豆腐、红椒切成0.5厘米见方块，葱、姜、蒜切成米粒大小。

3 腌制流程：虾仁放入生食盒中，加盐10克、白胡椒粉2克、料酒60毫升、味精2克、玉米淀粉40克，封油（用20毫升植物油）备用。

4 配菜要求：把处理好的虾仁、豆腐、青豆、红椒以及调料分别摆放在器皿中。

5 投料顺序：炙锅→食材焯水→滑制虾仁→烹制食材→调味→出锅装盘。

6 烹调成品菜：① 锅上火烧热，锅中放入水5000毫升、盐15克，将青豆、豆腐焯水后捞出，控水备用。② 锅上火烧热，倒入植物油500毫升，油温四成热时，放入虾仁轻轻推动滑熟，捞出备用。③ 锅上火烧热，倒入植物油200毫升，下入姜末30克、葱末30克、料酒60毫升、汤汁1000毫升，再放入白胡椒粉4克、盐30克、味精4克，最后放入豆腐，大火烧开后，用水淀粉300毫升（生粉150克＋水150毫升）勾芡，出锅即可。④ 滑熟的虾仁摆放豆腐表面。⑤ 热锅凉油，放入底油20毫升、盐5克、味精1克，用红椒滑油，捞出撒到虾仁表面即可。

7 成品菜装盘（盒）：菜品用“盛入法”装入盒中，呈自然堆落状。成品重量：6440克。

| 要领提示 | 虾仁上浆要饱满；豆腐块大小均匀；焯水后要过凉。

| 操作重点 | 虾仁滑油时，不要急于搅动，以免脱浆。

| 成菜标准 | ①色泽：豆腐洁白、红绿相间；②芡汁：宽汁；③味型：咸鲜；④质感：软嫩，清脆。

| 举一反三 | 可以做红烧豆腐、海米豆腐。

菜品名称

香菇烧豆腐

营养师点评

香菇烧豆腐是一道传统的家常菜，鲜美下饭。这道菜肴总热量不高，含有丰富的大豆蛋白和膳食纤维，钙含量较高，钠含量也略高，佐食时最好选择一些不含咸味的主食。

营养成分

（每100克营养素参考值）

能量：118.8卡

蛋白质：7.2克

脂肪：8.9克

碳水化合物：2.6克

维生素A：5.6微克

维生素C：5.3毫克

钙：76.2毫克

钾：107.6毫克

钠：404.4毫克

铁：1.4毫克

原料组成

主料

净北豆腐4000克

辅料

净香菇800克

净青蒜230克

红椒200克

调料

盐15克、味精3克、胡椒粉3克、水淀粉60毫升（生粉30克+水30毫升）、生抽200毫升、蚝油100克、香油70毫升、葱油100毫升、植物油15毫升、水150毫升

加工制作流程

1 初加工：鲜香菇去根、洗净，青蒜去根、洗净，红椒去蒂、洗净。

2 原料成形：将北豆腐切成 2 厘米见方，香菇一朵切四瓣，红椒切 1 厘米的丁。

3 腌制流程：香菇放入生食盆中，放葱油 30 毫升，盐 5 克搅拌均匀。

4 配菜要求：把准备好的北豆腐、香菇、青蒜以及调料分别放在器皿中。

5 投料顺序：蒸制香菇→炸豆腐→烹制食材→调味→出锅装盘。

6 烹调成品菜：① 将香菇放入万能蒸烤箱中，调到蒸制模式，蒸 8 分钟。② 锅上火，烧热，倒入植物油。油温六成热时，放入豆腐，炸至定型后，捞出控油。③ 锅上火烧热，倒入植物油 15 毫升，放入青红椒，盐 2 克，味精 1 克，翻炒均匀，倒出备用。④ 锅上火，烧热，倒入葱油 70 毫升，加入香菇，蚝油 100 克、生抽 200 毫升翻炒均匀。再加入水 150 毫升，味精 2 克、盐 8 克、胡椒粉 3 克，放入炸好的豆腐，大火烧开后，小火烧制 5 分钟，放入水淀粉 60 毫升（生粉 30 克 + 水 30 毫升）勾芡，倒入青蒜翻炒均匀，最后淋入香油 70 毫升。⑤ 出锅后，撒上红椒点缀即可。

7 成品菜装盘（盒）：菜品采用“盛入法”装入盒中，呈自然堆落状。成品重量：4740 克。

| 要领提示 | 刀工要均匀，豆腐要切成大小一致的块。
| 操作重点 | 豆腐炸制时油温要达到六成热，让豆腐迅速定型。
| 成菜标准 | ①色泽：黄红绿相间；②芡汁：薄芡；③味型：咸鲜；④质感：软嫩。
| 举一反三 | 黄焖豆腐、香菇烧鸡块、白菜豆腐。

菜品名称

鱼香豆腐

营养师点评

鱼香豆腐是一道四川家常小炒，好吃下饭。此菜总热量不高，维生素 A 和钙比较丰富，选择此菜需要补充一些富含优质蛋白质的菜肴，同时增加蔬菜的摄入量。

营养成分

（每 100 克营养素参考值）

能量：113.1 卡

蛋白质：4.8 克

脂肪：6.5 克

碳水化合物：8.7 克

维生素 A: 42.8 微克

维生素 C：2.3 毫克

钙：54.5 毫克

钾：162.9 毫克

钠：555.9 毫克

铁：1.7 毫克

原料组成

主料

豆腐 3500 克

辅料

青笋 750 克

胡萝卜 750 克

调料

葱 50 克、姜 50 克、蒜 100 克、郫县豆瓣酱 130 克、蚝油 100 克、老抽 30 毫升、白醋 80 毫升、盐 45 克、糖 200 克、味精 15 克、水淀粉 300 毫升（生粉 100 克 + 水 200 毫升）、葱油 200 毫升、清水 1200 毫升

加工制作流程

1 初加工：青笋、胡萝卜去皮、洗净，葱、姜、蒜去皮、洗净、备用。

2 原料成形：将豆腐、胡萝卜、青笋切成 2 厘米见方的块。

3 腌制流程：无。

4 配菜要求：将豆腐、青笋、胡萝卜，以及调料分别装在器皿里。

5 投料顺序：炙锅烧油→食材滑油→烹饪熟化食材→装盘。

6 烹调成品菜：① 锅上火烧热，放入植物油，油温五成热，下入豆腐，滑一下捞出；青笋，胡萝卜滑油捞出，备用。② 锅烧热，放入植物油，加入 130 克郫县豆瓣酱小火煸炒出红油，加入葱、姜、蒜各 50 克煸香，再加入蚝油 100 克、老抽 30 克、清水 1200 毫升、白糖 200 克、白醋 80 毫升、盐 45 克、味精 15 克，水淀粉 300 毫升勾芡，倒入食材翻炒均匀后，再次勾芡，淋葱油 200 毫升出锅装盘。

7 成品菜装盘（盒）：菜品采用“盛入法”装入盒中，摆放整齐即可。成品重量：5500 克。

| 要领提示 | 主辅料切配时大小一定要均匀，否则影响口感。

| 操作重点 | 豆瓣酱一定要煸炒出红油，出锅时再烹醋。

| 成菜标准 | ①色泽：红绿相间；②芡汁：薄芡汁；③味型：鱼香；④质感：豆腐爽滑多汁，香气扑鼻。

| 举一反三 | 鱼香肉丝、鱼香茄子。

后记

跟您唠唠心里话

十几年前，我就开始琢磨写一本适合老年人的菜谱。我总想，老年人为国家、为家庭奉献了大半辈子，老来应该得到悉心的关怀，这也是全社会的责任。作为从事做餐饮服务工作的烹饪人员、餐饮企业及行业协会，都应该为老年人出一份力。因此，编撰一套专门为老年人做饭的工具书就成了我的梦想、我们团队的梦想。

我的这个梦想首先得到了中国铁道出版社有限公司副总经理杨新阳的肯定和支持，装帧设计中心主任孟萧派出王明柱老师担任全书的摄影工作。

多年来，中国铁道出版社有限公司对我们首都保健营养美食学会大锅菜烹饪技术专业委员会的工作给予全力支持。“中国大锅菜”系列图书就是由其出版发行的。这次的“老年营养餐卷”从起步就得到他们的认同，这给了我们极大的信心和动力。

很快，我们就组成编委会，仙豪六位仙食品科技（北京）有限公司董事长张彦先生担任编委会主任，中国烹饪大师侯玉瑞先生担任营养点评师，王永东、胡欣杨负责视频指导，王明柱、李志秀为摄影师，牟凯、周悦讯、张国为助理摄像师，另有魏杰女士、杨一江先生担任组织协调工作，杨磊、刘妍出任营养师。

此项工作得到烹饪与营养界人士段凯云先生、付萍女士、王晓芳女士、夏连悦先生、赵馨女士的支持。大家的鼓励赋予我们完成此项工作的力量。

很多人问我，人老了，吃什么最有营养？怎么定义营养呢，我认为老年人不一定吃鲍鱼，吃海参才算是有营养，将家常的鸡鸭鱼肉、豆腐、白菜、萝卜做好就是养生，也是我做老年营养餐的初衷。老年人一般都很节俭，由于身体的原因，很少有人不生病的，他们把钱大部分花在医疗上，用在吃上的钱就比较少。如何用最少的钱，做出可口的饭菜，既符合营养学的要求，又能让老年人得到实惠，这也是我最下功夫钻研的课题。只有吃好了，身体才会健康。

《中国大锅菜·老年营养餐卷》的创作是一个系列工程。为了做到每一道菜品的主、辅料用量准确，营养搭配完整，我们采取全书既有照片图例，又有视频演示的形式，力求真正起到方便读者阅读的作用。

其实，老年营养餐应该按年龄层次细分，针对不同年龄，烹饪不同的菜谱，但由于条件所限，我只写了上下两册，我希望更多关心老年人生活的企事业单位、社会团体、烹饪大师加入我们的行列，开辟更多的菜谱。学生营养餐是我下一步要研究的领域，欢迎有志之士加入，共同努力，为团餐事业做出贡献。

特别感谢长期支持与帮助我们的中国烹饪大师们，以及为本书付出辛勤劳动的工作人员，因为他们的支持与付出，才能顺利完成“老年营养餐”系列图书的创作。祈颂老年朋友们在党和政府及全社会的关怀下，晚年幸福、益寿延年！

首都保健营养美食学会大锅菜烹饪技术专业委员会会长

李建国

2021年5月于北京